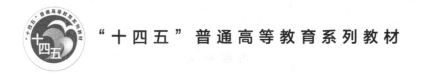

"十四五"普通高等教育系列教材

RUANJIAN TIXIJIEGOU
YU SHIJIAN

软件体系结构与实践

高雪瑶　张春祥　编著

U0254185

中国电力出版社
CHINA ELECTRIC POWER PRESS

内 容 提 要

软件体系结构是从软件设计发展起来的一门新兴学科，目前已经成为软件工程的一个重要研究领域。软件体系结构的目标是为软件开发者提供统一、精确、高度抽象和易于分析的系统信息。合理的框架结构是应用系统开发的重要基础和保障。本书将系统地介绍软件体系结构的基本原理，对软件体系结构的理论知识、发展状况和应用实践进行细致分析，分 11 章，主要包括软件体系结构概论、软件体系结构建模、软件体系结构风格、特定领域的软件体系结构、Web 服务体系结构、软件演化技术、软件产品线、设计模式、创建型设计模式、结构型设计模式、行为型设计模式。本书采用案例、数据、图示和其他相关材料对知识点进行讲解。通过学习本书的相关内容，读者将对软件体系结构的概念和知识有一个全面的了解。

本书既可作为计算机学院和软件学院的本科生、研究生及工程硕士教材，也可作为软件开发人员的参考书。

图书在版编目（CIP）数据

软件体系结构与实践/高雪瑶，张春祥编著. --北京：中国电力出版社，2024.5
ISBN 978-7-5198-8921-0

Ⅰ. ①软⋯　Ⅱ. ①高⋯　②张⋯　Ⅲ. ①软件－系统结构　Ⅳ. ①TP311.5

中国国家版本馆 CIP 数据核字（2024）第 099005 号

出版发行：中国电力出版社
地　　址：北京市东城区北京站西街 19 号（邮政编码 100005）
网　　址：http://www.cepp.sgcc.com.cn
责任编辑：冯宁宁（010-63412537）
责任校对：黄　蓓　王小鹏
装帧设计：赵姗姗
责任印制：吴　迪

印　　刷：北京天泽润科贸有限公司
版　　次：2024 年 5 月第一版
印　　次：2024 年 5 月北京第一次印刷
开　　本：787 毫米×1092 毫米　16 开本
印　　张：18.25
字　　数：450 千字
定　　价：58.00 元

前　言

在计算机学科和软件工程学科中,软件体系结构是一个非常重要的研究领域。自从 20 世纪 60 年代以来,人们就开始对系统的框架结构进行探索,取得了一些成果,并将其应用于软件开发过程中。然而,计算机和软件正在快速地发展,相关理论也在不断完善,这就需要更新软件体系结构教材的内容,以反映最新的软件开发理论和框架实现技术。

本书比较系统地介绍了软件体系结构的理论知识和实现技术,既兼顾传统的和实用的软件框架开发方法,又包含软件体系结构的最新研究成果。其特点是:

(1)本书的理论部分以知识点的形式对重点内容进行了分析和总结,使枯燥的理论内容变得醒目、易于理解。

(2)针对每一种设计模式,本书给出相关案例,将理论知识和应用实践紧密地结合起来。全书共分 11 章,第 1 章为软件体系结构概论,介绍了软件体系结构的概念、发展趋势和应用现状;第 2 章为软件体系结构建模,讨论了体系结构的模型和描述方法;第 3 章为软件体系结构风格,讲解了常用的几种软件框架结构;第 4 章为特定领域的软件体系结构,介绍了 DSSA 的基本概念、领域工程、应用工程和开发过程;第 5 章为 Web 服务体系结构,讨论了 Web 服务技术、面向服务的体系结构、企业服务总线和网格体系结构;第 6 章为软件演化技术,讲解了演化的基本概念、静态演化技术、动态演化技术和演化软件的设计原则;第 7 章为软件产品线,介绍了软件产品线的起源、定义、开发模型和组织结构;第 8 章为设计模式,讨论了设计模式的基本原理;第 9 章为创建型设计模式,讲解了创建型设计模式的典型实例;第 10 章为结构型设计模式,讲解了结构型设计模式的典型实例;第 11 章为行为型设计模式,讲解了行为型设计模式的典型实例。同时,本书配套教学课件、数学案例、教案、教学大纲、课程思政,扫描二维码可获取。

本书受黑龙江省自然科学基金(编号:LH2022F030)资助。

本书由多年来一直从事软件体系结构教学工作的教师编写,第 1 章～第 7 章由哈尔滨理工大学的高雪瑶编写,第 8 章～第 11 章由哈尔滨理工大学的张春祥编写。高雪瑶负责全书的策划和统稿。

本书在编写过程中,借鉴和吸收了国内外专家、学者的相关资料,在此一并致谢。

虽然编者经过精心的准备和调研,对本书进行了多次修改,但书中难免存在不足和疏漏之处,希望广大读者批评指正。

编　者
2023 年 6 月

目　录

教学课件、教学案例、教案、教学大纲、课程思政

第1章 软件体系结构概论

1.1 软 件 危 机

20世纪60年代初期，计算机刚刚投入实际应用。由于机器的计算性能与存储性能都很低，因此当时的软件系统往往是针对某个特定应用和特定的计算机进行设计和开发的。此时，所采用的开发技术是与计算机硬件系统密切相关的机器代码或汇编语言。这一时期的软件规模相对较小，很少使用系统化的开发方法，整个开发缺乏必要的管理过程，通常也不遗留任何技术性文档资料。这种软件设计方法往往等同于编制程序，基本上是个人使用、个人设计、个人操作和自给自足式的私人化软件生产方式。人们经常称其为"手工作坊"式的软件开发。

20世纪60年代中期，随着大容量和高速度计算机的出现，计算机的应用范围也随之迅速扩大，其普及程度也不断地提高。此时，人们对软件的需求急剧地增长。操作系统的发展引起了计算机使用方式的革命性变化，高级语言的出现可以使程序员在编程时不再考虑硬件平台，第一代数据库管理系统的诞生可以使人们对大规模数据进行加工与处理。这一时期，软件系统的规模越来越大，复杂程度越来越高，软件可靠性问题也越来越突出。原来的个人设计、个人使用的方式不再能满足要求，软件危机随之爆发。整个软件开发行业迫切需要通过改变软件的生产方式来提高软件生产率。

软件危机具体表现在以下几个方面：

（1）对开发成本和开发进度难以进行准确估计。在开发一个新的软件产品时，经常会出现实际成本远远高于估计成本的情况，同时产品发布时间比预期进度要拖延几个月甚至几年。这种现象将极大地降低软件开发企业的信誉度。许多公司采取了某些权宜之计来节约开发成本和追赶开发进度，但这会导致软件产品质量下降，产品质量的降低不可避免地会引起用户的不满。

（2）用户对软件产品不满意。软件开发人员和用户之间的交流很不充分，常常在对用户需求只有模糊的了解，甚至对所要解决的问题还没有确切认识的情况下，就仓促上阵、匆忙着手编写程序。很多人错误地认为代码和程序就是软件产品，系统功能的划分不是开发人员和用户之间交流的结果，而仅仅是开发人员的奇思妙想。这种闭门造车的开发模式必然会导致最终的软件产品不符合用户的实际需要。

（3）软件产品的质量难以保证。在这一时期，由于软件质量保证技术（如审查、复审和测试）还没有应用到软件开发过程中，因此造成了所开发的软件产品质量较低，软件产品的可靠性较差。

（4）软件产品维护非常困难。由于整个开发过程缺乏必要的管理而且可遵循的文档资料极为有限，因此难以修复应用程序中的错误。修复软件产品缺陷的工作量和软件产品开发的工作量几乎相等。在这种开发模式下，不可能对应用程序进行简单修改后就将其移植到新的硬件环境中，也不能在原有程序中增加新的功能以满足用户不断变化的需求。

（5）软件产品没有适当的文档资料。软件产品不仅仅是程序，还应该包括一整套文档资料。这些文档资料是在软件开发过程中产生的，应该是最新的，并与软件代码完全一致。这些文档资料为软件开发过程、软件产品的维护及二次开发提供了必要的指导信息，以提高开发与维护人员的工作效率与工作质量。缺乏文档必然给软件的开发与维护带来严重的问题和困难。

（6）软件成本在计算机系统总成本中所占的比例逐年上升。随着微电子技术的快速发展和生产自动化程度的日益提高，计算机硬件成本正在逐年下降。而人们对软件产品的需求、软件产品的规模及软件开发成本却在不断地扩大，而且正在逐年上升。目前，软件成本基本接近计算机系统的总成本，硬件成本的比重已经越来越低。

（7）软件开发效率的提高远远跟不上计算机应用快速普及的趋势。

通过对软件危机的具体表现进行分析，可以将其成因归纳为以下几个方面：

（1）硬件生产效率的快速提高。目前，计算机的发展已进入一个新的历史阶段，硬件产品已系列化和标准化，实现了即插即用。硬件产品的生产可以采用高精尖的现代化工具和手段，实现了自动成批生产。与过去相比，硬件的生产效率提高了几百万倍，生产能力过剩。这一切使得高性能计算机的价格有了大幅度下降，使高性能计算机的普及成为可能。高性能计算机的普及与推广，使人们能够开发规模更为庞大、复杂度更高的软件应用程序来服务用户。

（2）软件产品生产效率较低。伴随着高性能计算机的快速普及，整个社会对应用软件产品的需求也越来越大。在这一时期，软件开发还沿用着"手工作坊"的生产方式，虽然高级程序设计语言和可视化开发工具的出现使得生产效率有了较大的提高，但仍然不能满足用户的需求，生产能力极其低下。

（3）软件供需失衡。随着高性能计算机的普及，整个社会对大规模高质量软件产品的需求也在扩张。由于软件开发过程难以控制，导致生产效率下降、生产成本提高。这二者导致了软件生产的恶性循环，由此产生了软件危机。

（4）用户需求不明确。在软件开发过程中，用户需求不明确的问题主要体现在以下四个方面：在软件开发出来之前，用户自己还不清楚自己到底需要一个什么样的产品，用户对软件开发需求的描述不精确，可能有遗漏、二义性，甚至错误；在软件开发过程中，用户不断地提出修改软件产品功能、界面和支撑环境等要求；软件开发人员对计算机专业知识较为熟悉，对应用领域的专业知识了解很少，而用户通常不具有计算机专业知识，却掌握了大量的与应用领域相关的专业知识；软件开发人员和用户交流得不充分及交流过程中存在的某些误解通常会导致开发人员对用户需求的理解与用户本来的愿望之间有一定的差异。

（5）整个软件开发过程缺乏正确的理论指导。软件开发不同于其他工业产品的生产，其开发过程是复杂的逻辑思维过程，其产品极大程度地依赖于开发人员高度的智力投入。在"手工作坊"式的软件开发过程中，缺乏有力的方法学和工具方面的支持。在软件开发过程中，由于过分地依靠程序设计人员的技巧和创造性，因此加剧了软件产品的个性化，这也是引发软件危机的一个重要原因。

（6）软件产品的规模越来越大。随着软件应用范围的扩大，软件产品的规模也变得越来越大。以美国宇航局的软件系统为例：1963 年，水星计划系统包括 200 万条指令；1967 年，双子星座计划系统达到 400 万条指令；1973 年，阿波罗计划系统包含 1000 万条指令；1979 年，哥伦比亚航天飞机系统达到 4000 万条指令。开发大型软件项目需要组织一定的人力来共同完成，多数管理人员缺乏开发大型软件系统的经验，各类人员信息交流不及时、不准确，有时还会产生误解，开发人员不能有效地、独立自主地处理大型软件开发的全部关系和各个分支，因此容易产生疏漏和错误，从而导致开发效率下降，难以保证软件产品的质量。

（7）软件产品开发的复杂度越来越高。很明显，随着规模的增加，系统模块与模块之间的关系也变得越来越复杂。无论是规模的增大还是复杂度的提高都会制约软件产品的开发与维护。软件产品的特殊性和人类智力的局限性，导致了人们无力处理"复杂问题"。所谓"复杂问题"的概念是相对的，一旦人们采用先进的组织形式、开发方法和工具来提高软件开发的效率和能力，新的、更大的及更复杂的问题又会摆在人们面前。

1.2　软　件　复　用

复用指"利用现成的东西去构造新的事物"，文人称之为"拿来主义"。被复用的对象可以是有形的具体物体，也可以是无形的研究成果。复用不是人类懒惰的表现而是智慧的结晶。因为人类总是在继承了前人成果的基础上，不断地加以利用、改进或创新后才会进步。复用的内涵包括提高质量与生产率两个方面。由经验可知，在一个新系统中，大部分的内容是成熟的，只有小部分内容是创新的。一般地可以认为，成熟的东西经过成千上万次的修正，总是比较可靠的，具有较高的质量，而大量成熟的工作可以通过复用来快速地实现，以提高生产效率。在做具体工作时，勤劳并且聪明的人应该把大部分的时间用在小比例的创新性工作上，而把小部分的时间用在大比例的成熟工作中，这样才能把工作做得又快又好。这种时间分配方法有利于提高工作效率，便于高质量地完成任务。

将复用的思想应用于软件开发的全过程，便形成了软件复用技术（有时也称为软件重用技术）。目前，世界上已经有 1000 多亿行程序代码，无数功能被重写了成千上万次，这真是极大的浪费。面向对象（Object Oriented）学者经常说的一句口头禅就是"请不要再发明相同的车轮子了"。

软件复用是指利用现有的软件资源来开发新应用系统的过程。其中的软件资源可能是已经存在的软件，也可能是专门用于开发设计且可复用的软件构件。软件复用就是要利用已开发的且对应用有贡献的软件元素来构建新软件系统。它是一项完整的活动，而不仅仅是一个对象。

软件复用不仅要使自己"拿来"方便，而且要让别人"拿去"方便，即所谓的"拿来拿去主义"。目前，面向对象方法和 Microsoft 公司的 COM 规范都能很好地用于实现大规模的软件复用，是软件复用技术的两个典型代表。

可复用的软件资源即复用成分，是软件复用技术的核心与基础。整个软件复用过程都紧紧地围绕着可复用的软件资源展开。因此，实现软件复用需要解决三个基本问题：一是必须有可以复用的对象；二是所复用的对象须是可用的；三是复用者要知道怎样去使用被复用的对象。相应地，软件复用包括软件对象的开发、软件对象的理解和软件对象的复用三个相关的基本过程。复用对象的获取、管理和利用构成了软件复用技术的三个基本要素。复用成分的获取有两层含义：一是将现有的软件成分抽象成为可复用的；二是从复用成分库中选取复用对象，以应用于某个具体问题。

软件复用的前提是存在可复用的软件成分，如果没有复用成分，软件复用也就无从谈起。

在可复用成分中，可复用的软件对象及其说明书是最普遍的一种存在形式，也是人们理解软件复用的基础。为了得到可复用的软件对象，从已有系统中抽取和再工程（Re-engineering）是很自然的手段，也是一种很有发展前途的方式。从已有的应用系统中抽取可复用软件成分的过程，经常称为"重用再工程"（Reuse Re-engineering）过程。

软件的逆向工程（Reverse-engineering）来源于硬件世界。硬件厂商总是想办法得到竞争对手产品的设计方案和工艺流程，但是又得不到现成的档案，只好拆卸对手的产品并对其进行分析，企图从中获取有价值的东西。很多从事集成电路设计的技术人员经常需要解剖来自国外的电路板，有时甚至不做分析就原封不动地复制该电路板的板图，然后投入实际生产，并美其名曰"反向设计"（Reverse Design）。从道理上讲，软件的逆向工程与硬件生产非常相似。但在很多时候，软件的逆向工程并不是针对竞争对手的，而是针对自己公司多年前的产品，期望从老产品中提取系统设计、需求说明等有价值的信息。逆向工程是在软件维护过程中，对当前的软件系统进行理解，识别部件和部件之间关系的过程。再工程是在软件维护过程中，为了改善系统的性能，使其适应硬件和应用环境不断变化的需求，对原有系统进行再加工的过程。在对软件系统进行再工程之前，首先需要理解现有的应用系统，识别其中的部件和部件之间的关系。因此，再工程过程包括逆向工程过程。在软件复用技术中，可复用成分的获取是一项极其重要的工作。通过重用再工程过程，不仅可以解决复用对象的来源问题，而且可以按照严格的筛选标准，获得高质量的可复用部件。重用再工程可以充分发挥已有系统的作用，可以充分挖掘现存系统的潜力。因此，重用再工程是一个很有发展前景的研究方向。

软件重用再工程可以划分为五个阶段，即候选、选择、资格说明、分类和存储及查找和检索。

（1）在候选阶段，对程序源代码进行分析，根据功能和代码的内聚性，生成若干软件部件集合。每个集合中的元素就是可复用软件对象的候选者。

（2）在选择阶段，将软件部件集合和收集活动组织在一起，通过适当的降耦合、再工程和一般化处理，产生一组可复用软件对象。

（3）在资格说明阶段，对每一个可复用软件对象进行详细描述，给出模块功能和界面说明书。

（4）在分类和存储阶段，按照分类标准对复用软件对象及其相关说明书进行分类组织，目的是确定中心仓库（Repository），并将生成的可复用软件对象及其说明书存入其中。

（5）在查找和检索阶段，建立用户界面使之与中心仓库进行交互，目的是使查找用户所需求的可复用软件对象的步骤尽可能简化。

1.2.1　软件复用技术的发展

软件复用技术自诞生之日起，其发展经历了以下几个阶段：

（1）萌芽和潜伏期（1968～1978 年）。1968 年首次提出了软件复用的概念，希望通过代码复用来满足大规模开发软件系统的需求。设想可以根据通用性、性能和应用平台来对软件对象进行分类。像硬件设计与实现一样，通过组装标准的软件构件，就可以实现复杂的软件系统，这也是构件复用与软件复用的思想雏形，但是经过十几年的应用研究，软件复用技术并未取得实质性的进展。

（2）再发现期（1979～1983 年）。1979 年 Lanergan 在论文中对一项软件复用项目进行了详细分析，发现设计部分和程序代码中有 60%的冗余。如果对重复的部分进行标准化并在新项目的开发中重新利用，将极大地提高软件开发的效率和软件产品的质量。这一发现使得复用技术重新引起了人们的关注。在这之后，其他学者也通过研究发现：商业、教育和金融等领域的软件系统的大部分逻辑结构和设计模式都属于编辑、维护和报表等类型的模块，可以通过重新设计这些模块并对其进行标准化来获得较高的复用率。

（3）发展期（1983～1994 年）。1983 年，HedBiggerstuffA 和 AlanPetis 在美国的 Newport 组织了第一次软件复用技术的研讨会，对软件复用的发展前景进行了分析与论证。随后在 1984 年和 1987 年，美国 IEEE Transactions on Software Engineering 和 IEEE Software 分别出版了有关软件复用的相关学术专集。1991 年，在德国举行了第一次软件复用国际研讨会，在 1993 年又举行了第二次学术研讨会。

（4）成熟期（1994 年至今）。1994 年，软件复用国际研讨会改名为软件复用国际会议。此时，软件复用技术已经引起了计算机科学界的广泛重视，越来越多的人投入到这一技术的研究中。面向对象技术的崛起给软件复用带来了新的希望，出现了类库和构件等新的复用方式。目前，构件化和复用技术已经成为互联网时代软件开发的新趋势，同样也正被许多国际大型开发企业所采用。软件复用是解决软件危机的重要手段之一，也是软件开发技术发展的目的之一。无论是早期的结构化设计方法还是后来的面向对象设计方法都在努力地朝着这个方向发展。

1.2.2　软件复用的实现技术

软件复用技术的出发点是在开发应用系统时不再采用一切从零开始的模式，而是以已有工作为基础，充分利用过去应用开发过程中所积累的经验与知识，诸如需求分析结果、设计方案、源代码、测试计划及测试案例等，将开发的重点集中于当前应用的特有部分。早期的软件复用主要停留在代码级复用，被复用的知识是程序，如子程序库和函数库等。随着技术的不断发展，复用的范围扩大到领域知识、体系结构、设计方案、技术文档及系统功能等。面向对象语言为软件复用提供了基本支持，并在软件复用领域中逐步发展为主流技术。根据复用对象的类型不同，软件复用可以分为代码复用、设计复用、分析复用及测试复用。

（1）代码复用可分为目标代码复用和源代码复用。其中，目标代码复用级别最低，历史也最久。目前，大部分编程语言的运行支持环境都提供了连接（Link）和绑定（Binding）功能来支持这种复用。源代码复用的级别略高于目标代码复用。程序员在编程时把一些想复用的代码段复制到自己的程序中，但是这样做往往会产生一些新、旧代码不匹配的现象。大规模地实现源程序复用只能依靠构件库，构件库包含大量的可复用构件，如对象链接及嵌入技术（Object Linking and Embedding，OLE）。OLE 既能够在源程序级别上定义构件以构造新系统，又能够使这些构件在目标代码级别上仍然是一些独立的可复用构件，能够在运行时刻被灵活地组合到各种不同的应用系统中。

（2）设计复用比源程序复用的级别更高。设计复用受实现环境的影响较小，从而使其被复用的机会更多，并且所需的修改更少。设计复用的途径有三种：第一种途径是从现有系统的设计结果中提取一些可复用的设计元素，并把这些元素应用于新系统的设计过程中；第二种途径是把现有系统的全部设计文档在新的软、硬件平台上重新实现，也就是把一个设计运用于多个具体实现；第三种途径是独立于任何具体应用，有计划地开发一些可复用的设计元素。

（3）分析复用要比设计复用的级别更高。可复用的分析成分是针对问题域的某些事物或某些问题所给出的具有普遍意义的解法。分析成分受设计技术及实现条件的影响较小，所以可复用的机会更大。分析复用的途径也有三种：从现有系统的分析结果中提取可复用的分析成分用于分析新系统；根据完整的分析文档来产生针对不同软、硬件平台和其他实现条件的多项设计结果；独立于具体应用问题，开发专门用于复用的分析成分。

（4）测试复用主要包括测试用例复用和测试过程复用。测试复用无法和分析复用、设计复用、代码复用进行级别上的比较，因为被复用的是一种信息。但是从这些信息的形态上看，其大体与代码复用的级别相当。

根据信息复用的方式不同，软件复用分为黑盒（Black-box）复用和白盒（White-box）复用。黑盒复用是指对已有软件构件不做任何修改，直接进行复用，这是最理想的复用方式。白盒复用是指已有软件构件并不能完全满足用户要求，需要根据用户需求进行适应性修改之后才可以使用，这是最常用的复用方式。

软件复用的实现技术一般包括组装和生成两种类型。

在组装技术中，软件构件是复用的基石。组装技术以抽象数据类型为理论基础，借用了集成电路中芯片的设计思想，将功能细节与数据结构隐藏封装在构件内部，并给出了精心设计的接口。构件在软件开发过程中类似于硬件中的芯片，通过组装可以形成更大的构件。构件是对某一函数、过程、子程序、数据类型及算法等可复用软件成分的抽象。一般来说，在对构件进行描述时，应该选择一种既不依赖于具体硬件平台也不依赖于具体编程语言的抽象描述语言，否则所开发的构件就会受到机器和语言的限制而使其复用性降低。例如，用某种高级语言编写的构件将会受到该语言数据结构和控制结构的限制，在复用时有可能在其他语言中找不到与之相对应的概念和结构。此外，对于大量存在的构件必须采用数据库对其进行管理。利用构件构造软件系统，可以提高开发效率，缩短开发周期。构件不做任何修改只是一种理想的情形，在实际工作中，修改和增删构件是难免的。构件的组合方式主要有以下三种：

（1）连接：通常标准库中的函数是靠编译和连接程序与其他模块结合在一起的。

（2）消息传递和继承：在 Smalltalk 面向对象的程序结构体系中，通过消息传递和继承机制把对象和相关的其他对象联系在一起以合成一个新系统。

（3）管道机制：在 UNIX 系统中，用管道（Pipe）连接 Shell 命令，将前一命令的输出作为后一命令的输入，用管道机制把多个 Shell 命令连接在一起以实现更为复杂的功能。

在生成技术中，由程序生成器完成对软件结构模式的复用。生成器导出的模式相当于种子，从中可生长出新的专用软件构件，如 Visual C++中的 Wizard 等。生成技术利用可复用模式，通过生成程序产生一个新的程序或程序段，产生的程序即模式的实例。可复用的模式分为代码模式和规则模式。代码模式的一个示例是应用生成器，可复用的代码模式就存在于生成器中，通过特定的参数替换，生成抽象软件模块的具体实例。规则模式的一个示例是变换系统，它是变换规则的集合。在其变换方法中通常采用超高级的规格说明语言，形式化地给出软件需求规格说明，利用程序变换系统，把用超高级规格说明语言编写的程序转化为某种可执行语言书写的程序。这种超高级语言的抽象能力、逻辑性较强，形式化能力较好，便于软件开发者来维护。与构件复用相比，模式复用主要用于某些具体应用领域。构件方法支持自底向上的开发模式，相对应的构件应该具有平台独立性、软件独立性、可读性、可理解性及可修改性。变换方法更侧重于程序的推导方式和推理规则，支持自顶向下的软件开发模式。变换方法因其形式化程度较高，抽象程度较强，一般的软件开发者不容易掌握这项技术，而且在对某些实际问题进行描述时也存在着巨大的困难，同时经过多次变换得到的可执行程序的执行效率较低，对时间和存储空间的需求也较高，这些都是迫切需要解决的问题。因此，在实际应用中可以将这两种方法结合使用，取长补短，同时吸收人工智能的研究成果，以知识库为辅助工具，促进复用技术的成熟、拓展与深化。

1.2.3 影响软件复用的相关因素

制约软件复用的关键性因素包括软件构件技术（Software Component Technology）、领域工程（Domain Engineering）、软件构架（Software Architecture）、软件再工程（Software Re-engineering）、开放系统（Open System）、软件过程（Software Process）、CASE 技术及各种非技术因素。这些因素互相联系、互相影响，共同影响着软件复用的实现。

软件构件技术是软件复用的核心与基础，是近几年来迅速发展并受到高度重视的一个学科分支。目前，国内外对软件构件技术的研究已经取得了一定的成果，构件技术的研究正朝着深入和实用的方向发展。构件技术发展的趋势主要表现在从集中式的小粒度组件向分布式的大粒度组件发展和从用于界面制作的窗口组件向完成逻辑功能的业务组件发展这两个方面。

"软件构架是关于软件系统结构与构件组合、运行环境和开发成本之间关系的抽象描述。软件构架的作用与建筑草图类似，从宏观上去描述软件系统的组成结构。软件构架由构件、连接件和相关数据等元素来定义。"

领域工程是为一组相似或相近的应用工程建立基本能力和必备基础的过程，覆盖了建立可复用软件构件的所有活动。领域工程主要包括领域分析、领域设计和领域实现三个主要阶段。其产品是可复用的软件构件，包含领域模型、领域构架、领域特定语言、代码生成器和代码构件。软件构架是对系统整体设计结构的描述，包括组织结构、控制结构、构件之间的通信、同步和数据访问协议、设计元素之间的功能分配、物理设计、设计元素集成、设计方案的伸缩性和性能及设计选择等。在基于复用的软件开发中，软件构架可以作为一种大粒度、抽象级别较高的元素进行复用，而且为构件的组装提供了基础和上下文，对于成功的复用具有非常重要的意义。

软件再工程是一个过程，它将逆向工程、复用和正向工程组合起来，对现存的系统进行重新构造以获取新的应用系统。再工程的基础是系统理解，包括对运行系统、源代码、设计、分析，以及相应技术文档的全面理解。但在很多情况下，由于各类文档的丢失，只能对源代码进行理解，即所谓的程序理解。

开放系统技术是在系统的开发过程中使用接口的标准，同时使用了符合接口标准的相关实现技术。目前，分布对象技术是开放系统中的一项主流技术，其目标是解决异构环境中的互操作问题。该技术使符合接口标准的构件可以方便地以"即插即用"的方式组装到系统中，实现黑盒复用。

CASE 技术与软件复用密切相关，其主要研究内容包括在面向复用的软件开发过程中，抽取、描述、分类和存储可复用的构件；在基于复用的软件开发技术中，检索、提取、组装及度量可复用的构件等。

非技术因素包括机构组织、管理方法、开发人员的知识更新、知识产权等。

1.2.4 软件复用的意义

复用的最明显优势在于降低总体开发成本，不过成本缩减只是一个潜在的优势，软件复用的其他优势表现在如下几个方面：

（1）增加软件系统的可靠性。在运行的软件系统中，重复使用的构件的可靠性比一个新开发的构件要高。其主要原因是，这些重复使用的构件在各种环境中可能已经得到了实际使用和反复测试。在最初使用这些构件时，构件在设计和实现上的缺陷都已经暴露出来了，设计人员根据缺陷对其进行修正，因而在复用时构件的失败次数将会降低。

（2）降低了软件开发过程中的风险。与开发新构件相比，复用构件的成本不确定性要小得多。软件复用降低了项目成本估计中的不确定性，这是项目管理中的一项重要因素。在开发大型项目时，如果能够大规模地复用软件构件，则开发失败的风险会大大地降低。

（3）加快项目开发的速度。让系统尽快走向市场比降低开发成本要重要得多。复用构件不但可以缩短项目的开发周期而且能减少产品的验证时间，从而促进了产品的快速成型。

（4）软件复用促进了标准的推广。针对某些标准，诸如用户界面标准，可以实现一组通用的构件。例如，可以将用户界面中的菜单实现为一个可复用的构件，在开发任何应用系统时，都使用同一菜单构件，在用户面前呈现相同的菜单格式。当用户面对相同的界面时，出现错误的可能性会大大地降低，提高了标准用户界面的可靠性。

（5）有效利用专家知识。不用专家在不同项目中做重复的工作，而是让他们开发可复用的构件，用这些构件来封装专家的知识与经验。

1.3　软件构件的组织与检索

只有当构件达到一定的规模时，才能有效地支持软件复用，然而获取大量的构件需要有较高的投入和长期的积累。此外，当构件达到较大的规模时，使用者要想从中找到一个自己需要的构件，并判断其是否与自己的需求相符，却不是一件轻而易举的事情。如何借助已有的构件来有机地、高效地构造新的应用系统，是软件复用技术的一个重要研究课题。为了高效地利用软件构件，必须对其进行有效的分类组织和检索。

有效组织的构件是实现构件高效管理与检索的基础。合理地组织构件的关键在于如何对构件进行有效分类，从而按照不同的分类模式将构件组织成不同的构件集合。有效地对构件进行分类存储直接关系构件库管理、构件查询效率、构件可理解程度及构件可维护性等多个方面。对软件构件进行恰当分类不仅能简化构件库的管理，而且能提供更加多样化的检索途径，以提高构件的检索效率。合理的构件分类体系是构件库有效构造、存储、管理及检索的基础，其最终目的是对获取的信息进行正确地分类组织。构件的高效检索依赖于分类体系的有效建立与实施。

1.3.1　构件的分类

构件的分类体系有很多种，从构件的表示角度出发，构件可以分为人工智能方法、超文本方法和信息科学方法三大类。在软件复用技术中，信息科学方法是应用较为成功的一种。信息科学方法主要包括枚举、层次、关键词、属性值、刻面（Facet）和本体等几种常见的分类方式，其中刻面分类方法由于能够表达构件的丰富信息为人们所关注。

枚举分类方法能够将某个领域划分为若干个不相交的子领域，并依次构成层次结构。这种方法能够对领域进行高度结构化的划分，易于理解和使用。由于该方法的分类标准过于严格，使得分类模式难以随着领域的变化而改变，因此所能表示的关系极其有限。此外，枚举结构的创建者必须具有完整的领域知识，因而建立合理的枚举结构是一件非常困难的事情。

层次分类方法的本质是构建类的层次关系。首先把所有的构件划分为一些大类，再对每一个大类进行细化，形成层次较低的小类，不断地重复划分过程，直到层次关系的最低的层是构件为止。实际上，层次结构的中间层就是一组构件所属的类。在查询构件时，从高到低逐层判断自己要找的构件应该属于哪一类。使用层次分类方法，可以很快地收敛到所要寻找的目标，但这种方法所存在的主要问题是所采用的分类标准可能只适合一部分构件，而其余构件可能不适合这种分类标准。

在关键词分类方法中，每个构件以一组与之相关的关键词编目。使用主题来描述构件，主题词多为短语。每个主题下可有多个描述字，多为单词。查询者使用关键词来描述所需要的构件，通过关键词与主题词相匹配的手段来寻找目标构件。该方法能够从构件文档中自动地抽取术语，并补充到术语空间中，避免了人工抽取术语所付出的代价。但术语自动抽取的精度往往很低，其抽取结果难以在实际中使用。由于还没有找到准确的术语判别特征，因此自动抽取的结果中往往存在着大量的噪声，对自动抽取的术语需要进行人工辅助判断，工作量仍然很大。

在属性/值分类方法中，为所有构件定义了一组属性，每个构件都使用一组属性/值来进行描述。项目开发人员通过指定一组属性/值来检索构件库，以寻找自己所需要的构件。

在刻面分类方法中，将术语置于一定的语境中，从反映本质特性的视角去精确描述构件。管理者使刻面与术语相互对应，在构件之间建立起一种复杂的关联关系。与其他分类策略相比，刻面分类方法具有易于修改且富有弹性的优点。其主要原因是，在修改某一个刻面时，不会影响其余的刻面；同时每个刻面对应于一个结构化的术语空间，这使关键词的管理更为方便和有序。

从表面上看，属性/值分类方法与刻面分类方法非常相似，但是二者之间仍然存在着一定的差异。其差异主要表现为：①刻面对应的术语空间通常是有限的不定空间，而属性的值域往往是无限的确定空间；②刻面的选择要比属性的选取更为慎重；③刻面一般不超过七个，而属性的数量没有限制；④属性没有优先级，刻面则可以设置优先级；⑤在属性/值方法中不能使用同义词，而在刻面分类法中可以定义同义词关系。

刻面分类法能够从不同角度描述复杂对象，弥补了关键词分类策略的缺陷，结构上比属性/值分类方法更为合理，开销也小于枚举分类法。同时，刻面分类法非常容易扩展，具有枚举、属性/值和关键词几种分类方法的优点。刻面分类法已经被众多国际组织所采纳，目前是使用得最为广泛的一种构件分类体系。

本体（Ontology）的概念最初起源于哲学领域，它在哲学中的定义是"对世界上客观存在的事物的系统描述"，即存在论，是对客观存在的系统的解释与说明，关心的是客观现实的抽象本质。多年来，本体的概念和方法已经被成功地应用于计算机领域，如人工智能领域、知识工程、软件复用、数字图书馆、Web 异构信息处理、Web 语义计算及信息检索等。

尽管本体的定义有很多种不同的形式，但是从内涵上来看，不同的研究者对本体的认识都是一致的，都认为本体是特定领域或更广范围内的不同主体（如人、机器或软件系统等）之间进行交流的语义基础。简单地说，本体就是用来描述客观概念之间所存在的关系的。本体给出了一种明确定义的共识，该共识主要是为机器提供服务的。目前，计算机只能把文本看成字符串来进行处理，并不能像人类一样理解自然语言中所表达的语义。计算机能够利用本体概念对一类事物进行统一的处理。

本体的作用是捕获相关的领域知识，提供对该领域知识的共同理解，确定该领域内共同认可的词汇，并从不同层次上形式化定义词汇之间的相互关系。目前，本体的概念主要由概念类、关系、函数、公理和实例五个部分组成。在本体的概念中，最重要的是术语和术语之间的关系，以及组合术语和关系的规则。本体为解决传统信息检索的语义问题和通用问题提出了一条新的途径。在本体概念的支持下，机器能够理解语义，而不是单纯地进行关键字匹配。本体规范了领域词汇的语义，避免了一词多义或多个词语表达同一语义所带来的麻烦。

目前，广泛被使用的本体资源包括 Wordnet、Framenet、GUM、SENSUS、Mikrokmos、CYC、TOVE（加拿大多伦多大学的研究项目）和 Enterprise Project（爱丁堡大学人工智能应用研究所）。Wordnet 是基于心理语言规则的英文词典，以 Synsets 为单位来组织信息。所谓的 Synsets 是在特定上下文环境中可互换的同义词集合。Framenet 也是英文词典，采用 Frame Semantics 的描述框架，提供了很强的语义分析能力，目前已经发展为 Framenet Ⅱ。GUM、SENSUS 和 Mikrokmos 都是面向自然语言处理的。GUM 支持多种语言处理，包含基本概念及独立于各种语言的概念组织方式。SENSUS 为机器翻译提供了概念结构，包含了七万多个概念。Mikrokmos 也支持多语种处理，采用了一种中间语言 TMR 来表示知识。TOVE 本体包括活动、组织、资源、产品、成品和质量等部分，可以将它们作为大型企业模型集成的基础。

本体包含语义信息。使用本体来描述构件，可以让计算机知道用户所描述的词汇的含义。在本体描述的基础上，可以对构件库进行语义检索，检索出含义上相匹配的构件。用构件本体来描述构件的通用语义及构件之间的联系，用领域本体来描述领域相关的语义，这两个本体贯穿了整个检索系统的语义网络。在检索时，将构件本体和领域本体进行概念合成，便于本体库的管理与扩展，类似于关系数据库中多个表格连接形成一个视图。

1.3.2 软件构件的检索与匹配

构件检索是软件复用技术中较为重要的环节。目前，软件复用技术还没有得到广泛的推广和应用，其中的一个主要原因是缺乏有效的检索方法和支撑工具。一般地讲，根据某一查询要求得到的可复用构件往往不止一个。从构件库中选择适当的构件来适应新系统的需求并进行组装，离不开构件的检索与匹配技术。

目前，已有的检索方法大体上可以分为基于人工智能的检索方法、基于超文本的检索方法、图书馆科学和信息科学中所使用的检索方法及基于形式规约的检索方法四类。

在基于人工智能的检索方法中，将领域知识显式地存储在构件库中，构件匹配采用类似于人工智能学科里的推理手段。这种方法基本上还停留在实验室里，在实际应用中很难得到推广和利用。

（1）基于行为采样的构件检索技术。它的基本思想是，利用软件构件的执行能力来检索构件。用输入数据、输出数据及返回类型作为构件的一个采样。对于每一个构件，开发者选用一些典型的实际数据作为输入，然后得到该构件的输出数据。

（2）基于知识的构件检索技术。该方法对构件的自然语言描述进行词法、句法和语义分析，同时使用知识库来存储应用领域和自然语言的语义信息。基于知识的构件检索的基本原理是根据用户提出的要求，生成系统内部的提问形式，启动推理机获取用户需所求的构件，并以用户易读的形式来显示。常用的知识表示形式包括语义网和框架描述。概念依赖模型采用框架来描述和检索构件，不过这种方法需要相当丰富的框架资源。Bertrand Ibrahim 等人开发了 ROSA 系统，通过对构件的自然语言描述进行语法和句法分析来提取构件的语义信息，并使用同样的方法来处理用户请求。

（3）基于神经网络的构件检索技术。该方法以神经网络为基础，依据构件功能的相似程度来构造构件库。功能相似的构件被放在相邻的位置上，构件之间的相似度由地理位置的远近来决定。其检索过程为，系统首先将用户的查询请求转化为一个矢量，然后将该矢量输入该神经网络，通过竞争后，在网络的输出层得到一个优胜节点。网络输出层上的节点与构件库中的构件具有逻辑上的对应关系，将优胜节点及一定范围内的节点所对应的构件作为本次检索的结果反馈给用户。

神经网络可以根据用户的评价来递增地改变概念距离的权值。这种方法的关键在于如何有效地处理神经网络的学习问题与竞争问题。该技术的最大优点在于可以通过竞争学习，自组织地将构件按语义相关性进行逻辑组织，以方便构件检索。

基于超文本的检索方法强调构件之间的相互关系，在软件工程，尤其是 CASE 环境中有着广泛的应用。元模型（Meta-model）中存储了构件之间的非线性关联关系，软件开发人员可以利用支持超文本链接的浏览器来检索构件。该方法在许多开发环境和 CASE 工具中得到了很好的应用，如 IBM 公司的 VisualAge 系列产品和 Rational 公司的面向对象 Rose 工具等。

图书馆科学和信息科学中所使用的检索方法主要包括关键字检索和自由文本检索。关键字检索是一种受控的检索方式，即在一个领域中预先定义好很多关键字，根据这些关键字为构件建立索引。在用户检索构件时，输入的检索参数不能超出预定义的关键字范围。自由文本检索又称为全文（Full-text）检索，是一种非受控的检索方式，在用户输入待查字符串之后，检索工具将对构件库中每个构件说明进行全文匹配，因而比较适合文档类构件的检索。

上述方法都是基于自然语言处理的，很容易产生多义性，同时描述得也很不精确。基于形式规约的检索方法能够实现两个构件从语法到语义的全面完整匹配。基于形式规约的检索方法是一种基于规约间偏序关系的检索方法，这种关系又常用于构件库的组织，以便减少检索结果的数量。

根据规约描述的形式不同，这种方法主要分为基调匹配和行为匹配两大类。在检索构件时，用户写出需求规约，然后提交给系统。在构件库中，构件一般按照规约间的偏序关系来进行组织。在检索时，证明器根据构件规约与需求规约之间的某一偏序关系进行检索。在构件检索时，检索历程可以大大减少需求规约与构件规约之间的比较次数，从而提高检索效率。

在基调匹配方法中，利用函数数据类型和变量重命名手段，看用户所需求的函数与构件库中一个函数能否进行匹配。这类似于自动定理证明过程中经常使用的合一（Unification）概念。显然，基调匹配检索方法还只停留在语法匹配的层次上，不能反映该函数的语义信息和功能信息。

在行为匹配方法中，使用前件和后件来描述构件的行为，构件检索变成了谓词匹配。这种检索方法具有很高的准确率，但代价较高。

在使用本体概念描述构件时，包含了大量的语义信息。在语义推理机制的支撑下，利用这些语义信息和相应的检索算法就可以找到含义上匹配的构件。基于本体的构件搜索步骤如下：

（1）在概念词典的帮助下，自然语言查询语句将被分割为多个有意义的单词，将这些单词映射为本体中的概念，包括类、关系和实例。概念词典记录了词汇与概念之间的对应关系。

（2）根据本体库的知识框架确立刻面和术语，建立检索树。若检索树中存在着不一致的地方，则提示用户修改查询请求。

（3）根据检索树的刻面、术语及本体库中的语义关系，利用推理规则找出其隐含语义。

（4）对构件进行语义匹配，返回匹配的相关构件。

从库中选择构件时，需要进行鉴别以确定是否符合要求，这一过程叫作构件匹配。两个构件很难做到完全匹配，一般只能做到一定程度的匹配。当有多个构件符合要求时，应根据它们的匹配程度来进行选择。

1.4　软件构件化

所谓软件构件化，就是要让软件开发过程像机械加工一样，可以使用各种标准的和非标准的零件来组装机器；像建筑业一样，用各种材料来搭建楼房。软件构件化和集成化的目标是，由不同厂商来提供构件，使用不同语言来开发构件，在不同硬件平台上实现构件，以方便系统的动态集成。构件之间要求能够进行互相操作，它们既可以放在本地计算机上，也可以放在网络异构环境下的不同计算机上。实现软件构件化，是软件产业界多年来所追求的目标。

1.4.1　软件构件

随着网络技术的发展，现代软件系统已逐渐开始呈现出分布性广和复杂度高的特点。在处理业务逻辑的同时，开发人员还必须慎重地考虑底层的系统服务。为了把程序员从纷繁复杂的底层开发工作中解脱出来，使其专心地致力于特定应用逻辑的开发，许多学者提出了构件模型。

构件模型是关于可复用软件构件和构件之间进行相互通信的一组标准的描述。构件模型的最重要贡献是把应用开发和系统部署分割开来，解决了如何有效开发构件及如何有效使用已有构件来创建新系统的问题，是构件开发的核心与基础。构件模型对构件的本质特征及构件之间的相互关系进行了抽象化描述，同时对构件类型、构件形态和表示方法进行标准化，使程序员能够在一致的概念模型下观察和使用构件。目前，许多知名的软件公司纷纷提出了自己的分布式构件模型，如 Microsoft 公司的 COM/DCOM、OMG 公司组织的 CORBA/CCM 及 Sun 公司的 EJB。无论是哪种构件模型，其所提供的服务都是通过接口来进行定义的。在实现其声明的服务时，该构件可能要用到其他构件所提供的服务，因此构件模型包含提供服务接口和接收服务接口。构件模型如图 1-1 所示。

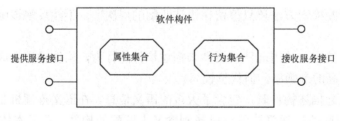

图 1-1　构件模型

作为黑盒结构的构件，其实现细节对于用户来说是完全透明的。构件所能提供的服务是通过接口来声明的，接口完全独立于具体的实现细节。接口是服务的抽象描述，对构件的理解和复用都是通过接口来实现的，即构件接口说明了该构件做什么，而不关心怎么做。接口是构件服务契约化的规范，也是构件与外界交互的唯一通道，构件之间的组合实质上是通过接口来实现的。

近年来，构件技术得到了迅速发展，国内外对软件构件的研究已经取得了一定的成果。当前主流的构件模型包括美国对象管理组织（Object Management Group，OMG）的 CORBA 技术、Sun 公司的 JavaBeans/EJB 及 Microsoft 公司的 DCOM/COM/COM+。我国自主研发的"和欣"操作系统就是利用构件来进行软件开发的典型实例，创新性地实现了 CAR（Component Assembly Runtime），是一种完全面向下一代网络的服务技术。

（1）OMG 公司的 CORBA。在开放系统厂商所提供的分布式对象互操作的基础上，OMG 公司制定了公共对象请求代理体系规范 CORBA。CORBA 标准是大多数分布式计算平台厂商所共同支持和遵循的系统规范，具有模型完整、系统平台和开发语言独立、支持广泛等优点。CORBA 标准主要分为对象请求代理（ORB）、公共对象服务和公共设施三个层次。最底层是对象请求代理。它是整个关系模型的核心与基础，规定了分布式对象的接口与语言映射，实现了对象之间的通信和互操作，是系统的软总线。中间层是公共对象服务，能够提供如开发服务、名字服务、事务服务及安全服务等各种操作。最高层是公共设施，定义了构件框架，给出了可直接为业务对象所使用的服务，规定了业务对象之间进行有效协作所需要的规则。

（2）Sun 公司的 J2EE/JavaBeans/EJB。1999 年，Sun 公司推出了 Java2 技术及相应的 J2EE 规范。J2EE 着力推动基于 Java 的服务器端应用开发，其目标是提供与平台无关、具有可移植性及支持安全访问的服务器端构件的开发标准。在 J2EE 中，Sun 公司给出了使用 Java 语言来开发分布式系统的具体规范。利用分布式互操作协议，可同时兼顾 RMI 和 IIOP。分布式系统服务器端的开发可使用 JavaServlet、JSP 及 EJB 等多种形式，以支持不同的业务需求。J2EE 不但能够支持跨平台开发，而且简化了服务器端应用开发的复杂度，在分布计算领域中得到了快速发展。EJB 是 Sun 公司推出的基于 Java 的服务器端构件开发规范，目前已得到了广泛应用，成为服务器端开发的技术标准。EJB 定义了一个用于开发基于构件的多重应用程序的标准，它是 Sun 公司在服务器平台上所推出的 Java 技术族的成员，很大程度上增强了 Java 的开发能力，并扩展了 Java 在企业级平台的适用范围。从软件构件的角度来看，EJB 是 Java 在服务器端的技术规范和平台支持。

（3）Microsoft 公司的 DCOM/COM/COM+。DCOM 是由 Microsoft 公司与其他厂商合作提出的一种分布式构件对象模型（Distributed Component Object Model），其发展经历了一个相当曲折的过程。DCOM 起源于动态数据交换（Dynamic Data Exchange，DDE）技术，通过剪切和粘贴来实现两个应用程序共享数据的动态交换。OLE 是从 DDE 发展起来的。随后，Microsoft 公司引入了构件对象模型（Component Object Model，COM），形成了 COM 对象之间互操作的二进制标准。COM 是由 Microsoft 公司推出的构件接口标准，允许任意两个构件之间进行互相通信。最初，COM 主要作为 Microsoft 桌面系统的构件技术，为本地的 OLE 应用服务。随着 Microsoft 服务器操作系统 NT 和 DCOM 的发布，COM 通过底层的远程支持使构件技术延伸到分布应用领域。Microsoft 公司将 COM 与 OLE 相结合发布了 OLE2。其中，COM 实现 OLE 对象之间的底层通信，其作用类似于 CORBA 和 ORB。COM+提供了负载均衡、内存数据库管理、对象池维护和构件配置等服务。Microsoft 公司将 COM、DCOM 和 COM+的功能有机地统一起来，形成了一个更加强大的构件应用体系结构。

将具有一定集成度并可重复使用的软件组成单元称为软构件（Software Component）。软件复用可以表述为：在构造新系统时，可以不必每次都从零做起，直接使用已有的软件构件，通过组装或加以合理修改，即可实现系统功能。一方面，复用技术合理化并且简化了软件的开发过程，减少了开发工作与维护代价，降低了软件成本，同时提高了生产效率。另一方面，由于构件是经过反复使用、修改和验证的，因此其自身的质量较高，使用已有构件来开发新系统时，应用系统的质量和稳定性也会非常高。基于构件的软件开发过程如图 1-2 所示。首先，对待开发的系统进行功能分解获取子功能集合，一项子功能仅由一个构件来实现，整个分解过程以构件库为依据，应使更多的子功能由库中已存在的构件来实现，同时要尽量保持每个子功能在逻辑上具有完整性与独立性。对子功能集合进行分析，判断系统分解方案是否合理，如果不合理将重新进行分解过程，直到获取合理的子功能集合，即开发该软件系统所需的构件集合。若所需的构件在库中存在，则从构件库中提取该构件；若所需的构件不在库中，则按照功能声明重新进行开发。将所提取的构件和新开发的构件进行评估和适应性修改，然后组装到相应的功能分解框架中以获取该软件系统。在系统的开发过程中，可能产生了一些新的构件，这些构件在库中并不存在。对这些构件进行分析，若具有应用价值并在今后开发活动中可以使用的，将其存入构件库中。

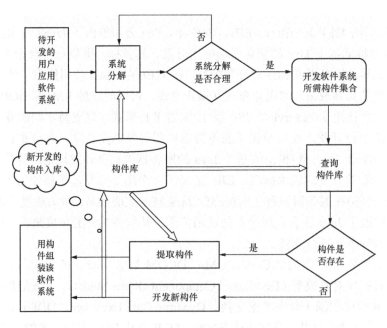

图 1-2　基于构件的软件开发过程

1.4.2　构件获取

软件构件化技术的实质是对用户需求进行分解，分解为一系列逻辑上独立的子功能，每个子功能用一个构件来实现。查询构件库或重新进行开发来获取系统所需构件，然后通过组装或简单修改即可获得用户所需的应用系统。在软件构件化技术中，构件库是核心与基础。软件构件化的应用程度到底怎样，关键在于构件库的建设水平如何。构件获取主要分为两个阶段，即构件发现阶段和构件评估阶段。在发现阶段，将会对构件的属性如功能、接口、调用方法、可靠性、可用性及可扩展性等进行明确化。在评估阶段，使用多种成熟的评估方法对获取的软件构件进行评估。评估方法主要包括 ISO 描述的产品评估通用标准、IEEE 的特定领域构件评价技术及适用于特定问题域的相关技术。

目前，构件获取主要有以下四种方式：

（1）从构件库中，按照适合新系统的原则选取，并做适应性修改以获得可重用的构件。

（2）根据新功能模块进行自行开发，以获取新构件。

（3）对遗留系统进行功能分析，将具有潜在应用价值的模块提取出来，使其接口进行标准化以获得可重用性构件。

（4）通过商业方式购买合适的构件，利用互联网资源进行共享或免费获取。

1.4.3 基于构件的软件开发

基于构件的软件开发的基本思想是将用户需求分解为一系列的子功能构件，在开发过程中不必重新设计这些基本功能模块，只需从现有构件库中寻找合适的构件来组装应用系统。这种软件工业化生产的思想无疑将大大提高软件的可复用性和开发效率。基于构件的软件开发技术不仅使产品在客户需求吻合度、上线时间和质量上领先于同类产品，而且使软件的开发与维护工作变得十分简单，客户可以随时应对商业环境和 IT 技术的变化，以实现快速定制。基于构件的软件开发的基本目标是以组装的方式来生成新应用系统，组装是以那些形式上独立的构件服务为基础来进行的。在通用基础设施上，构件服务通过调用通用服务来实现信息交互。因此，基于构件的软件开发技术应该具备以下要素：由构件组装的应用程序、独立服务、公共构件基础设施及通用服务。

20 世纪 60 年代初期，开发大型系统过程中出现的一些问题引发了软件危机。为了解决这一问题，Yourdon 和 DeMarco 提出了结构化分析与设计方法。结构化分析与设计方法是通过工程化方法，并规范开发过程，使软件系统具有良好的结构，即产生可拼装和裁剪的模块化结构。其本质是要保证软件开发的质量，提高软件开发的灵活性和生产效率。

20 世纪 80 年代末，出现了面向对象编程技术。其基本思想是使用对象来描述客观事物，对象封装了属性和操作方法。与之相关的概念还有类、类的实例、类的继承、父类、子类、多重继承、方法的重载、限制及接口等。很多学者对面向对象编程进行了研究，最著名的有 Grady Booch 方法、James Rumbaugh 的对象建模技术 OMT 及 Ivar Jacobson 的面向对象软件工程（Object-Oriented Software Engineering，OOSE）。虽然这几种方法的基本思路大体上相同，但仍然存在着不少差异，从而为实际的软件开发和应用带来了很多不便。从 1995 年开始，由 RATIONAL 公司发起，Booch、Rumbaugh 和 Jacobson 共同提出了统一建模语言（Unified Modeling Language，UML）。UML 得到了很多软件公司的支持，已逐渐发展成为面向对象编程的标准。正是由于面向对象技术的快速发展，多年来所追求的构件化梦想才有可能走向现实。

自从国际 NATO 软件工程会议首次提出软件复用、软件构件、构件工厂及软件组装生产线等概念以来，虽然构件定义经历了多次变迁，但是基于构件的软件开发方法一直被视为解决软件危机、提高软件生产效率和产品质量、实现软件工业化生产的切实可行的途径。中国科学院院士杨芙清指出软件的工业化开发和其他现代化工业生产具有极其相似的特性，都应该采取工业化的生产模式，即大规模地生产标准化构件并使用标准化构件来集成应用系统，构建软件开发所需要的共性和支撑性资源。在大量构件基础上，通过集成组装来实现应用系统，降低软件开发难度和复杂度，节省开发时间，同时使系统更加规范和可靠。

20 世纪 90 年代，软件构件技术得到了迅速发展。在这一阶段，主要强调开发过程应该融入构件化技术和体系结构技术，要求所开发的系统具备易理解、自适应、互操作、可扩展和可复用的特点。目前，在软件复用领域中，构件化技术已经成为一个重要的学科分支。

1.5　软件体系结构

在软件体系结构（Software Architecture，SA）和计算机体系结构的英文表示中，都有一个共同的单词——Architecture（中文含义是体系结构）。这个词源于建筑领域，其含义是建筑学、建筑术、建筑物的设计式样，主要用于描述一个系统的外貌和形态。在发展成熟的领域中，结构成为考察系统总体性能的指导性原则和基本出发点。例如，桥梁的形态具有拱形、板式支撑、吊索和斜拉式等形态。在计算机硬件设计中，体系结构可以用来描述整个系统构成的基本形态。计算机硬件结构包括单处理器、多处理器、并行计算机和网络计算机等多种不同形式。类似地，软件体系结构可以定义为在设计构成上软件系统可供选择的形态。

框架（Framework）是一种为特定领域应用提供可扩展模板的架构实例。它描述了整个设计过程，指明了协作对象之间的依赖关系，明确了责任分配和控制流程，表现为一组抽象类及其实例之间的协作方法，为构件复用提供上下文关系。体系结构也称为架构，描述了软件系统的系统组织方式，包括构成系统的构件接口、行为模式、协作关系及对这些问题的决策等信息。体系结构不仅涉及结构与行为，而且涉及系统的使用、功能、性能、适应性、可复用性、可理解性、经济性和技术约束的权衡。软件体系结构是软件的总体框架，好比在建造房屋时，一开始就要规定是欧式建筑风格还是中式建筑风格。在软件开发过程中，有针对工业控制的结构，也有针对网络的结构，诸如网络结构是分层组织的、TCP/IP 的七层模型。

软件是有结构的，不存在没有结构的软件。从整体上讲，可以把软件系统比作一幢楼房，它有基础、主体和装饰，即操作系统之上的基础设施软件（Infrastrueture）、实现计算逻辑的主体应用程序和方便使用的用户界面等。从细节上看，每个程序也是有结构的。早期的结构化程序就是以语句作为组成模块，模块的聚集和嵌套形成了层层调用的程序结构，也就是所说的软件体系结构。结构化开发方法、计算逻辑结构及自顶向下的开发技术都强有力地保证软件系统具有一定的框架。在结构化程序设计时代，系统的规模不算太大。在这一时期，通过强调结构化程序设计方法和自顶向下逐步求精思想，同时注意模块之间的耦合性，就可以保证所开发的软件系统具有相对良好的结构，所以并未对软件的体系结构进行专门研究。在抽象数据表示方法和面向对象技术出现之后，开发人员才真正开始重视软件体系结构的研究。在抽象数据表示和面向对象方法中，使用封装模式或对象构件来开发应用程序。利用自顶向下分析和自底向上构造策略，在已有类库、包库和构件库资源的基础上来开发软件系统。在基于软件体系结构的开发模式中，可以复用大量过去已有的构件，满足快速开发大型软件项目的需求，所开发的系统可靠性高，易于修改，适应了业界的需求。

简单做一下比喻，在结构化程序设计时代，是以砖、瓦、灰、沙、石、预制梁、柱和屋面板来建造楼房的，到了面向对象时代，则以整面墙、整间房和楼梯预制件来修建高楼大厦。复用可以缩短开发时间，提高开发质量，同时减少了开发成本。但在这种开发模式中，必须要考虑以下问题：构件怎样设计才能保证搭配的合理性，使用何种体系结构才能保证系统的易修改性，构件如何修改才能保证整个系统框架不受影响，以及每种应用领域（如医院、工厂、机关和旅馆等）到底需要什么样的构件。

如同土木工程进入现代建筑学一样，随着面向对象技术的快速发展，传统软件工程也进入现代面向对象软件工程。研究系统的整体框架，以寻求构建速度最快、开发成本最低和建造质量最好的软件构造过程，因而对软件体系结构的研究是必然的。对象封装技术松弛了模块之间的耦合性，为软件复用提供了构件资源，而如何复用也必然导致对体系结构开展研究。此外，对象的继承、类库的定制及分布式应用的构造也需要对系统的体系结构开展研究。

随着计算机硬件技术的快速发展，人们对软件的功能、结构和复杂性提出了更高的要求。在软件设计过程中，随着软件复杂性的不断增加，其整体和局部结构变得越来越重要，甚至超过了算法和数据结构这些常规概念。软件体系结构概念的提出和应用，表明软件开发技术正在高层次上发展并已经开始走向成熟。如同机械组装一样，未来的软件工程方法将按照体系结构图纸对已有的构件实施拼装，从而减少开发过程所需要的人力、物力和财力。而在这一过程中，软件体系结构将起到主导性作用，也就是说新一代软件工程将是体系结构工程。

1.5.1 软件体系结构的定义

目前，国内外研究者从不同的角度对软件体系结构概念进行了描述和刻画。虽然其表述形式互不相同，但从中不难发现软件体系结构的一些共同特征。其中，比较有代表性的定义有如下几种：

（1）Booch、Rumbaughh 和 Jacobson 认为软件体系结构是关于下述问题的重要决定：系统整体结构的组织方式，构成系统的模型元素及其接口的选择，以及由这些模型元素之间的协作所描述的系统行为；描述了结构元素和行为元素如何进一步组织成较大的子系统，以及指导这种组织的结构风格来实现模型元素及其接口的协作与组合。软件体系结构是一组重要的决策，主要包括系统的组织和带有接口构件（Elements）的选择，以及协作时构件的特定行为，可以表示为 SA＝{Organization，Elements，Cooperation}。其中，构件的接口用于组成系统，而具有结构和行为的构件又可以用来组成更大的子系统。软件体系结构不仅关注软件的结构和行为，而且关注其功能、性能、弹性、使用关系、可复用性、可理解性和经济技术约束。

（2）Mary Shaw 和 David Garlan 认为软件体系结构是设计过程的一个层次，这一层次超越了算法设计和数据结构设计。体系结构包括全局控制、总体组织、数据存取、通信协议、同步处理、设计元素功能分配、设计元素组织、设计方案选择及系统规模和性能等。软件体系结构主要处理算法和数据结构之上关于系统整体框架和描述方面的问题，诸如全局控制与组织的设计结构、通信和数据存取协议、构件功能定义、系统物理分布，设计方案选择及系统评估与实现等，可以表示为 SA＝{Component，Connection，Constrains}。其中，组件（Component）可以是一组代码（如程序模块），也可以是一个独立的程序（如数据库的 SQL 服务器）；连接器（Connection）表示组件之间的相互作用，可以是过程调用、管道或远程调用等；限制（Constrains）表示组件和连接器之间的关联。该模型主要面向程序设计语言，组件是代码模块。

（3）Dewayne Perry 和 Alex Wolf 认为软件体系结构是具有一定形式的结构化元素，即组件集合，主要包括处理组件、数据组件和连接组件。处理组件负责对数据进行加工，数据组件存放被加工的信息，连接组件则把体系结构的不同部分组合起来，可以表示为 SA＝{Processing

Elements，Data Elements，Connecting Elements}。这一定义注重区分处理组件、数据组件和连接组件，在其他的定义中基本上得到保持。

（4）在 Software Architecture in Practice 一书中，Bass、Ctements 和 Kazman 给出了如下定义：程序或软件的体系结构包括一组软件组件、软件组件的外部可见特性及其之间的相互关系，可以表示为 SA＝{Components，Visibility，Relationship}。其中，外部的可见特性（Visibility）是指软件组件所提供的特性、服务、性能、错误处理和共享资源使用等。

（5）Barry Boehm 认为软件体系结构是一个包括系统构件、连接件和约束的集合，是一个反映不同人员需求的集合，是一个证明系统在实现后能够满足需求的理论集合，可以表示为 SA＝{Components，Connections，Constraints，Stakeholders，Needs，Rational}。其中，Components 是构件，Connections 是连接件，Constraints 是构件和连接件之间的约束，Stakeholders 表示用户、设计人员和开发人员，Needs 表示需求，Rational 表示体系结构方案选择准则。

（6）Soni、Nord 和 Hofmeister 详细地分析了在项目开发中所广泛使用的一些软件结构，指出软件体系结构至少应该包括四个不同的实例化结构，即概念体系结构、模块连接体系结构、执行体系结构和代码结构，这些结构从不同方面对系统进行描述。其中，概念体系结构按照设计元素和元素之间的关联关系来描述整个系统；模块连接体系结构包括正交结构分解和正交功能分层；执行体系结构描述了系统动态结构；代码结构描述了开发环境是如何对源代码、二进制代码和资源库进行组织的。

（7）1995 年，David Garlan 和 Dewayne Perry 在 IEEE 软件工程学报上给出了如下定义：软件体系结构是程序或系统中组件的结构、组件之间的相互关系、设计的基本原则及随时间进化的指导方针。

（8）在 ARPA 特定领域软件体系结构（DSSA）研究报告中，Hayes-Roth 给出了如下定义：软件体系结构由功能构件组成的抽象系统说明，该说明对功能构件的行为、界面和构件之间的相互作用进行了详细描述。

从以上这些定义中可以看出软件体系结构研究的发展历程。虽然这些概念并不完全相同，但是大多数定义的要点是一致的，即软件体系结构主要包括组件、关系和结构。这些定义的区别在于要点问题的说明和软件架构的表述。

软件体系结构指定了系统的组织结构和拓扑结构，显示了系统需求和构成元素之间的对应关系，提供了设计决策的基本原理，属于软件系统之上的框架级复用。软件体系结构是系统开发过程中的重要决策，是管理人员、设计人员和开发人员之间交流的有效手段。

软件体系结构提供了一种自顶向下，充分利用已有构件资源来设计实现软件系统的新途径；将系统分解为一组构件和交互关系，使软件开发人员可以从全局角度来分析和设计系统，克服了传统的自底向上开发策略的局限性。将软件体系结构融入基于构件的软件开发（Component Based Software Development，CBSD）中，使设计人员可以充分地利用已有的构件来实现新系统。首先，根据用户需求和实现环境的要求，确定系统体系结构，给出抽象构件之间的关联关系。然后，在构件库中查找与抽象构件相匹配的实现模块，得到候选构件集合；对候选构件进行配置，在配置过程中采用隐藏操作来消除重叠服务，如果存在服务断层，则需要进行系统封闭；所缺服务可由开发人员来设计实现，也可从构件库中查找与之功能相似的构件并对其进行修改，但不能引入新的服务断层。最后，按照得到的有效配置，通过组装工具并辅以黏结代码来组合构件实现体，形成可正常运转的软件系统。

本书综合以上几种不同的定义，认为软件体系结构主要包括构件、连接件和配置约束三个部分。构件是可预制和可复用的软件部件，是组成体系结构的基本计算单元或数据存储单元。连接件是可预制和可重用的软件部件，是构件之间的连接单元。配置约束用来描述构件和连接件之间的关联关系。因此，在确定某个软件的体系结构时，主要是明确构件和配置约束。一旦明确了配置约束，构件的种类和数量、连接件的种类和数量、构件与连接件之间的对应关系及系统的拓扑结构也就随之确定下来。因此，在基于软件体系结构的开发技术中，必须明确实现系统所需的构件、连接件和配置约束。

1.5.2　软件体系结构的作用

最初，软件体系结构概念的提出主要是为了从需求向实现的平坦过渡。软件体系结构是系统的抽象描述，可作为系统实现的蓝图，相当从需求到实现的桥梁。因此，早期的软件体系结构研究主要集中在生命周期的设计阶段，关注如何解决软件系统的前期设计问题，包括体系结构描述语言、体系结构风格、体系结构验证、体系结构分析及体系结构评估方法等。

随着更多研究者的参与，软件体系结构的研究范围开始超越设计阶段，逐步扩展到整个软件生命周期，例如，在需求分析阶段，考虑如何利用软件体系结构来提高设计的复用率；在设计阶段，考虑如何使用软件体系结构来支持系统的实现、组装、部署、维护、演化及复用。Medvidovic 提出将软件体系结构概念贯穿于整个软件生命周期，并使用一种特殊的连接子来维系不同阶段模型的可追踪性。Garlan 认为软件体系结构不仅是设计阶段的软件制品，更是一种处于运行状态的软件实体。Jacobson 提出的统一软件开发过程、Kazman 描述的生命周期集成方法及 Mei 阐述的 ABC 软件开发方法都不同程度地将软件体系结构贯穿于整个生命周期。在软件项目开发过程中，软件体系结构的主要角色包括支持开发人员之间的交流、直接支持系统开发及支持软件复用等。

在需求阶段、设计阶段、实现阶段、部署阶段和后开发阶段，软件体系结构始终扮演着中介角色，是整个软件系统的一幅开发草图。

（1）需求阶段的软件体系结构。需求工程和软件体系结构的构造是软件生命周期的两个关键活动，需求工程关注如何刻画问题空间，而软件体系结构主要关注如何描述解空间。所以，需求工程和软件体系结构领域中的绝大多数工作都是相对独立的。在需求阶段研究软件体系结构，主要包括如下两方面工作：一是在较高抽象层次上，用软件体系结构的概念和描述手段来刻画问题空间的软件需求；二是探讨如何将软件需求规约自动或半自动地转变为软件体系结构模型。

把软件体系结构的概念引入需求分析阶段，有助于保证需求规约和系统设计之间的可追踪性和一致性。用软件体系结构的基本概念来描述问题空间，用构件和连接件的概念来结构化组织需求，所得到的需求规约包括构件的需求规约、连接件的需求规约及约束配置需求规约等。在设计阶段，这些需求规约文档将是软件体系结构建模的基础。

需求阶段的软件体系结构研究还处于起步阶段。从本质上讲，需求工程和软件体系结构设计所面临的是不同的对象：一个是问题空间，另一个是解空间。保持二者的可追踪性和连续性一直是软件工程领域所追求的目标。从软件复用角度来看，软件体系结构影响需求工程也有其自然性和必然性，已有系统的软件体系结构对新系统的需求工程能够起到很好的借鉴作用。在需求阶段研究软件体系结构，有助于将软件体系结构的概念贯穿整个软件生命周期，从而保证软件开发过程中的概念完整性，有利于各阶段参与者的交流，也易于维护各阶段的可追踪性。

（2）设计阶段的软件体系结构。这一阶段的软件体系结构研究主要包括软件体系结构描述、软件体系结构设计、对软件体系结构设计经验的总结与复用及软件体系结构分析等。

软件体系结构描述可以分为三个部分：软件体系结构的基本概念，即软件体系结构模型是由哪些元素组成的，以及这些元素之间是按照何种原则进行组织的；体系结构描述语言（Architecture Description Language，ADL），即在基本概念基础上，选取适当的形式化或半形式化方法来描述一个特定的体系结构；软件体系结构模型的多视图表示，即从不同的视角来描述特定系统结构，从而得到多个视图，并将这些视图组织起来以描述整个软件系统。许多研究者对连接件进行了分类与总结，认为连接件的作用可以分为通信、协调、转换和辅助交互四种。其中，通信和协调分别关注构件之间的数据流传递和控制流传递；转换负责在通信和协调出现失配时，完成数据格式和协议转换功能；辅助交互负责协调异构构件或优化构件之间的交互。对简单连接件进行参数化，可以构成阶数更高的连接件。目前，软件体系结构的描述主要关注构件和连接件的建模问题。支持构件、连接件及其配置的描述语言就是 ADL。ADL 对连接件的作用非常重视，这已经成为区分 ADL 和其他建模语言的重要特征。典型的 ADL包括 Unicon、Rapide、Darwin、Wright、C2、SADL、Acme、XADL、XYZ/ADL 和 ABC/ADL等。多视图也是一种描述软件体系结构的重要手段，已经成为软件体系结构研究领域中的一个重要分支。在这种描述方法中，每一个视图反映了系统的一组特性，多视图将人们对系统的关注点进行了分离。当体系结构描述语言和多视图相结合来刻画系统的框架时，可以使系统更加易于理解，方便相关人员之间的交流，以及有利于系统的一致性检测和系统的质量评估。学术界已经提出了若干多视图的描述方案，典型的包括 4＋1 模型（逻辑视图、进程视图、开发视图、物理视图和统一的场景）、Hofmesiter 的四视图模型（概念视图、模块视图、执行视图和代码视图）及 CMU-SEI 的 Views and Beyond 模型（模块视图、构件视图、连接件视图和配置视图）等。

软件体系结构设计是指通过一系列的设计活动，获得满足系统功能性需求（Functional Requirement，FR），符合一定非功能性需求（Non-Functional Requirement，NFR），与质量属性有相似含义的软件系统框架模型。在软件体系结构设计过程中主要考虑系统的 NFR。设计过程往往和分析过程相结合，希望能够在软件生命周期的前期发现潜在的风险。需要说明的是，需求阶段的体系结构研究和软件体系结构设计方法研究有重叠部分，如需求规约的表示，以及从需求规约向软件体系结构模型的转换等。前者主要考虑如何组织需求以保持整个转换过程的一致性和可追踪性；后者则更强调具体的转换步骤及在转换过程中采用的策略，特别是针对 NFR 所实施的设计决策。软件体系结构设计方法可以分为三类：FR 驱动的软件体系结构设计，即首先根据 FR 得到初步的体系结构设计模型，然后通过一定的手段来精化设计结果以逐步达到 NFR 的目标，典型案例是评估与转化方法；NFR 驱动的软件体系结构设计，即将 NFR 作为首要考虑因素，将 NFR 直接映射为体系结构中的建模元素；集成 FR 和 NFR 的设计方法，即将 FR 和 NFR 视为同等重要的输入，在体系结构设计中同时兼顾 FR 和 NFR，并将其转化为体系结构的建模元素。

对软件体系结构设计经验的总结与复用是软件工程的重要目标之一，所采用的手段主要包括体系结构风格和模式、特定领域体系结构（Domain Specific Software Architecture，DSSA）和软件产品线技术。体系结构风格是指描述某一特定应用领域中系统组织方式的惯用模式，作为"可复用的组织模式和习语",为设计人员之间的交流提供了公共术语空间,促进了设计复用与代码复用。体系结构模式是对设计模式的扩展,明确了软件系统的结构化组织方案,可以作为具体的软件框架模板。从目的上看,体系结构风格和模式都记录了设计决策;从使用角度来看,两者都使用类似的技术来阐明设计决策。在软件体系结构研究领域中,不对风格和模式进行详细的区分,统称为体系结构风格。从实际工程应用中已经总结出许多被广泛接受的体系结构风格,比较经典的有数据流风格、调用/返回风格、独立构件风格、虚拟机风格、仓库风格、基于消息的风格和 C2 风格等。在体系结构模式研究领域中,也针对不同的系统提出了若干体系结构风格,如分布式系统、交互式系统和适应性系统等体系结构风格。体系结构风格的描述主要分为两种:第一类提供非形式化描述模型,并将其引入体系结构设计过程中,如 Aesop 所提供的通用对象模型;第二类给出形式化规约,精确说明风格特征,用于验证高层性质,此时,风格被定义为从语法到语义的解释,负责规约构件、连接件和它们之间配置的语义,风格的规约与验证依赖于所采用的形式化语言,如 Z 语言和图论等。DSSA是领域工程的核心,通过分析应用领域的共同特征和可变特征,对刻画特征的对象和操作进行抽象,获取领域模型,并进一步形成 DSSA。软件产品线是指一组具有公共可控特征的软件系统,这些特征主要是针对特定的商业行为。产品线开发的特点是维护公共软件资源库,同时在开发过程中使用这些公共软件资源,如领域模型、体系结构模型、过程模型和构件等。在 DSSA 和软件产品线中,将特定应用领域或者产品家族的体系结构记录下来,用于软件复用,以提高系统的开发效率。DSSA 和软件产品线技术在生命周期的各个阶段都记录和复用了软件体系结构的设计经验。

通过分析软件体系结构设计模型,可以预测系统质量属性,同时能够界定产品中潜在的风险。从精度上看,体系结构分析方法可以分为两类:一类是使用形式化方法、数学模型和模拟技术来获得量化的分析结果;另一类是利用调查问卷、场景分析和检查表,得出关于软件体系结构的可维护性、可演化性和可复用性等质量属性。对于前一类分析方法,典型的研究包括:使用进程代数、CHAM(Chemical Abstraction Machine)、有穷状态自动机和 LTS(Labeled Transition Systems)来分析软件体系结构中是否存在死锁,利用队列模型来分析软件体系结构的性能,以及运用马尔科夫模型来分析系统的有效性等。第二类方法是软件体系结构分析的主流,更强调各类风险承担者(Stakeholder)的参与,往往是手工完成的,典型的有基于场景的体系结构分析 SAAM、针对复杂场景的扩展 SAAMCS、针对可复用性的扩展ESAAMI 和 SAAMER、体系结构权衡分析 ATAM、基于场景的体系结构再工程 SBAR、体系结构层次软件可维护性预测 ALPSM、软件体系结构评估模型 SAEM 等。虽然存在多种体系结构分析方法,但在实际应用中,这些方法很难发挥作用。其主要原因是第一类方法要求较高的数学背景,需要提供大量的数据,往往只适用于规模较小的系统,如果将该类方法应用到大规模系统中,则会出现描述复杂、难以理解和运用困难的问题;第二类方法是通过手工来完成的,过度依赖于参与者的经验,由于方法本身仅给出了分析流程,缺乏行之有效的支撑工具,因此在实际应用中难以被推广。

(3)实现阶段的软件体系结构。实现阶段的软件体系结构研究主要集中在以下几方面:基于软件体系结构的开发支持研究,如项目组织结构和配置管理等;软件体系结构向实现的过渡途径研究,例如,将程序语言元素引入软件体系结构设计阶段、模型映射、构件组装及复用中间件平台等;基于软件体系结构的测试技术研究。

软件体系结构提供了待生成系统的蓝图。在根据设计蓝图实现系统时，需要良好的开发组织结构和过程管理技术。将软件体系结构贯穿于整个项目管理中，使开发团队的组织结构和体系结构模型之间形成一定的对应关系，同时建议由体系结构设计人员来担任各开发小组的组长，从而提高软件开发的效率和质量。除此之外，软件体系结构还可以用于开发计划的形成、风险的管理和相关决策的制定。

为了填补高层软件体系结构模型和底层实现细节之间的鸿沟，研究者们提出了若干处理方法，其主要思想是尽量封装底层实现细节，通过模型转换和精化手段来缩小概念之间的差距。典型的案例包括：在软件体系结构中引入实现阶段的概念，如引入程序设计语言元素；通过模型转换技术，将设计阶段的软件体系结构模型逐步精化为能够支持实现的模型；封装底层实现细节，使之成为粒度较大的构件，在软件体系结构设计模型的指导下，通过组装构件来实现系统，但这往往又需要底层中间件平台的支持。按照软件体系结构设计模型，选择合适的可复用构件来进行组装，可以在较高层次上实现系统，并能够提高系统的开发效率。在构件组装过程中，软件体系结构设计模型起到了系统蓝图的作用。目前，通过组装构件来实现软件体系结构设计模型时，主要关注两方面内容：如何支持可复用构件的互联，即对设计模型中规约的连接件的实现提供支持；在组装过程中，如何检测并消除体系结构中的失配问题。

测试作为软件开发过程中的一个重要阶段，即在输入一组测试用例的情况下，通过观察系统的执行行为来动态地验证程序的正确性。可测试性是软件体系结构的重要属性，测试和软件体系结构之间可以互相借鉴，例如：根据软件体系结构可以自动生成测试用例和测试计划；测试能够通过模拟技术来评估软件体系结构模型，评价系统实现和体系结构规约的相符程度。

（4）部署阶段的软件体系结构。随着网络与分布式技术的快速发展，软件部署已经逐渐从软件开发环节中独立出来，成为软件生命周期中一个重要阶段。为了使分布式系统满足一定的质量要求，软件部署需要考虑多方面的信息，诸如待部署软件构件的互联性、硬件拓扑结构及硬件资源占用情况等。软件体系结构视图可以充分地描述部署阶段的软硬件配置。软件体系结构的物理视图刻画了从软件实现到物理硬件的映射关系。该视图以待部署软件、处理器、传感器、执行器和存储器为构件，以软件实体到硬件资源的部署关系、各硬件资源的关联为连接件，用于指导部署过程。软件体系结构模型可以记录软件部署的经验，以便在下次部署时复用已有的经验。利用软件体系结构模型可以分析部署方案的质量属性，从而选择合理的部署方案。

（5）后开发阶段的软件体系结构。这一阶段的研究主要涉及软件体系结构的维护、演化和复用等问题，包括动态软件体系结构、软件体系结构的恢复及软件体系结构的重建。

传统研究总是设想框架是静态的，即软件体系结构一旦建立，在运行时刻就不会发生变动，但现实中的软件往往具有动态性，即它们的框架结构会在运行时发生改变。在运行时，软件体系结构的变化包括两类：一类是软件内部执行所导致的体系结构改变，例如，在客户请求到达时，服务器端会创建新构件来响应用户的需求，根据不同的配置状况，某个自适应系统会采用不同的连接件来传送数据；另一类是外部请求要求软件系统进行重新配置，例如，在升级或进行修改时，很多高安全性系统不能停机。

目前，项目开发很少从头开始，许多软件开发任务是对已有的遗留系统进行升级、增强或移植来完成的。遗留系统在开发时没有考虑其框架结构问题，因此，在将这些系统构件化包装和复用时，往往得不到体系结构的支持。因而，从这些遗留系统中恢复或重构软件体系结构是有意义的，也是必要的。软件体系结构重建是指从已实现的系统中获取体系结构的过程，其输出是一组体系结构视图。现有体系结构重建方法包括手工体系结构重建；工具支持的手工重建；通过查询语言来自动建立聚集；使用其他技术来实施体系结构重建，如数据挖掘。

1.5.3　研究软件体系结构的意义

建立软件体系结构是整个开发过程的关键性步骤，设计一个完整的框架结构和一套构造规则是项目成功开发的关键。软件体系结构的设计对大型项目开发的成败起着举足轻重的作用。传统的体系结构设计往往是非形式化的，结果是难以针对设计经验与设计原则进行交流、分析和比较。当前的体系结构研究有可能获取适应设计过程的普遍性原则，从而提高为系统建立有效框架的能力。软件开发设计所面临的不再是功能性问题，而是系统的非功能性问题，如系统性能、可适应性、可靠性和可复用性等。一个好的软件体系结构设计方案可以解决这些功能性问题和非功能性问题。软件体系结构研究在整个开发过程中占有非常重要的地位，其主要原因有以下几点：

（1）软件体系结构可以作为项目开发的指导方针。可以说，软件体系结构是指导软件开发的基本指针，提供了表达各种关注、协调各方面意见和行动的共同语言，体现了早期开发的决策，尤其对大型复杂系统开发可以实施有效的管理。

（2）软件体系结构是设计过程的开端。软件体系结构体现了系统最早期的设计决策，对软件生命周期的影响很大，也意味着它是一个难点和关键。其原因是软件体系结构给予开发人员一种可实现的指导和约束，对达到软件质量要求具有重大影响，支配从项目开发到项目维护的组织结构，是开发组各成员所必备的首要条件，体现了软件的部分质量，同时为软件修改提供了保证和约束。

（3）软件体系结构具有可复用性。软件体系结构模型注意对系统特性和关系进行识别，根据模型对构件及构件间关系的详细描述，可以方便地找到可复用构件，了解构件使用的环境，提高了软件复用的准确性。软件体系结构支持多级复用，既支持较大构件的复用（如子系统的复用），也支持构件集成的框架复用。特定领域的软件体系结构和参考体系结构模型都具有可复用的特性。在具有相似需求的多个系统中，软件体系结构可以得到复用，这比代码级的复用更有意义。完整的软件生产线和软件工厂可以实现体系结构的共享和软件资源的共用。软件体系结构的可复用性能够实现利用大量的外部开发部件来构造应用系统，但前提是这些部件与其体系结构之间必须是相互兼容的。

（4）促进系统的理解。软件体系结构是整个系统结构的抽象，简化了对复杂系统的理解。在揭示系统设计的高级约束的同时，也为选择与具体应用相关的特定体系结构提供了依据。

（5）软件体系结构描述除了提供清晰精确的文档之外，还对文档进行了一致性分析和依赖性分析，暴露其中隐藏的各种问题。一致性分析包括体系结构与风格的一致性分析、体系结构与需求的一致性分析、设计与体系结构的一致性分析。依赖性分析是指分析需求、体系结构和设计之间的依赖关系，以及体系结构、风格与设计和需求之间的相互影响。此外，体系结构描述还可以用于某种风格的特定领域分析。

（6）构件复用是建立体系结构良好的软件系统的出发点。基于软件体系结构的开发方法，常常注意构件的组合与装配，编程并不是其主要活动。有效地利用标准构件，识别并复用遗留系统内部构件，购买第三方构件，都能减少开发过程中的重复性劳动和系统中的重复代码。软件体系结构起到了组织产品构件、接口及运行的重要作用。应用标准构件库的关键在于要能够从整体上对库中的构件进行把握。一旦做到了这点，就可以快速、灵活地在构件库中选择合适的构件并应用到系统中去。反之，构件选取就只能通过反复地浏览构件库和阅读相关构件说明性文档实现，这实际上影响软件体系结构所带来的优势，造成了不必要的人力、物力和资源的浪费。

（7）软件体系结构规定了系统演化的方向，提供了系统管理的有效手段。通过显性说明系统的"支撑墙"，维护人员可以较好地理解系统的变化，精确地估计修改和维护的费用。

（8）软件体系结构对系统演化具有重要的意义。在演化过程中，维护人员需要不断调整、修改和增加系统功能。在开发成本中，有80%是在初次投入使用之后产生的。因此，解决好系统演化阶段的开发问题具有重要意义。软件体系结构决定着系统构件的划分和交互。一方面，在设计系统体系结构之初就应当充分考虑到将来可能出现的演化问题；另一方面，在进行演化阶段的开发时，由于体系结构充分地刻画了系统框架，清晰地描述了构件及其之间的相互关系，因此应当充分加以利用。以现有体系结构为基础，把握需要进行的系统变动，综合考虑系统变化范围，将有助于确定软件维护的最佳方案，更好地控制软件质量和维护成本。以软件为主的系统，总是存在着"利用软件作为增加或修改总体功能的工具"的倾向。更重要的是要决定何时进行改动，确定哪种改动风险最小，评估改动的后果，并仲裁改动的顺序及优先级。这些都需要深入洞察各个组成部分、相互之间的依存关系、性能及系统行为特性。针对软件体系结构这一层面进行研究，就能够获得相关的信息。软件体系结构的变动可以分为局部变动、非局部变动和体系结构级变动三类。局部变动是指修改单个构件；非局部变动是指修改几个构件，但不影响整个基础框架结构；体系结构级变动则要影响各部分的相互关系，甚至要修改整个系统框架。显然，局部变动是最经常发生的，也是最容易进行的。软件体系结构承担了"保证最经常发生的变动是最容易进行"的这一重担。

（9）软件体系结构影响着开发组织和维护组织的结构。软件体系结构不仅规定了所开发软件的系统结构，而且影响着项目开发的组织结构。开发一个大型系统时，常见的任务划分方法是将系统的不同部分交由不同的小组去完成。软件体系结构包含了对系统最高层次的分解，因而可作为任务划分的基础。

软件体系结构为整个项目开发过程提供了有力的支持。对于一个成功的软件项目来说，首要的是清晰的软件体系结构。软件体系结构的建立应该位于需求分析之后、软件设计之前，在系统开发过程中起着基础性的作用，是设计的起点和依据，同时是装配与维护的指南。软件体系结构对生命周期的各个阶段及项目管理有着十分重要的影响。软件体系结构设计是基于需求分析的一个迭代过程，因而不可避免地会与需求分析进行交互，同时软件体系结构设计又是后续详细设计的前提。在开发阶段，正确地理解系统的体系结构是开发工作顺利进行的前提条件。在测试阶段，体系结构对测试起着指导作用。在维护阶段，维护中的大量时间花费在对现有代码的理解上，如果原始设计结构能够得到清晰和明确的表达，特别是高层次抽象的概括和描述，就可以大大地减少所花费的时间；如果不知道系统的体系结构，维护工作将很难进行。对于一些已经存在但不知道其框架结构的系统来说，甚至有必要进行软件体系结构的重构。另外，软件体系结构对项目的组织管理也具有重要的意义，合理的体系结构设计方案有利于开发任务的正确分配，同时有利于开发人员之间的关系协调。总而言之，软件体系结构提供了满足用户需求的框架，为系统的设计和实现提供了技术和管理基础。

虽然软件体系结构有着如此重要的地位，但在我国学术界还未引起足够的重视，其原因是：软件体系结构从表面上来看，似乎没有更新的东西；与国外研究相比，我国对大型、超大型复杂软件系统的开发经历较少，对软件危机灾难的体会不深刻，因而对其研究的重要性和必要性认识也不够充分。

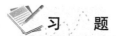 习　题

1. 软件危机的具体表现和发生的原因是什么？
2. 软件复用技术对提高软件开发质量和降低开发成本有哪些作用？
3. 如何实现软件构件的高效组织与检索？
4. 软件构件化对提高软件开发质量有哪些影响？
5. 什么是软件体系结构？
6. 软件体系结构在大规模软件开发中的作用有哪些？
7. 研究软件体系结构有哪些意义？

第 2 章　软件体系结构建模

2.1　软件体系结构建模概述

模型是对现实问题的逻辑抽象，能够从某些侧面显示系统的重要性质，忽略其相关细节。如果对实体进行必要的简化，用适当的表现形式将其主要特征刻画出来，则所得到的模仿品就是模型，相应的实体称为原型。模型是对现实原型的抽象或模拟，这种抽象或模拟不是简单的复制，而是强调原型的本质，抛弃原型中的次要因素。不管是在软件行业还是在其他领域，人们都使用模型来描述客观事物。在软件开发过程中，模型的作用是使复杂的信息关联变得简单易懂，使我们能够洞察杂乱、庞大的数据背后所隐藏的规律，使我们能够将系统需求映射到软件的框架结构上去。在软件开发的各个阶段，需要运用不同的方法为系统建立各种各样的模型，如需求模型、功能模型、数据模型和物理模型等。可以说，整个软件开发过程就是一个模型不断建立和不断转化的过程。

软件体系结构模型可以看成在较高层面上对系统框架结构所做的抽象和形式化描述。软件体系结构建模就是建立软件体系结构模型的方法和过程。软件体系结构是建模的对象，软件体系结构模型是建模过程的结果。软件体系结构模型以具体的形式来表现系统的框架结构。如果让系统的框架结构仅存在于体系结构分析人员和设计人员的头脑中，仅存在于技术实现人员的意会言传之中，那么软件体系结构的作用就不能充分地发挥出来。因此，软件体系结构应该以模型的形式表现出来。软件体系结构建模是由建模语言和建模过程两部分组成的。其中，建模语言用来表示设计结果的手段，而建模过程是对设计过程中所采取步骤的描述。

软件体系结构模型能够帮助人们从全局的角度来把握整个系统的框架结构。建立软件体系结构模型离不开具体的软件工程方法。目前，常用的软件工程方法包括结构化开发方法、面向对象开发方法、基于构件的开发方法和基于体系结构的开发方法。通常，在建立软件体系结构模型时，可以将多种开发方法结合起来。例如，在总体上，采用结构化开发方法，将软件体系结构建模置于需求分析之后和详细设计之前，让框架结构充当需求分析阶段交流的手段，作为后续工作的基础，在整个开发过程中起指导性的作用。

2.2　软件体系结构模型

对于同一座建筑，住户、建筑师、内部装修人员和电气工程师都会有各自不同的视角。这些视角反映了建筑物的不同方面，它们彼此之间有着内在的联系，组合起来可以形成建筑物的总体结构。软件体系结构反映了系统的总体结构，它和建筑物一样，也应该是从不同的角度来反映系统的框架结构。软件体系结构给出了系统的组织结构、构造元素、接口选择、功能行为和体系结构风格等信息。也就是说，它不仅关心系统的结构和行为等功能需求，而且涉及系统的性能、易理解性和可复用性等非功能性需求。不同的风险承担者有着不同的软件质量属性需求，他们所关注的问题是不相同的，同时，在开发过程中，不同的人从框架结构中所获取的信息也是不相同的，所以，软件体系结构模型应该是多维的，而不是单一的结构。

在对系统的框架结构进行建模时，根据侧重点不同，软件体系结构模型可以分为五种：结构模型、框架模型、动态模型、过程模型和功能模型。在这五种模型中，常用的是结构模型和框架模型。

（1）结构模型是一种最直观和最普遍的建模方法。这种方法以构件、连接件及其之间的关联关系为基础来刻画系统的框架结构，力图通过结构来反映系统的语义。系统语义主要包括系统的配置、成分之间的约束、隐含的假设条件、结构风格和质量性质等。其中，结构模型的研究重点是体系结构描述语言。

（2）框架模型与结构模型很类似，但不太侧重框架的细节，而是更多地考虑了系统的整体结构。框架模型主要以一些特殊的问题为目标，建立针对和适应该问题的结构。

（3）动态模型是对结构模型和框架模型的补充。描述系统的"大颗粒"行为特性，如系统的重新配置和重新演化。动态是指系统总体结构的配置、通信链路的建立和拆除及计算过程等。通常，动态模型适合描述激励型系统。

（4）过程模型说明构造系统的步骤和过程。通常，过程模型以某种过程脚本的形式来体现。

（5）功能模型认为体系结构是由一组功能构件按层次组成的，下层构件向上层构件提供服务。它可以看作一种特殊的框架模型。

这五种模型各有所长，只有将五种模型有机地结合起来，才能形成一个完整的模型来刻画软件的框架结构。

1995 年，Kruchten 提出了"4＋1"视图模型。"4＋1"视图模型从五个不同的视角来描述软件体系结构，这五个视角包括逻辑视图、过程视图、物理视图、开发视图和场景视图。每一个视图只关心系统的一个侧面，五个视图结合在一起才能反映系统框架结构的全部内容。"4＋1"视图模型如图 2-1 所示。

（1）逻辑视图：也称概念视图，主要支持系统功能需求的抽象描述，即系统最终将提供给用户什么样的服务。逻辑视图描述了系统的功能需求及其之间的相互关系。按照应用领域的概念来描述系统的框架结构。这些概念与它们的实现代

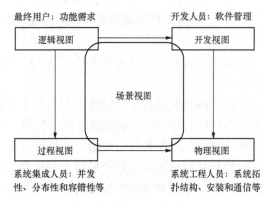

图 2-1 "4＋1" 视图模型

码之间有一定的关系，但并不是直接的映射关系。在该视图中，体系结构表现为系统的功能特性。概念视图的最终目标是组织体系结构以便能够方便地增加、删除和修改系统功能。这对于系统演化来说是非常重要的，同时能够支持体系结构的复用。

（2）开发视图：也称模块视图，主要侧重于描述系统的组织，与逻辑视图密切相关，都描述了系统的静态结构，但是其侧重点有所不同，开发视图与系统实现紧密相关。模块视图负责软件模块的组织和管理，该视图以构件为着眼点，是系统开发的核心视角之一。

（3）过程视图：主要侧重于描述系统的动态行为，即系统运行时所表现出来的相关特性。

着重解决系统的可靠性、吞吐量、并发性、分布性和容错性。该视图从系统行为出发，考查各个构件之间的协作、交互和通信关系，反映软件的行为结构。

（4）物理视图：描述如何把系统软件元素映射到硬件上，通常要考虑系统的性能、规模和容错等问题，涉及系统的拓扑结构、系统安装及信道通信。物理视图展示了软件在生命周期的不同阶段中所必需的物理环境、硬件配置和分布状况。

（5）场景视图：场景是用户需求和系统功能实例的抽象，设计者通过分析如何满足每个场景所要求的约束来分析软件的体系结构。场景是整个体系结构设计的依据，是以上四个视图构造的着眼点。该视图与上述四个视图相重叠，通过综合它们的主要内容，为开发人员辨别系统组成要素和验证设计方案提供辅助工具。

逻辑视图定义了系统的目标，开发视图和过程视图提供了详细的系统设计实现方案，物理视图解决了系统的拓扑结构、安装和通信问题，场景视图反映了完成上述任务的组织结构。逻辑视图属于高层体系结构；开发视图和过程视图构成体系结构的核心，是系统开发的基础，属于低层体系结构；物理视图为辅助体系结构。

"4+1"视图模型强调软件体系结构应该是多维的，具有多个视图，但是"4+1"视图模型所提到的5个视图不可能适应所有的系统，其原因是每个系统的设计和开发都有各自的特点。软件体系结构模型到底包含多少个视图，以及如何表示这些视图，应该采取一种灵活的策略。

在描述软件体系结构时，Kruchten提出的"4+1"视图模型存在着以下几个方面的不足。

（1）"4+1"视图模型不能体现体系结构的构造是多层次抽象的过程，不能充分表达系统的体系结构风格。

（2）数据作为系统的重要组成部分，在"4+1"视图中模型没有得到充分体现。

（3）"4+1"视图模型不能充分地反映系统要素之间的联系，如构件、功能和角色之间的关联。

（4）在实现体系结构模型时，"4+1"视图模型缺乏构造视图和建立视图之间关系的指导信息。

在实际开发过程中，软件工程人员不断地对"4+1"视图模型进行改进和完善，提出了多种不同的软件体系结构描述方法。其中，较常见的是将软件体系结构模型分解为模块视图、组件—连接件视图和分配视图三类视图。每一类视图又包括多种子视图。

模块视图描述的是每个模块的功能和模块之间的相互关系。模块视图又包括分解视图、使用视图、分层视图和类视图等多个子视图。分解视图说明了如何将较大的模块递归地分解为较小的模块，直到它们足够小，很容易理解和开发为止。分解视图是项目组织结构划分的基础，同时为系统修改提供了依据。使用视图反映模块之间的使用关系，便于系统功能的扩展和相关功能子集的提取，为软件增量式开发提供了依据。分层视图反映了系统的层次划分，每一层只能使用相邻下层所提供的服务。对于上面的层次来说，下层的实现细节是隐藏的，从而提高了系统的可移植性。类视图反映了类之间的关联、继承和包含等关系。

在组件—连接件视图中，组件是计算的主要单元，连接件是组件之间相互通信的工具。组件根据接口定义所提供和需要的操作，而连接件封装了两个或多个组件之间的互联协议。组件—连接件视图又包括进程视图、并发视图和共享数据视图等多个子视图。进程视图反映了运行系统的动态特性，而模块视图所描述的是系统的静态关系。进程之间所存在的关系包括通信和同步。在分析系统的执行性能和有效性时，进程视图将提供必要的指导信息。并发视图能够分析进程并发情况和由并发所引起的资源争夺状况。对于共享一个或多个数据库的系统而言，可以建立共享数据视图来分析其数据访问的状况，该视图反映了运行时软件元素是如何产生和使用数据的，有助于分析系统的性能和保证数据的完整性。

分配视图反映了软件元素在创建环境和执行环境中的分配关系。分配视图包括部署视图、实现视图和工作分配视图等多个子视图。部署视图反映如何将软件元素分配给硬件处理单元和通信单元，有助于描述系统的性能，便于分析数据的完整性、可用性和安全性。对于分布式系统和并行系统来说，部署视图是极其重要的。实现视图描述了软件元素（通常为模块）是如何映射到系统开发过程的各个阶段和控制环境中的文件结构上的，为开发活动和构建过程的管理提供了必要的指导信息。工作分配视图说明了如何将模块实现和集成的责任分配给相应的开发小组。

各种视图为软件质量属性的实现提供了依据，同时，软件质量属性的实现最终也要在各个视图中得以体现。各种视图构成了一个有机的整体，从不同的侧面来描述软件体系结构模型。

框架建模的结果是使用体系结构描述语言来进行描述的，同时根据选定的维度来形成多维体系结构视图。从模块视图、组件—连接件视图、分配视图及其子视图中，选择一些视图来表达多维体系结构模型。在描述模型时，以上视图不一定要全部使用，具体的维度应该根据项目实际需要和自身的特点来进行选择。对于有特殊要求的系统，可以增加一些额外的视图来增强其描述力度，如容错视图等。同时，在建模过程中，技术环境和个人经验也扮演着非常重要的角色。不同的人或同一个人在不同的条件下，建模的结果是不一样的。因此，软件体系结构建模应该是一个很灵活的过程。在建模过程中，应该充分地考虑软件的质量属性需求，同时参照一些成功的经验和做法。

2.3 软件体系结构的形式化描述

软件体系结构又称为架构，指可预制和可重构的软件框架结构。构件是可预制和可重用的软件元素，是组成体系结构的基本计算单元和数据存储单元。连接件也是可预制和可重用的软件元素，是构件之间的连接单元。构件和连接件之间的关系用约束来表示。

软件体系结构核心模型可以被形式化地描述为：软件体系结构核心模型（Software Architecture Core Model）＝构件（Components）＋连接件（Connectors）＋约束（Constraints）。

除了构件、连接件和约束这三个基本的组成元素之外，软件体系结构还包括端口（Port）和角色（Role）两种元素。构件作为一个封装的实体，仅通过其接口与外部环境进行交互，而构件的接口是由一组端口组成的，每个端口表示构件与外部环境之间的交互点。连接件作为软件体系结构建模的主要实体，同样也有接口。通常，连接件的接口是由一组角色构成的，每个角色定义了该连接所表示交互的参与者。

软件体系结构可以被形式化地描述为：

软件体系结构::＝软件体系结构核心模型|软件体系结构风格

其中：

软件体系结构核心模型::＝（构件，连接件，约束）

构件::＝{端口1，端口2…端口 N}

$$连接件::=\{角色1，角色2\cdots角色M\}$$
$$约束::=\{（端口i，角色j）\cdots\}$$
$$软件体系结构风格::=\{管道—过滤器，客户/服务器，\cdots，仓库\}$$

软件体系结构的形式化描述结果如图2-2所示。

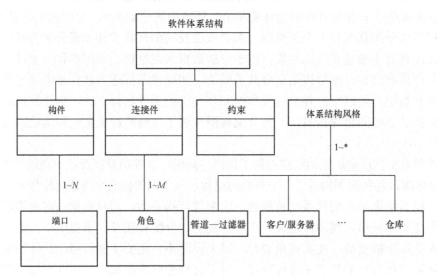

图2-2　软件体系结构的形式化描述结果

构件是软件体系结构中的基本要素。一般认为，构件是具有一定功能和可明确辨识的软件单位。构件应该具备语义完整性、语法正确性和可复用性的特点。这就意味着，在结构上，构件是语义描述、通信接口和实现代码的复合体，是计算和数据存储单元，是计算与状态存在的场所。换句话说，构件可以被视为用于实现某种计算逻辑的相关对象集合。这些对象可以是结构相关的，如对象之间是嵌套关系，被嵌套对象是嵌套对象的一部分；也可以是逻辑相关的，例如，若干对象聚集起来完成某项功能。典型的构件包括客户（Client）构件、服务器（Server）构件、过滤器（Filter）构件和数据库（Database）构件等。

在软件体系结构中，构件可以有不同的粒度。一个构件可以小到只有一个过程，也可以大到包含一个应用程序。它可以包含函数、对象、进程、二进制对象、类库和数据包等。从抽象程度来看，尽管面向对象技术以类为封装单位来实现类级的代码复用，但这样的复用粒度还是太小，仍然不能解决异构互操作和效率更高的复用。构件可以将抽象程度进一步提高，它是对一组类的组合进行封装，代表完成一个或多个功能的特定服务，为用户提供了多个接口。

构件之间是相互独立的。构件隐藏了其具体实现细节，通过接口来提供服务。如果不用指定的接口与之通信，则外界不会对它的运行造成任何影响。构件可以作为独立单元被用于不同的体系结构和软件系统中，以实现构件复用。构件的定制和规范十分重要，构件的使用和它的开发是相互独立的。

构件内部包含多种属性，如端口、类型、语义、约束、演化和非功能性属性等。端口是构件与外部环境的一组交互接口。一个构件可以只有一个端口，也可以有多个端口。构件端口说明了构件所提供的服务，如消息、操作和属性等，定义了构件所能提交的计算委托及其用途上的约束。构件类型是实现构件重用的手段，保证了构件自身能够在体系结构描述中被多次实例化。一个端口可以非常简单，如过程调用，也可以是用于表示复杂界面的一些约束，如必须以某种顺序进行的一组过程调用。

常见的构件包括：①纯计算单元，只有简单的输入和输出处理，一般不保留处理状态，如数学函数、过滤器和转换器；②数据存储单元，具有永久存储特性的结构化数据，如数据库和文件系统；③管理器，对系统的有关状态和紧密相关的操作进行规定和限制的实体，如系统服务器；④控制器，管理系统有关事件发生的时间序列，如调度程序和同步处理协调程序。

通过组合，构件可以形成结构更复杂、功能更强大的复合构件。构件组合应该遵循以下三个原则。

（1）使参与组合的构件保持自身的独立性，从而有利于构件和所形成的复合构件具有更强的复用能力和演化能力。

（2）构件之间的组合应该由构件以外的实体来实施，如连接件。实质上，构件组合就是构件之间的交互，而不是构件服务的简单罗列。构件组合与单个构件分开，意味着构件的交互与计算分离，降低了构件之间的耦合，有利于构件和交互模式的复用。

（3）构件组合应有助于根据参与组合的构件的行为和性质来推导复合构件的行为和性质，从而有助于基于可复用构件的应用系统的开发。

在软件体系结构中，连接件是用来建立构件之间交互和支配这些交互规则的构造模块。构件之间的交互包括消息和信号量的传递、功能和方法的调用、数据的传送和转换，以及构件之间的同步关系和依赖关系等。在最简单的情况下，构件之间可以直接进行交互，这时体系结构中的连接件就退化为直接连接。在更为复杂的情况下，构件之间交互的处理和维持都需要连接件来实现。常见的连接件有管道—过滤器体系结构风格中的管道（Pipe）、客户机/服务器体系结构风格中的通信协议和通信机制、数据库和应用程序之间的 SQL 连接等。

连接件的接口是其所关联构件的一组交互点，这些交互点称为角色。一个连接件可以只有一个角色，与一个构件进行关联；也可以有多个角色，与多个构件进行关联。角色代表了参与连接的构件的作用和地位，体现了连接所具有的方向性。因此，角色有主动和被动、请求和响应之分。二元连接件有两个角色，例如，远程过程调用（Remote Procedure Call，RPC）的角色为 Caller 和 Callee。管道的角色为 Reading 和 Writing。有的连接件包括多个角色，如事件广播有一个事件发布者角色和任意多个事件接受者角色。

体系结构级的通信需要用复杂的协议来表示，为了对这些协议进行抽象并能够重用，可以将连接件构造为类型。构造连接件类型，可以将那些用通信协议定义的类型系统化，与它们的实现相独立。

在体系结构中，为了保证构件连接及它们之间的通信是正确的，连接件应该导出所期待的服务作为接口。为了实现接口的有用分析、保证跨体系结构抽象层细化的一致性，以及强制互联通信约束，体系结构描述必须提供连接件协议和变换语法。

连接件具有可扩展性、互操作性、动态连接性和请求响应性等主要特征。连接件的可扩展性是指连接件允许动态地改变被关联的构件集合和交互关系。互操作性是指被连接的构件通过连接件对其他构件进行直接或间接操作。动态连接性是指对连接的动态约束，连接件对所关联的构件可以实施不同的动态处理。请求响应性是指响应的并发性和时序性。在并行和并发系统中，多个构件有可能并行或并发地提出交互请求，这就要求连接件能够正确地协调这些交互请求之间的逻辑关系和时序关系。

常见的连接件包括：①过程调用，在构件之间实现单线程控制的连接机制，调用是一种直接的连接方法，是实现操作激发和行为关联的主要描述形式，但是，在复杂的系统描述中，还需要使用调用的更为复杂的形式，即调用的表面简单形式与深层的复杂关联相结合，如普通过程调用和远程过程调用；②数据流，通过数据流进行交互和独立处理的连接机制，最显著的特点是根据得到的数据来控制构件之间的交互，如 UNIX 操作系统中的管道机制；③隐含触发器，由并发出现的事件来实现构件之间交互的连接机制，在这种连接机制下，构件之间往往不存在明显确定的交互规定，如自动垃圾回收处理；④消息传递，构件之间通过离散和非在线的数据（可以是同步的，也可以是非同步的）来进行交互的连接机制，如 TCP/IP；⑤数据共享协议，构件之间通过同一数据空间来实现协调操作的机制，如黑板系统中的黑板和多用户数据库系统中的共享数据区。此外，定时器也是一种比较重要的连接件。在分时系统、并行系统、实时系统和与时间有关的系统中，定时器都是不可缺少的。在协调系统和构件之间的交互时，定时器起到了定时和事件触发的作用，并由此引发了所关联的操作行为。

对于构件而言，连接件是黏合剂，是构件交互的实现。连接件和构件之间的区别主要在于它们在软件体系结构中承担着不同的作用。连接件也是一组对象，把不同的构件连接起来，形成体系结构的一部分，一般表现为框架对象（如模式和槽），也可以是转换对象（如调用远程构件资源）。

约束（Constraint）是构件与其关系之间所必须满足的条件和限制，描述了系统的配置关系和拓扑结构，确定了体系结构调整的构件和连接件的关联关系。约束是基于规则和参数进行描述的。体系结构约束提供了相关限制，用以确定构件是否正确、连接接口是否匹配、连接件的通信是否正确，同时说明了实现要求行为的语义组合。约束将软件体系结构与系统需求紧密地联系起来。从构件和连接件的关联关系中能够推导出体系结构约束的形成状况。在体系结构约束中，要求构件端口和连接件角色之间是显式连接。

体系结构往往用于大型和生存周期较长的软件系统描述中。在较高抽象层次上，为了更好地理解系统的分析和设计过程，方便开发者和使用者之间的交流，需要一种简单的、可理解的语法来说明系统的结构化信息和拓扑信息。理想的情况是，利用约束来说明系统的框架结构，即不需要清楚构件与连接件的细节，就能让开发人员从整体上去把握整个应用系统。

2.4　软件体系结构的生命周期

目前，在软件工程领域中，软件体系结构的研究已经发展为一个独立的学科分支，需要严格的理论基础和工程原则。为此，许多学者提出了软件体系结构工程的概念描述软件体系结构的生命周期，使软件体系结构的不同研究方向和多种研究成果可以有机地结合起来。软件体系结构工程概念的提出，使在开发过程中起关键作用的框架结构既具有严格的理论基础，又具有严格的工程原则。软件体系结构工程的定义描述如下：

软件体系结构工程＝形式化模型＋软件技术＋软件工程

其中，形式化模型指软件体系结构模型。

软件体系结构生命周期是指软件体系结构在整个生存期间所经历的阶段和步骤，主要包括软件体系结构的非形式化描述、软件体系结构的规范化描述和分析、软件体系结构的求精与验证、软件体系结构的实施、软件体系结构的演化和扩展、软件体系结构的评价和度量及软件体系结构的终结。

（1）软件体系结构的非形式化描述。一种软件体系结构在产生时，其思想通常是非常简单的，软件工程人员常常使用自然语言来表示它的概念和原则。自然语言是非形式化的描述，是人类进化的结晶，是人类智慧的体现，同时是人类思维表达的重要手段。例如，客户机/服务器体系结构风格就是为适应分布式计算要求，从主从式体系结构发展起来的。尽管该阶段的描述使用了人类的自然语言，但该阶段的工作成果具有创造性和开拓性。

（2）软件体系结构的规范化描述和分析。通过使用合适的数学理论模型对非形式化描述进行规范，得到软件体系结构的形式化定义，使软件体系结构的描述精确、无歧义。这一阶段就是软件体系结构建模过程。同时，需要分析软件体系结构的性质，例如，是否存在死锁和是否满足安全性要求等。在设计过程中分析体系结构性质，有利于为系统选择合适的体系结构风格，为软件开发过程提供必要的指导信息，避免了设计的盲目性。

（3）软件体系结构的求精与验证。大型系统的体系结构总是从抽象到具体、逐步求精而得到的。这是因为系统的复杂性决定了抽象是人们处理问题时所必需的思维方式，软件体系结构的设计也不例外。但是，在设计过程中，过度抽象的体系结构是难以实施的。因此，如果软件体系结构的抽象程度过大，就需要对其进行求精和细化，直至能够在系统设计中实施为止。在每一步的求精过程中，需要对不同抽象层次的体系结构进行验证，判断具体的体系结构是否与抽象的体系结构在语义上是完全一致的，具体的体系结构是否能够实现抽象的体系结构。

（4）软件体系结构的实施。将求精后的软件体系结构应用于系统设计过程中，将构件和连接件有机地组织在一起，形成系统的设计框架。

（5）软件体系结构的演化和扩展。系统需求的变化会引起体系结构的扩展和改动，这就是软件体系结构的演化。系统需求包括功能需求和非功能性需求。功能需求变化主要指系统功能的增加、删除和修改。非功能性需求变化主要指性能、容错性、安全性、互操作性和自适应性的调整。通常，体系结构演化需求是由非形式化语言描述的，因而需要重复第（1）步。在演化和扩展过程中，需要对体系结构进行理解，有时要进行软件体系结构的逆向工程和再造工程。软件规模越来越庞大，结构也越来越复杂，从头开始构建大型系统的造价是非常昂贵的。利用软件体系结构再造工程技术，从遗留系统中抽取结构化信息，经过描述、统一、抽象、一般化与实例化处理，可以总结出部分有复用价值的体系结构，为演化和扩展过程提供服务。

（6）软件体系结构的评价和度量。以体系结构为基础，开展系统的设计与实现工作。根据系统的运行情况，对体系结构进行定性的评价和定量的度量，为体系结构复用提供依据，并从中取得经验教训。

（7）软件体系结构的终结。如果一个系统的体系结构经过了多次演化和修改，其框架结构已经变得难以理解，甚至不能满足软件设计要求，在经过多次演化和扩展之后，体系结构的实例化程度比较高，与问题实现细节的关联程度非常紧密，此时对该体系结构进行再造工程的价值已不是很大，说明该体系结构已经过时，应该摒弃，以全新的、满足系统设计要求的框架结构来取而代之。

综上所述，软件体系结构的生命周期如图 2-3 所示。

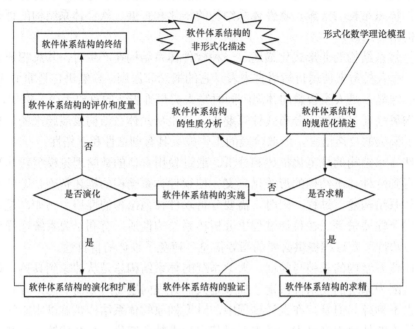

图 2-3 软件体系结构的生命周期示意图

2.5 软件体系结构的建模语言

随着软件体系结构研究的不断深入，IEEE 于 1995 年成立了体系结构工作组，起草了体系结构描述框架标准，为准确地表示软件体系结构提供了统一的规范。标准指出体系结构的描述（Architecture Description，AD）不同于体系结构，体系结构是一个系统概念，而体系结构描述是用于把体系结构文档化的工具集合，是一个具体的人为产物。通常，体系结构描述被组织成一个或多个体系结构视图，每个视图负责处理一个或多个系统参与者所关心的侧面。

尽管人们已经认识到体系结构模型将直接影响系统开发的成败，但是，当前对软件体系结构的描述仍旧很不规范，在很大程度上，完全依赖于个人的经验和技巧。软件体系结构是在较高的抽象层次上对软件基本结构的一种抽象描述，能够把信息准确、无二义性地传递给所有的开发者和使用者，包括客户、开发人员、测试人员、维护人员和项目管理人员。为了使软件体系结构能够满足系统的功能、性能和质量需求，需要有一种规范的软件体系结构描述方法。目前，在描述软件的框架结构时，常用的方法主要有两种：一种是实践派风格，使用通用的建模符号；另一种是学院派风格，使用体系结构描述语言（Architecture Description Language，ADL）。ADL 集中描述了整个系统的高层结构。通常，ADL 提供了一个概念框架和一套具体的语法规则，用于描述软件的框架结构。此外，在每种体系结构描述语言中，还会提供相应的工具支持，用于分析、显示、编译和模拟该语言所表示的软件体系结构。

在实践派风格中，将软件体系结构设计与描述同传统的系统建模视为一体，如使用 UML 可视化建模技术来直接表示软件体系结构，学院派风格则侧重于软件体系结构形式化理论的研究。实践派风格的特点是关注更广范围的开发问题，提供多视角的体系结构模型集，强调实践可行性而非精确性，将体系结构看成开发过程的蓝本，给出针对通用目标的解决方案。学院派风格的特点是模型单一，具有严格的建模符号，注重体系结构模型的分析与评估，给出强有力的分析技术，提供针对专门目标的解决方案。

实践派风格包括图形表示方法、模块内连接语言、基于构件的系统描述语言和 UML 描述方法。

（1）图形表示方法。这种方法使用矩形来代表系统的过程、模块和子系统，利用有向线段来描述它们之间的关系，形成线框图。线框图一直被用来描述系统的框架结构。这些图便于记忆，富有启发性，有时还会提供丰富的指导信息。但是，在表示术语和语义方面，图形表示方法不规范，也不精确。

（2）模块内连接语言。采用一种或几种程序设计语言将模块连接起来的模块内连接语言具有程序设计语言的严格语义基础，但是在开发层次上过于依赖程序设计语言，限制了处理和描述高层次软件体系结构元素的能力。

（3）基于构件的系统描述语言。这种方法将软件描述成由许多特定形式、相互作用的特殊实体所形成的组织或系统。一般而言，这种描述方法是针对特定领域的特殊问题，不太适合描述和表达一般意义上的软件体系结构。

（4）UML 描述方法。许多学者建议使用 UML 来描述软件体系结构。在 2000 年的软件工程国际会议（International Conference on Software Engineering，ICSE）纲要中提出使用 UML 来描述软件体系结构。Booch 曾经提出，可以将 Kruchten 的"4+1"视图模型映射到 UML 图上。逻辑视图利用类图来表示，过程视图映射成活动图，开发视图使用构件图来描述，物理视图映射为配置图，场景用顺序图和协作图来表示。Garlan 也提出利用 UML 构件图和对象图来描述软件体系结构。

在学院派风格中，倡导使用体系结构描述语言来刻画软件的框架结构。

ADL 是软件体系结构研究的核心问题之一。为了支持基于体系结构的软件开发，建立体系结构的形式化模型，支持体系结构分析工具的建立，就需要对体系结构进行规范化表示。ADL 和与之相适应的工具集正好可以解决这一问题。ADL 是使用语言学方法对体系结构进行形式化描述的一种有效手段，可以解决非形式化描述的不足和缺陷。同时，ADL 吸收了传统程序设计语言的优点，针对软件体系结构的整体性和抽象性，定义了适合体系结构表达的抽象元素，从而能够精确、无歧义地描述体系结构，更好地支持软件体系结构的分析、求精、验证和演化。如果没有 ADL 的支持，基于体系结构的软件分析和开发是无法实现的。因此，在当前的软件开发和设计中，ADL 受到了越来越多的关注。

在设计 ADL 时，需要明确 ADL 能对体系结构的哪些方面进行建模及如何进行建模。此外，还要考虑需要为开发者提供哪些支持工具。有无工具的支持是 ADL 是否可用的重要标志。

在建立软件体系结构模型时，必须考虑它的三个基本组成成分的表示：构件、连接件和配置关系。在体系结构描述语言中，必须给出这三个成分的规范定义。

在软件体系结构中，构件是计算和数据存储的单元，通过接口与外界进行信息交互，接口是构件描述中不可缺少的部分。在设计 ADL 的构件描述规范时，应该考虑以下几个方面。

（1）接口：构件通过接口与外界进行交互，接口定义了构件所提供的属性、服务、信息和操作。为了对构件和包含该构件的体系结构进行分析，ADL 应能描述构件对外界环境的需求。

（2）类型：构件类型将构件功能抽象为可复用的模块。一个构件类型在一个体系结构中可以被多次实例化，一个构件类型也可以在多个体系结构中被使用。针对这一特性，ADL应该提供相应的支持。

（3）语义：构件语义是关于构件行为的高层描述，可用于分析软件体系结构、判断约束是否满足及保证不同层次体系结构之间的一致性。ADL应该提供相应的实现机制。

（4）约束：约束是系统及其组成部分的某种属性描述，破坏约束将导致不可接受的错误。ADL应该提供相应的描述方法。

（5）演化：构件演化是指对接口、行为和实现的修改，ADL应该保证这种修改以系统化的方式来进行。

（6）非功能特性：构件的非功能特性包括安全性、可移植性和稳定性等，通常无法用行为规范来进行描述。但是，这些性质对体系结构的行为模拟、性能分析、约束控制、构件实现和项目管理都是很重要的。因此，ADL应该提供描述非功能特性的相关手段。

在设计ADL的连接件描述规范时，需考虑的内容与构件相似。不同的是，连接件不包含与应用相关的计算，其接口描述是与它相关联的构件所提供的服务需求。连接件的类型是构件通信、协调和控制决策的抽象。体系结构层次的交互主要表现为连接件的交互，是通过交互协议来实现的，因此，连接件的语义要给出交互协议的定义。此外，连接件的约束用来确保连接件所遵循的交互协议是一致的，说明连接件的依赖关系和连接件的使用限制等问题。

配置关系描述了构件和连接件之间的关联关系。这些信息可以用来确定构件和连接件之间的连接是否匹配，可以用来判断构成的系统是否具有所期望的行为。配置关系的描述可以使我们对系统的分布性、并发性、可靠性、安全性和稳定性有一个更加清楚的认识。在设计ADL的配置关系描述规范时，应该考虑以下几个方面的内容：

（1）可理解性：在使用ADL描述配置关系时，应该使所有的参与者都能够得到明确的系统结构信息。

（2）组合能力：ADL应该能够提供层次化的抽象机制，在不同的层次上对软件体系结构进行描述，这将有利于构件的复用。

（3）对异构的支持：ADL应该具有开放性，能够集成异构的构件和连接件。

（4）可伸缩能力：ADL应该能够对将来可能扩大规模的软件系统规范和开发提供直接的支持。

（5）进化能力：在配置关系上，ADL应该提供进化的描述手段，如对配置进行增、删、替换和重连接的说明。

（6）动态支持：在系统执行时，对体系结构能够进行修改，在某些情况下，ADL应该提供相应的支持。

2.5.1　基于UML的软件体系结构描述

UML是一种通用的面向对象的建模语言，在很大程度上独立于建模过程，已被工业界所广泛接受。在实际应用中，建模人员往往把UML应用于用例驱动的、以体系结构为中心的、迭代的和渐增式的开发过程。UML融合了许多面向对象技术的优点，具有一致的图形表示方法和语义。目前，很多UML工具能够很好地支持软件开发过程。

通常，UML模型由多种视图组成，每种视图从不同的角度和侧面来描述应用系统，主要包括用例图、类图、对象图、包图、活动图、合作图、顺序图、状态图、组件图和配置图。

（1）用例图是从用户的角度来描述系统功能，指出各功能的操作者，用于捕获业务需求。

（2）类图描述了系统中类的静态结构，定义了类的内部结构及类之间的关联关系。类图用于捕获信息和业务对象。UML 的对象约束语言规范（Object Constraint Language Specification，OCLS）用于形式化对象之间的约束。

（3）对象图和类图是一一对应的。

（4）包图描述了系统的层次结构，用于捕获系统的逻辑结构。

（5）活动图描述了满足用户要求所要进行的活动及活动之间的约束关系，能够识别并行活动，用于捕获业务过程。

（6）合作图描述对象之间的协作，显示对象之间的动态合作关系，用于捕获系统的组件配置。

（7）顺序图描述对象之间的动态合作关系，强调对象之间的消息发送顺序，显示对象之间的交互关系，用于捕获可计算对象之间的交互。

（8）状态图描述了一类对象所具有的可能状态及状态之间的转移关系。

（9）组件图描述了程序代码的物理结构。

（10）配置图定义了软、硬件的物理体系结构，用于捕获系统硬件资源和软件资源之间的映射关系。

用例图、类图、对象图、活动图、合作图、顺序图、状态图、组件图和配置图之间的关系如图 2-4 所示。

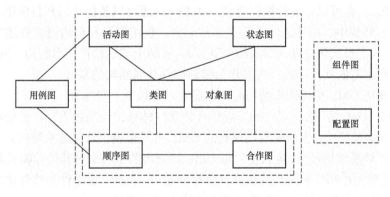

图 2-4 各种 UML 图之间的关系

UML 的语义定义在一个四层概念框架上，这四层分别是元—元模型层、元模型层、模型层和用户对象层，如表 2-1 所示。

表 2-1   UML 的四层概念模型

层	描　　述	示　　例
元—元模型层	定义了规定元模型的语言	元类、元属性、元操作
元模型层	元—元模型的实例，定义了规定模型的语言	类、属性、操作、构件
模型层	元模型的实例，定义描述某一信息域的语言	学校、学生、课程、成绩
用户对象层	模型的实例，定义了特定领域的值	数据结构

各层采用递归方式进行定义。不同层的模型表达了不同层次的抽象语义。UML 定义在元

模型层之上，即通过元—元模型层的模型元素来构造 UML。建模人员可以运用 UML 模型元素来构造应用领域模型。

在使用 UML 进行建模时，缺少分析体系结构所需要的语义。UML 通过扩展机制对其语义进行扩充，以满足体系结构建模的需求。扩展机制是 UML 的基本组成部分，说明了根据新语义如何定制和扩展 UML 模型元素。定义新元素作为 UML 元模型中某元类的子类，可以对软件体系结构进行描述。但是，这种方法需要修改 UML 元模型，难以获得相关的支持工具。使用 UML 的扩展机制对 UML 进行定制，可以避免修改 UML 元模型。UML 的扩展机制包括构造型、标记值和约束。其中，最重要的是构造型，用于在预定义的模型元素基础上构造新的模型元素，提供了一种在模型层中加入新的建模元素的方法，这样定制出来的建模元素，可看作原建模元素的一个子类。在属性和关系方面，与原建模元素形式相同，只是添加了新的语义，用途更为具体。

标记值是一对字符串，包括一个标记字符串和一个值字符串，值字符串存储有关元素的信息。标记值可以与任何独立元素相关，包括模型元素和表达元素。标记是建模者想要记录的一些特性的名称，值是给定元素的特性值，如标记可以是 Employer，而值是人名，如 Kramer。

约束是模型元素之间的一种语义关系，是对建模元素语义的限制。约束说明了某种条件和某些必须保持为真的命题，否则系统所描述的模型将无效，UML 语义无法解释其结果。约束是用文字表达式表示的语义限制。每个表达式有一种隐含的解释语义，这种语言可以是数学符号，如集合论表示法；可以是一种计算机约束语言，如对象约束语言（Object Constraint Language，OCL）；也可以是一种编程语言，如 C++；还可以是伪代码和自然语言。

在软件体系结构中，构件之间的语义非常丰富，仅用图形和自然语言描述方法很难刻画清楚。UML 引入了形式化定义（对象约束语言），有利于描述软件体系结构。同时，UML 提供了扩充机制和丰富的支持工具，可以作为描述软件体系结构的基础。

目前，在使用 UML 描述体系结构时，主要存在着以下三种途径：

（1）不改变 UML 的用法，将 UML 看作一种软件体系结构描述语言，直接对体系结构进行建模。这种方法最简单，实质是利用现有的 UML 符号来表示软件体系结构。用户能很容易地理解所建立的体系结构模型，可以使用与 UML 相兼容的工具来对其进行编辑和修改。然而，现有的 UML 结构无法和体系结构的概念直接对应起来，例如，连接件和软件体系结构风格在 UML 中无直接对应元素，其对应关系必须由建模人员来维护。

（2）利用 UML 的扩展机制约束 UML 元模型以支持体系结构建模需求。人们可以通过扩展机制来增添新结构而不改变现有的语法。该方法能够显式地表示软件体系结构的约束，所建立的模型可以使用标准的 UML 工具进行编辑操作。然而，对 OCL 约束进行检查的工具还不是很多。

（3）对 UML 元模型进行扩充，增加体系结构建模元素。这种方法是对 UML 的元模型进行扩展，使 UML 具有新的建模能力。该方法使 UML 包含各种 ADL 所具有的优良特性，具有直接支持软件体系结构建模的能力。然而，扩展概念不符合 UML 标准，因而与 UML 工具不兼容。

UML 图中隐含了体系结构的元素，例如，用例图从概念上描述了系统的逻辑功能，类图反映了体系结构中的静态关系，顺序图反映了系统的同步与并行逻辑，活动图表现了一定的并发行为，组件图反映了系统的逻辑结构，部署图描述了物理资源的分布情况。同时，UML

提供了一组丰富的模型元素，如组件、接口、关系和约束等。对于每种体系结构元素，在 UML 中几乎都能找到与之相对应的元素。

（1）UML 的用例、类、组件、节点、包和子系统与体系结构中的构件相对应。

（2）UML 的关系支持体系结构中的连接件。

（3）UML 的接口支持体系结构中的接口。

（4）UML 中的规则相当于体系结构中的约束。

（5）软件体系结构的配置可以由 UML 的包图、组件图和配置图来描述。

（6）UML 预定义及用户自己扩展的构造型（如精化和复制等）能够较好地表达体系结构的行为。

UML 作为一种定义良好、易于表达、功能强大和普遍适用的建模语言，可以完成软件体系结构的建模任务。为了降低构架建模的复杂度，软件设计人员可以利用 UML 从多个不同的视角来描述软件体系结构。利用单一视图来描述框架的某个侧面和特性，然后将多个视图结合起来，全面地反映软件体系结构的内容和本质。

逻辑视图可以采用 UML 用例图来实现。UML 用例图包括用例、参与者和系统边界等实体。用例图将系统功能划分成对参与者有用的需求。从所有参与者的角度出发，通过用例来描述他们对系统概念的理解，每一个用例相当于一个功能概念。

在开发视图中，使用 UML 的类图、对象图和构件图来表示模块，用包来表示子系统，利用连接表示模块或子系统之间的关联。

过程视图可以采用 UML 的状态图、顺序图和活动图来实现。活动图是多目的过程流图，可用于动态过程建模和应用系统建模。活动图可以帮助设计人员更细致地分析用例，捕获多个用例之间的交互关系。

物理视图定义了功能单元的分布状况，描述用于执行用例和保存数据的业务地点，可以使用 UML 的配置图来实现。

此外，采用 UML 的合作图来描述构件之间的消息传递及其空间分布，揭示构件之间的交互。

选择 UML 来描述软件体系结构有以下七方面的优点：

（1）UML 是当前主流的面向对象开发语言，已经被越来越多的人所采用，容易被人们接受。

（2）UML 是一个开发标准，具有良好的扩展机制。

（3）UML 引入了形式化定义（对象约束语言），是一种半形式化的建模语言。

（4）UML 有丰富的支持工具，与程序设计语言和开发过程无关。

（5）UML 支持多视图结构，能够从不同角度来刻画软件体系结构，可以有效地用于分析、设计和实现过程。

（6）UML 提供了丰富的建模概念和表示符号，能够满足典型的软件开发过程。

（7）UML 的语义比较丰富，是一种通用和标准的建模语言，易于理解和交流，发展已经非常成熟。在软件开发行业，UML 已经得到了广泛的应用。

但是，在选择 UML 来描述软件体系结构时，也存在着一些问题。

（1）对体系结构的构造性建模能力不强，具体来说，UML 还缺乏对体系结构风格和显式连接件的直接支持。

（2）对体系结构的描述只能到达非形式化的层次，不能保证软件开发过程的可靠性，不能充分地表现软件体系结构的本质。

基于 UML 的软件体系结构（UML-based Software Architecture，UBSA）是由一组互相协作的组件构成的。通过组件及其之间的协作关系来定义软件系统的体系结构。在 UBSA 中，通过扩展点（Extension Points）组装用户开发的组件，处理用户需求领域的不断变化。

UBSA 模型可以被形式化地定义为以下的七元组：UBSA＝{Components，Connectors，Configurations，Interfaces，Roles，Ports，Extension Points}，其结构如图 2-5 所示。其中，Components 表示组件，Connectors 代表连接件，Configurations 表示配置关系，Interfaces 代表接口，Roles 表示连接件的角色，Ports 表示组件的端口，Extension Points 为扩展点。

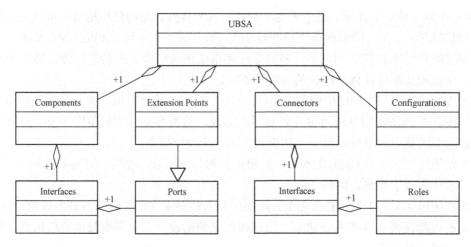

图 2-5　UBSA 模型

可以采用用例分析技术捕获客户需求，识别系统的参与者和用例，创建用例分析模型。以用例分析模型作为建立软件体系结构的一个切入点，将模型所描述的用例转化为大量可复用的组件及组件之间的关联关系，创建 UBSA 模型。从 UBSA 模型出发，导出软件体系结构。在导出的过程中，可以将用例分析模型中的用例进行合并，形成更大的复合组件。开发人员对软件体系结构进行精化，发现各组件中类之间的关系，创建系统静态结构视图；发现组件中类或对象之间的交互与协作关系，创建系统动态行为模型；从软件体系结构模型的配置说明中发现系统的体系结构风格和约束，创建系统物理结构模型。

2.5.2　基于 ADL 的软件体系结构描述

目前，广泛使用的体系结构描述语言有 ACME、Unicon、Wright、Darwin、Aesop、SADL、MetaH、Rapide 和 C2。由于这些语言大多是研究者在某些特殊应用中的设计产物，因此，它们有各自的侧重点。

1. ACME

ACME 是一种体系结构互换语言，支持从一种 ADL 向另一种 ADL 的规格说明转换。ACME 的核心概念包括构件、连接件、系统、端口、角色、表述和表述图七种类型实体。ACME 支持体系结构的分级描述，可以使用 ACME 的七种实体来定义体系结构的层次框架，特别是每个构件和连接件能用一个或多个更详细、更低层的描述来表示。ACME 使用属性列表来描述框架结构的附加信息，每一个属性由名字、可选类型和值构成。此外，对于每一种实体，

ACME 都可以为其添加注释。下面是使用 ACME 描述的 C/S 体系结构的示例：

```
System simple_cs={
    Component client={Port sendRequest}
    Component server={Port receiveRequest}
    Connector rpc={Roles{caller,callee}}
    Attachments={
        client.sendRequest to rpc.caller;
        server.receiveRequest to rpc.callee;
    }
}
```

在这个例子中，client 构件只有一个 sendRequest 端口，server 构件也只有一个 receiveRequest 端口。连接件 rpc 有两个角色，分别为 caller 和 callee。系统的体系结构使用 Attachments 来定义，其中，client 的请求端口 sendRequest 绑定到 rpc 的 caller 角色，server 的请求处理端口 receiveRequest 绑定到 rpc 的 callee 角色。

2. Unicon

Unicon（Universal Connection）是 Shaw 开发的一种体系结构描述语言。Unicon 的设计紧紧围绕着构件和连接件这两个基本概念。构件代表系统的计算单元和数据存储场所，用于实现计算和数据存储的分离，将系统分解为多个独立的部分，每一部分都有完善的语义和行为。连接件是实现构件交互的类，在构件交互中起中介作用。Unicon 支持独立存在、对称和非对称的连接件，规定了构件之间的交互机制。连接件运用系列角色（Role）来定义交互的参与者，构件接口是系列扮演者（Player）。角色、扮演者都具有类型和属性，用来表明构件希望参与交互的性质和相关的交互细节。在配置系统时，构件的扮演者与连接件的角色相关联。运用 Unicon 提供的 Connection Expert 和配置工具可以构造运行系统。Unicon 仅仅支持固定的交互类型和连接件，新的交互类型必须通过编程并利用 Connection Expert 来实现。

在 Unicon 中，定义构件的语法如下：

```
<Component>:=Component<identifier>
        <interface>
        <component_implementation>
        end<identifier>
```

构件的定义主要包括接口和实现。构件是通过接口来定义的。接口定义了构件所承担的计算任务，规定了构件使用的约束条件，同时对构件的性能和行为作出了规定。

在 Unicon 中，定义连接件的语法如下：

```
<Connector>:=Connector<identifier>
        <protocol>
        <connector_implementation>
        end<identifier>
```

连接件的定义主要包括协议和实现。连接件是通过协议来定义的。协议定义了多个构件之间所允许的交互，为这些交互提供了保障。

一个实时系统采用客户机/服务器体系结构。在该系统中，有两个任务要共享同一个资源，这种共享通过远程调用（Remote Procedure Call，RPC）来实现。以下使用 Unicon 来描述该系统的体系结构：

```
Component Real_Time_System
        interface is
        type General
        implementation is
            uses client interface rtclient
                PRIORITY(10)
                ...
            end client
            uses server interface rtserver
                PRIORITY(10)
                ...
            end server
            establish RTM-realtime-sched with
                client.application1 as load
                server.application2 as load
                server.services as load
                ALGORITHM(rate_monotonic)
                ...
            end RTM-realtime-sched
            establish RTM-remote-proc-call with
                client.timeget as caller
                server.timeger as definer
                IDLTYPE(Match)
            end RTM-remote-proc-call
            ...
    end Real_Time_System

Connector RTM-realtime-sched
    protocol is
    type RTscheluer
            role load is load
    end protocol
    implementation is builtin
    end implementation
end RTM-realtime-sched
```

3. Wright

　　Wright 是卡耐基梅隆大学的 Robert Allen 和 David Garlan 提出的一种 ADL，它为体系结构中的连接提供了形式化描述基础。Wright 的主要思想是把连接件定义为明确的语义实体，这些实体用协议的集合来表示，协议代表交互的各个参与角色及其相互作用。Wright 提供了显式和独立的连接件规约，同时支持复杂连接的定义。Wright 定义连接件和构件的实例，在相应的端口和角色之间建立连接（Attachment），从而得到系统的配置关系。

　　在 Wright 语言中，体系结构描述分为三个部分。第一部分定义了构件和连接件的类型。构件类型利用端口（Ports）和构件规格（Component-spec）来说明，每一个端口定义了该构件与其所处环境之间的逻辑交互点。第二部分是构件和连接件实例的集合。在第三部分中，通过描述构件的哪个端口与连接件的哪个角色相关联，定义构件实例和连接件实例的组合方式。以下是使用 Wright 语言描述的客户/服务器体系结构示例：

```
System SimpleExample
    Component Server=
        port provide[provide protocol]
        spec [Server specification]
    Component Client=
        port request[request protocol]
        spec [Client specification]
    Connector C-S-connector=
        role client[client protocol]
        role server[server protocol]
    Instances
        s:Server
        c:Client
        cs:C-S-connector
    Attachments
        s.provide as cs.server
        c.request as cs.client
end SimpleExample
```

在这个例子中，server 构件和 client 构件只有一个端口。连接件用所定义的角色集合来说明，角色描述了交互中每一方所期望的局部行为。客户服务器连接件（C/S Connector）有一个客户角色和一个服务器角色。客户角色把客户的行为定义为一系列依次进行的请求和返回结果的操作。服务器角色定义了一系列依次进行的响应和返回结果的操作。Attachments 说明了客户活动和服务器角色怎样进行协作，指出客户和服务器活动必须按照某种顺序来进行，如客户请求服务、服务器处理请求、服务器提供结果和客户取得结果。实例定义了体系结构中实际出现的实体。在这个示例中，有一个服务器 s、一个客户端 c 和一个连接件 cs，客户端的 request 端口与连接件的 client 角色绑定，服务器的 provide 端口与连接件的 server 角色绑定。

4. Darwin

Darwin 是 Magee 和 Kramer 开发的一种体系结构描述语言。Darwin 使用接口来定义构件类型，接口包括提供服务接口和请求服务接口。系统配置定义了构件实例，给出了提供服务接口和请求服务接口之间的绑定关系。Darwin 没有提供显式的连接件，在定义体系结构风格时，通常给出它的交互模型，把构件的定义留给体系结构设计师。

5. Aesop

Aesop 是卡耐基梅隆大学的 Garlan 创建的一种体系结构描述语言。Aesop 采用了产生式方法，将一组风格描述和一个普遍使用的共享工具包 Fable 联系在一起，目标是建立一个工具包，为特定领域的体系结构快速构建提供设计支持环境。通常，Aesop 环境具有以下特性。

（1）与风格词汇表相对应的一系列设计元素类型，即特定风格的构件和连接件。

（2）检查设计元素的成分，满足风格的配置约束。

（3）优化设计元素的语义描述。

（4）提供一个允许外部工具进行体系结构描述分析和操作的接口。

（5）一套完整的体系结构可视化操作工具。

6. SADL

SADL 语言提供了软件体系结构的文本化表示方法，同时保留了直观的线框图模型。SADL 语言明确区分了多种体系结构对象，如构件和连接件，明确了它们的使用目的和适用范围。

SADL 语言不仅定义了体系结构的功能，而且定义了体系结构特定类的约束。SADL 的一个独特方面是对体系结构层次的表示和推理。SADL 的工作基础是：大型软件是通过一组相关的、具有层次的体系结构来进行描述的，其中，高层是低层的抽象，分别具有不同数量和种类的构件、连接件。SADL 提出了能够保证正确性和组合性的体系结构求精概念。求精能够保证每一步过程的正确性。采用该方法能够有效地减少体系结构设计过程中的错误，能够广泛、系统地实现设计领域知识的复用。

在求精意义上，为了证明两个体系结构的正确性，必须建立它们之间的解释映射。解释映射包含名字映射和风格映射。名字映射建立了抽象体系结构中的对象名字和具体体系结构中的对象名字之间的关系。风格映射描述了抽象层次风格的构造是如何使用具体层次风格构造的相关术语，风格映射比较复杂。

7. MetaH

MetaH 主要支持实时、容错、安全、多处理和嵌入式软件系统的分析、验证及开发。在航空电子领域中，MetaH 已成为体系结构规格说明的标准语言。MetaH 提供了集成的、可跟踪的体系结构规格说明、体系结构分析和体系结构实现环境。MetaH 能够保证真实系统的行为与模型一致，降低了建模、实现、调试和验证的难度。MetaH 能够通过精确和快速地评估方式来改善系统的设计质量。

MetaH 不仅能够使用文本方式的语法来表示体系结构，而且能以图形方式来描述体系结构。MetaH 支持系统构件和连接件的规格说明，保证了构件和连接件的实时性、容错性和安全性。在 MetaH 规格说明中，实体种类分为低层实体和高层实体。低层实体描述了源代码模块（如子程序和包）和硬件元素（如内存和处理器）。高层实体说明了如何利用已定义的实体来组合形成新实体（如宏、系统和应用程序）。对于体系结构的计算和通信，MetaH 有十分完善的描述机制。

8. Rapide

Rapide 是一种可执行的 ADL，其目的是通过定义模拟基于事件的行为，对分布式并发系统进行建模。通过事件偏序集来刻画系统的行为。构件计算由构件接收的事件来触发，并进一步产生事件传送到其他构件，由此触发其他计算。Rapide 模型的执行结果是一个事件集合，其中的事件满足一定的因果和时序关系。

Rapide 的优点在于能够提供多种分析工具。Rapide 允许使用接口来定义体系结构，在开发的下一阶段，可以使用具有特定行为的构件来替换接口。因此，在某一阶段的体系结构设计结果中，开发者可以使用尚未存在的构件，只要该构件符合特定的接口即可。

9. C2

在 C2 语言中，连接件负责构件之间的消息传递。构件维持状态，执行操作，通过 top 端口、bottom 端口和其他构件进行信息交互。每个端口中包含一组可发送的消息和一组可接收的消息。构件之间的消息可以是请求其他构件执行某个操作的请求消息，也可以是通知其他构件自身执行了某个操作或状态发生变化的通知消息。构件之间的消息交换不能直接进行，只能通过连接件来完成。每个构件端口最多只能和一个连接件相连，而连接件可以和任意数目的构件和连接件相连。请求消息只能向上传送，而通知消息只能向下传送。C2 要求通知消息的传送只对应于构件内部的操作，而和接收消息的构件的需求无关。对通知消息的约束保证了底层的独立性，可以在包含不同的底层构件的体系结构中复用 C2 构件。C2 对构件和连

接件的实现语言、实现构件的线程控制、构件的部署及连接件的通信协议都不加以限制。C2
对构件进行描述的语法如下：

```
component::=
  component component_name is
    interface component_message_interface
    parameters component_parameters
    methods component_methods
    [behavior component_behavior]
    [context component_context]
  end component_name;
component_message_interface::=
  top_domain_interface
  bottom_domain_interface
top_domain_interface::=
  top_domain is
    out interface_requests
    in interface_notifications
bottom_domain_interface::=
  bottom_domain is
    out interface_notifications
    in interface_requests
interface_requests::={request;}|null;
interface_notifications::={notification;}|null;
request::=message_name(request_parameters)
request_parameters::=[to component_name][parameter_list]
notification::=message_name(parameter_list)
```

使用 C2 来描述会议安排系统，其体系结构如图 2-6 所示。

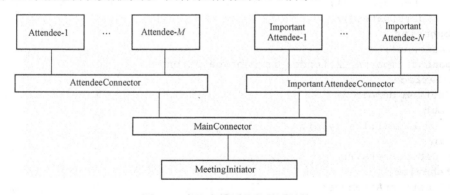

图 2-6　会议安排系统的体系结构

会议安排系统共包含一个 MeetingInitiator、M 个 Attendee 和 N 个 ImportantAttendee 三种
类型的构件。此外，会议安排系统包含三种类型的连接件：MainConnector、AttendeeConnector
和 ImportantAttendeeConnector，用于在构件之间传递消息。某些消息可由 MeetingInitiator 同
时发送给 Attendee 和 ImportantAttendee，而某些消息只能传递给 ImportantAttendee。

MeetingInitiator 构件发送会议请求信息给 Attendee 和 ImportantAttendee，以对系统进行初
始化。Attendee 和 ImportantAttendee 可以发送消息给 MeetingInitiator，告诉 MeetingInitiator

自己喜欢的会议日期和地点等信息。但是不能向 MeetingInitiator 提交请求，因为在 C2 体系结构中，Attendee 和 ImportantAttendee 处在 MeetingInitiator 的 top 端口。MeetingInitiator、Attendee 和 ImportantAttendee 的定义如下：

```
component MeetingInitiator is
  interface
    top_domain is
    out
      GetPrefSet();
      GetExclSet();
      GetEquipReqts();
      GetLocPrefs();
      AddPrefDates();
    in
      PrefSet(p:date_mg);
      ExclSet(e:data_mg);
      EquipReqts(eq:equip_type);
      LocPref(l:loc_type);
    behavior
end MeetingInitiator;
component Attendee is
  interface
    bottom_domain is
    out
      PrefSet(p:date_mg);
      ExclSet(e:data_mg);
      EquipReqts(eq:equip_type);
    in
      GetPrefSet();
      GetExclSet();
      GetEquipReqts();
      AddPrefDates();
    behavior
end Attendee;
component ImportantAttendee is subtype Attendee
  interface
    bottom_domain is
    out
      LocPref(l:loc_type);
    in
      GetLocPrefs();
    behavior
end ImportantAttendee;
```

根据定义，top 端口只能发送请求消息，接收通知消息；bottom 端口只能发送通知消息，接收请求消息。因此，在会议安排系统框架中，请求消息只能自下向上传递，通知消息只能自上向下传递。

Attendee 和 ImportantAttendee 接收来自 MeetingInitiator 的会议安排请求，把自己的相关应答信息发送给 MeetingInitiator。Attendee 和 ImportantAttendee 只能通过其 bottom 端口与体系结构中的其他元素进行通信。ImportantAttendee 构件是 Attendee 构件的一个特例，具有 Attendee 的所有消息和功能，还增加了自己的特定消息 GetLocPrefs( )和 LocPref（l: loc_type），

这两个消息的作用是指定开会地点。因此，ImportantAttendee 可以作为 Attendee 的一个子类来进行定义。

会议安排系统的体系结构描述如下：

```
architecture MeetingScheduler is
  component
    Attendee;ImportantAttendee;MeetingInitiator;
  connector
    MainConnector;AttendeeConnector;ImportantAttendeeConnector;
  architectural_topology
    connector AttendeeConnector connections
    bottom_ports Attendee;
    top_ports MainConnector;
    connector ImportantAttendeeConnector connections
    bottom_ports ImportantAttendee;
    top_ports MainConnector;
    connector MainConnector connections
    bottom_ports AttendeeConnector,ImportantAttendeeConnector;
    top_ports MeetingInitiator;
end MeetingScheduler;
```

ADL 的优点是能为软件建立精确和无二义性的模型，有效地支持体系结构的求精和验证。ADL 的缺点如下：

（1）研究尚处于初级阶段，ADL 自身所能提供的技术支持还很有限。

（2）没有统一可用的形式化描述规范和集成开发工具，还不能对软件工程生命周期的各个阶段提供全面的支持。

（3）易用性比 UML 差，不利于开发人员的沟通和理解，作为新兴技术，发展比较缓慢。

（4）每种 ADL 都有各自的适用领域，还没有找到一种普遍适用的体系结构描述语言。

2.5.3　基于 UML 与 ADL 的软件体系结构描述

在描述软件体系结构方面，UML 与 ADL 具有很强的互补性。许多学者提出了使用 UML 与 ADL 来共同描述体系结构的思想。目前，研究工作主要围绕着以下四个方面展开。

（1）定义 UML 与 ADL 之间的映射和转换规则，寻找 UML 与 ADL 的语义相似性。

（2）在形式化层面上，利用 UML 的扩展机制来描述软件体系结构。

（3）在 UML 中加入体系结构建模所必需的元素，扩展现有的建模元素更好地描述软件体系结构。

（4）使用 ADL 描述体系结构，同时，提供工具把描述转变为低层的和面向对象的设计，然后使用 UML 来表示。

2.6　基于软件体系结构的开发

在化简问题时，分而治之（Divide and Conquer）是人们所经常采用的一种方法。在软件工程中，设计人员大量地运用这种方法，如功能分解、模块分解和数据流图分解等。Parnas 提出的信息隐藏概念已成为软件设计中实现分解和关注点分离的根本原则。因此，分解思想无疑也会成为应对体系结构设计复杂性的必要手段。从元素及其交互的视角出发，认识和设计软件体系结构，就是对系统进行高层次的分解。但是，与传统的结构化方法一样，体系结构设计所遇到的最大困难是如何将需求分解与设计产品分解一一对应起来。

在体系结构层次上，问题分解是实现从需求到设计跨越和应对设计复杂性的有效手段，其基本思想是在软件需求和设计结果之间建立设计问题的概念。从需求到问题分解是体系结构设计的首要步骤，设计实现将依赖于这些问题的解决方案和系统总体合成方案。

问题分解强调了体系结构设计的着眼点，既不是需求空间的孤立功能，也不是设计空间的制品元素，而是来自软件需求，并且从设计者的角度来看是在体系结构设计中所必须解决的关键问题。在体系结构层次上，问题是一种特殊的分解对象，是从需求向设计过渡的中间介质。问题代表了对特定关注点的加工、分解和封装，封装将随着问题解决方案的发掘被陆续地保留在各个解决方案中，从而有利于在设计结果中实现信息隐藏。此外，候选解决方案提供了决策的对象，问题分解与决策相呼应。

传统开发方法主要是使设计方案满足系统功能需求，而忽略了质量属性等非功能性需求的影响。通过测试和运行，判断非功能性需求是否得到满足，如果没有，需对系统进行修改。在开发过程中，非功能性需求得不到应有的重视，这也是导致开发失败的重要原因之一。可以想象，如果功能需求是系统的唯一需求，那么整个系统将会变成一个没有内部结构的单一模块，这种软件产品的性能、质量、稳定性和可重用性都将难以保证。软件质量属性限制了功能分解的随意性，是软件体系结构建模的重要驱动因素。

软件体系结构建模需求应该包括功能需求和非功能性需求两部分。通过与客户进行反复交流来定义系统所必须实现的功能，使用户能够完成他们的任务，从而满足业务要求。另外，通过调研来了解系统所应该具备的质量属性，如有效性、可修改性、性能、安全性、可测试性及可用性等。

对于有效性属性，要进行错误预防。当错误发生时，要进行错误检测并恢复错误发生之前的状态。在错误预防过程中，可以使用事务机制；在错误检测过程中，可以使用异常捕获方法；在错误恢复过程中，可以启动备用的冗余组件。对于可修改性属性，通过降低模块之间的耦合度和提高模块的通用性来将修改范围限制在一小组模块内。通过将私有信息隐藏起来、分离接口与实现及提高接口稳定性等方法防止修改扩散。在启动时，利用配置文件来进行参数设置；在运行时，利用组件注册的方法，都可以提高系统的可修改性。提高系统性能的策略包括改进关键算法、以容量换取时间、引入并发机制和增加可用资源等。提高系统安全性的方法包括对用户进行身份验证、对用户进行授权和加密等手段。提高系统可测试性的手段是将接口与实现分离，接口与实现分离使得在缺少某些组件时，可以使用其他一些组件来进行代替。提高可用性的方法包括让用户了解系统运行的状况、为用户提供导航和撤销错误操作、识别提示错误和纠正用户错误等。

不同系统对质量属性的要求是不同的，根据系统的特点确定到底应该满足哪些非功能性需求，以及这些质量属性的优先级。在软件质量属性之间往往存在着相互矛盾和相互促进的关系。在某些情况下，两种质量属性不可能同时得到满足，这就需要根据质量属性的优先级和相对重要程度来进行权衡，力争使它们的实现都能够被接受。在某些情况下，两种质量属性之间存在着相互促进的关系，此时，需要采取相关措施来利用这种优势。在体系结构建模过程中，应该采取多种策略来实现所要求的多个质量属性之间的平衡，从而在分解和求精过程中能够实现功能需求和非功能性需求。

基于体系结构的软件开发过程如图 2-7 所示。

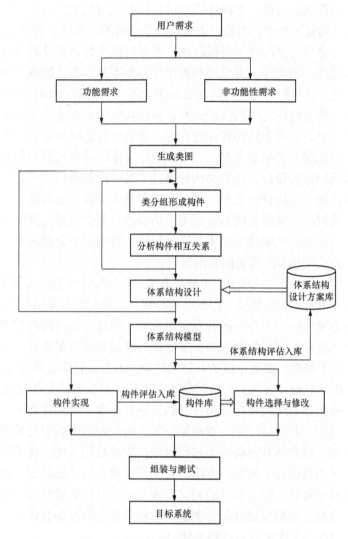

图 2-7　基于体系结构的软件开发过程

分析需求规格说明书，获取系统的功能需求和非功能性需求。通常，功能需求和非功能性需求使用用例和场景来进行描述。确定系统的边界，识别出所有的参与者和用例。

按照面向对象编程的思想，系统是若干对象相互作用的结果。分析需求规格说明书，提取所有的术语。通常，术语为名词性单词或短语，这些术语就是候选对象。根据功能需求和非功能性需求，对术语进行判断和筛选，从中选出对象。修饰对象的词语隐含了该对象所具有的性质和行为。分析需求规格说明书，提取每一个对象的属性和方法。收集所有的对象，形成对象集合。在对象集合中，将具有相同或相似属性和方法的一类对象抽象为一个类。比较各个类的属性和方法，确定不同类之间的关系，如继承和派生等。

根据类之间的关系，生成类图。将密切相关的类划分为一组，形成构件。某几个类是否划分为一组，主要是根据类之间的关联程度来进行判断。从逻辑上看，若某几个类是完成一项任务的相关步骤，则应该划为一组。若某几个类的耦合性很高，则应该考虑将它们归为一组，在形成构件时，可以降低该构件与其他构件之间的关联程度，提高构件自身的独立性。

若某几个类分为一组形成的构件，在构件库中可以找到对应的实现构件，则这几个类应该划为一组，以提高构件的复用效率。当然，类分组不是绝对的，各种划分方法都有一定的道理，主观性很强。同时，分组的界线也不是很清晰，很多时候需要体系结构设计人员的经验。将一组类打包，可以形成一个构件。类分组和构件打包并不是一次就能成功的，通常需要经过多次迭代才可以完成。分析构件与外界环境之间的交互点，确定该构件的所有端口。

根据构件端口，确定构件之间的关联关系。根据功能需求和非功能性需求，确定系统应该采用的体系结构风格。在体系结构设计过程中，参照已有的解决方案。在体系结构设计方案库中，若存在相同或相似的解决方案，则直接进行复用，或经过简单的修改之后再复用；如果没有，则需要进行重新设计。体系结构的设计不是一次就能成功的，经常需要进行多次迭代。体系结构设计师、系统分析人员、客户和相关技术实现人员对体系结构设计结果进行评审，确定所提出的解决方案是否能够满足用户的要求，是否能够提高资源的复用效率，以提高软件开发质量。如果这个解决方案未能通过评审，将退回类分组阶段，重新进行软件体系结构的设计，直到满足各方面人员的要求为止。

选择一种合适的 ADL 或表示方法描述解决方案，获得软件体系结构模型。分析体系结构模型，评估模型的适用范围和有效性。经过分析与评估，将其中有复用价值的部分提取出来，加入体系结构设计方案库中，为今后的开发提供基础。经过一段时间的积累之后，库中将存在着大量的体系结构设计方案，管理人员需要定期对这些设计方案进行加工整理。对一类相似的设计方案进行加工整理，提取一般的、抽象的解决方案。删除设计方案之间的冗余部分。根据属性和适用范围，对设计方案进行分门别类的整理，以提高检索和复用效率。

在构件库中，根据体系结构模型中构件的属性进行检索。在构件库中，若检索到相应的构件，则直接进行复用；若没有，则需要根据模型中构件的需求说明开发新的构件。在获得了所有实现构件之后，按照体系结构模型进行组装，集成应用系统。在系统集成过程中，需要进行测试，可以采用自底向上的测试方法。首先进行单一构件的测试，然后进行复合构件的测试，最后进行系统测试。复合构件的测试比较复杂，可以先进行两个构件的复合测试，在此基础之上，再增加一个构件进行复合测试。对新开发的构件进行评估，评价其适用范围和复用价值，然后加入构件库中，以备将来使用。

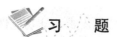

习　题

1. "4+1" 视图模型是由哪几部分组成的，各部分的作用分别是什么？
2. 什么是构件和连接件？
3. 举例说明常用的构件和连接件。
4. 简述构件和连接件在软件体系结构中所发挥的作用。
5. 软件体系结构生命周期包括几个阶段，各个阶段之间的关系怎样？
6. 软件体系结构建模语言包括哪些？
7. 试述各种软件体系结构建模语言的特点。

第3章 软件体系结构风格

3.1 软件体系结构风格概述

软件体系结构表示系统的框架结构，用于从较高的层次上来描述各部分之间的关系和接口，主要包括构件、构件性质和构件之间的关系。通过使用软件体系结构，可以有效地分析用户需求，方便修改系统，以及减小程序构造风险。随着软件规模的不断增大和复杂程度的日益提高，系统框架结构的设计变得越来越关键。软件框架设计的核心问题是能否复用已经成形的体系结构方案。由此，产生了软件体系结构风格的概念。

当人们谈到体系结构时，经常会使用风格一词。对于建筑行业而言，风格有罗马式风格、哥特式风格和维多利亚式风格。虽然这些建筑风格各有差异，但是其框架结构都是相似的。同理，软件开发也是一样的，不同系统的设计方案存在着许多共性问题，把这些共性部分抽取出来就形成了具有代表性的和可广泛接受的体系结构风格。

通常，软件体系结构风格也称为软件体系结构惯用模式，是指不同系统所拥有的共同组织结构和语义特征，是构件和连接件之间相互作用的形式化说明，用以指导将多个模块组织成一个完整的应用程序。软件体系结构风格定义了用于系统描述的术语表和一组用于指导系统构建的规则。软件体系结构风格包括构件、连接件和一组将它们结合在一起的约束限制，如拓扑限制和语义限制等。

对于高质量的软件产品而言，首先要为其选择合适的体系结构风格，这样能够更好地复用已有的设计方案和实现方案。利用软件体系结构风格中的不变部分，可以使系统大粒度地复用已有的实现代码。由于采用了常用的手段和规范的方法来组织应用系统，因此可以使其他设计者很容易地理解软件的框架结构。

3.2 常用的软件体系结构风格

体系结构风格的形成是多年探索研究和工程实践的结果。一个设计良好和通用的体系结构风格往往是工程技术领域成熟的标志。经过多年的发展，已经总结出许多成熟的软件体系结构风格，例如：

（1）数据流风格：批处理和管道/过滤器。

（2）调用/返回风格：主程序/子程序、层次结构和客户机/服务器。

（3）面向对象风格。

（4）独立部件风格：进程通信和事件驱动。

（5）虚拟机风格：解释器和基于规则的系统。

（6）数据共享风格：数据库系统和黑板系统。

随着软件工程技术的不断发展，还将产生一些新型的软件体系结构风格。

3.3　管道/过滤器体系结构风格

管道/过滤器结构主要包括过滤器和管道两种元素。在这种结构中，构件称为过滤器，负责对数据进行加工处理。每个过滤器都有一组输入端口和输出端口，从输入端口接收数据，经过内部加工处理之后，传送到输出端口上。数据通过相邻过滤器之间的连接件进行传输，连接件可以看作输入数据流和输出数据流之间的通路，这就是所谓的管道。

管道/过滤器结构将数据流处理分为几个顺序的步骤来进行，一个步骤的输出是下一个步骤的输入，每个处理步骤由一个过滤器来实现。由于采用了渐进方式来处理数据流，因此当数据流的输入尚未结束之时，就已经开始生成输出数据流了。

在管道/过滤器风格中，每个过滤器独立完成自己的任务，不同过滤器之间不需要进行交互。各个过滤器不需要知道在其上游和下游所连接的过滤器的详细信息。在管道/过滤器结构中，数据输出的最终结果与各个过滤器执行的顺序无关。管道/过滤器框架结构如图 3-1 所示。

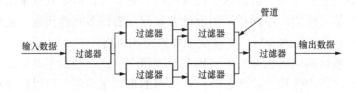

图 3-1　管道/过滤器的框架结构

在管道/过滤器结构中，每个过滤器都是一个独立的个体元素，各个过滤器的状态互不相关，非邻近过滤器不共享任何信息。在数据处理结束之后，过滤器都要恢复到初始等待状态。在设计实现过滤器时，不需要对任何与其相连的过滤器进行约束限制，而只需考虑输入数据的形式、数据处理的逻辑功能和输出数据的具体格式。运行结果的正确性与各个过滤器运行的先后顺序无关。在系统运行之时，各个过滤器只要具备输入条件就可以独立地完成自己的处理任务。系统的逻辑功能是通过各个过滤器之间的拓扑结构体现出来的。

管道/过滤器风格具有以下优点：

（1）简单性。允许将系统的输入和输出看成各个过滤器行为的简单组合，独立的过滤器能够减小构件之间的耦合程度。

（2）支持复用。如果一个过滤器的输出数据格式与另一个过滤器的输入数据格式是一致的，就可以将这两个过滤器连接在一起。

（3）系统具有可扩展性和可进化性。各个过滤器是相互独立的，因此可以很容易地将新过滤器添加到现有的系统之中，以扩展系统的业务处理能力。在这种结构中，原有过滤器可以很方便地被改进的过滤器所替代，有利于系统的更新、升级和维护，从而提高系统的演化能力。

（4）系统并发性。各个过滤器能够独立运行，因此不同子任务可以并行执行，提高了系统运行效率。

（5）便于系统分析。由于系统是独立构件的组合，具有清晰的拓扑结构，因此有利于对数据吞吐量、死锁和计算准确性进行分析。

但是，管道/过滤器风格也存在着一定的问题，具体表现在以下几个方面：

（1）系统处理过程是批处理方式。过滤器具有很强的独立性，对于每一个过滤器，设计者必须考虑从输入到输出的转换过程，这种方式会造成过滤器对输入数据的批量转换处理。

（2）不适合用来设计交互式应用系统。

（3）由于没有通用的数据传输标准，因此每个过滤器都需要解析输入数据和合成数据。添加和去除标记需要花费一定的时间，从而导致系统性能下降，增加了过滤器设计的复杂性。

（4）难以进行错误处理。管道/过滤器结构的固有特性决定了很难制定错误处理的一般性策略。

传统的编译器是管道/过滤器体系结构风格的一个实例。编译器由词法分析、语法分析、语义分析、中间代码生成、中间代码优化和目标代码生成几个模块组成，一个模块的输出是另一个模块的输入。源程序经过各个模块的独立处理之后，最终将产生目标程序。编译器的框架结构如图 3-2 所示。

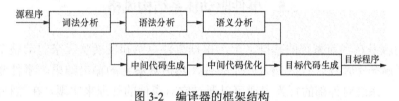

图 3-2　编译器的框架结构

如果对管道/过滤器做一些限制和约束，就可以得到不同类型的体系结构。将所有过滤器都限制为单输入和单输出，系统拓扑结构就只能是线性序列，这就是所谓的管线。过滤器之间是通过有名称的管道来传送数据的，如文件，就是有名称管道/过滤器。限定过滤器的数据存储容量，就可以得到有界管道/过滤器。过滤器将所有输入数据作为单个实体来进行处理，这就是批处理系统。

3.4　面向对象体系结构风格

在面向对象体系结构中，软件工程的模块化、信息隐藏、抽象和复用原则得到了充分体现。在这种体系结构中，数据表示和相关原语操作都被封装在抽象数据类型中。在这种风格中，对象是构件，也称为抽象数据类型的实例。对象是一种被称为管理器的构件，负责保持资源的完整性，如实现属性和方法的封装。在对象和对象之间，通过函数调用和过程调用来进行交互。面向对象体系结构如图 3-3 所示。

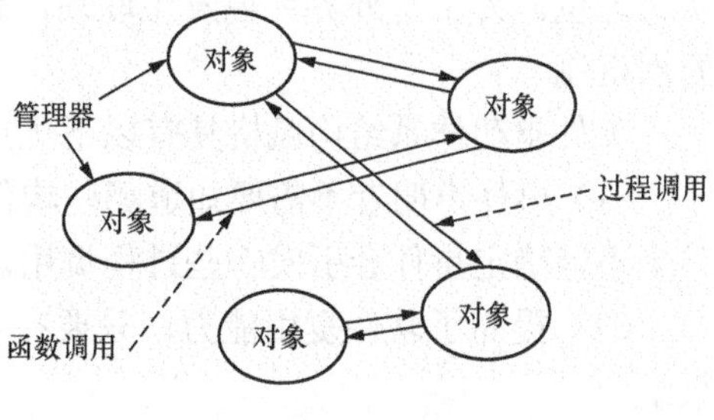

对象抽象可以使构件与构件之间以黑盒方式来进行操作。这种结构支持信息隐藏，封装技术可以使对象结构和实现方法对外透明。利用封装技术，可以将属性和方法包装在一起，由对象对它们进行统一管理。

图 3-3　面向对象体系结构

面向对象风格具有以下优点：

（1）一个对象对外界隐藏了自己的详细信息，改变一个对象的表示，不会影响系统的其他部分。

（2）对象将数据和操作封装在一起，提高了系统内聚性，减小了模块之间的耦合程度，使系统更容易分解为既相互作用又相互独立的对象集合。

（3）继承和封装方法为对象复用提供了技术支持。

但是，面向对象体系结构风格也存在着一些问题，具体表现在以下两个方面。

（1）如果一个对象要调用另一个对象，则必须知道它的标识和名称。因此，只要一个对象的标识发生改变，就必须修改所有显式调用这个对象的程序语句。在管道/过滤器结构中，过滤器不需要知道与之交互的构件。

（2）会产生连锁反应。如果一个对象的标识发生改变，那么必须修改所有显式调用它的其他对象，并消除由此引发的副作用。例如，对象 A 调用了对象 B，对象 C 也调用了对象 B，那么 A 对 B 的调用可能会影响 C。

3.5 事件驱动体系结构风格

事件驱动就是在当前系统的基础之上，根据事件声明和发展状况来驱动整个应用程序运行。如果要了解一个系统，只要输入一个事件，然后观察它的输出结果。事件驱动体系结构的基本思想是：系统对外部的行为表现可以通过它对事件的处理来实现。在这种体系结构中，构件不再直接调用过程，而是声明事件。系统其他构件的过程可以在这些事件中进行注册。

图 3-4 事件驱动的概念模型

当触发一个事件时，系统会自动调用在这个事件中注册的所有过程。因此，触发一个事件会引起其他构件的过程调用。事件驱动的概念模型如图 3-4 所示。

从结构上来说，事件驱动系统的构件提供了一个过程集合和一组事件。过程可以使用显式方法进行调用，同时可以由构件在系统事件中注册。当触发事件时，系统会自动引发这些过程的调用。因此，在事件驱动的体系结构中，连接件既可以是显式过程调用，也可以是一种绑定事件声明和过程调用的手段。

事件驱动系统是由若干子系统所形成的一个应用程序。系统具有一定的目标，各子系统在消息机制的控制下，为实现这个目标而协调运作。在消息机制的控制下，系统作为一个整体与外界环境进行交互。在这些子系统中，必定有一个子系统起主导作用，其他子系统处于从属地位。为了与外界环境发生联系，任何子系统都必须拥有一套事件接收机制和一套事件处理机制。

事件驱动体系结构风格具有以下优点：

（1）事件声明者不需要知道哪些构件会响应事件，因此，不能确定构件处理的先后顺序，甚至不能确定事件会引发哪些过程调用。

（2）提高了软件复用能力。只要在系统事件中注册构件的过程，就可以将该构件集成到系统中。

（3）便于系统升级。只要构件名和事件中所注册的过程名保持不变，原有构件就可以被新构件所替代。

但是，事件驱动体系结构风格也存在着一些问题，具体表现在以下两个方面。

（1）构件放弃了对计算的控制权，完全由系统来决定。当构件触发一个事件时，它不知道其余构件是如何对其进行处理的。

（2）存在数据传输问题。数据可以通过事件来进行传输，但是在大多数情况下，系统本身需要维护一定的存储空间，这将对系统的逻辑功能和资源管理有一定影响。

3.6　分层体系结构风格

在分层体系结构风格中，系统被划分为一个层次结构。每一层都具有高度的内聚性，包含抽象程度一致的各种构件，支持信息隐藏。分层有助于将复杂系统划分为独立的模块，从而简化程序的设计和实现。通过分解，可以将系统功能划分为一些具有明确定义的层，较高层是面向特定应用问题的，较低层更具有一般性。每层都为上层提供服务，同时利用了下层的逻辑功能。在分层体系结构中，每一层只对相邻层可见。层次之间的连接件是协议和过程调用，用以实现各层之间的交互。

分层体系结构如图 3-5 所示。在分层结构中，上层通过下层提供的接口使用下层的功能，而下层却不能使用上层的功能。利用接口，可以将下层实现细节隐藏起来，从而有助于抽象设计，形成松散耦合的结构模型。良好的层次结构将有助于对逻辑功能实施灵活的增加、删除和修改。此外，良好的层次结构还有助于实现产品在不同平台之间的快速移植。例如，Excel 共定义了五层结构，其中只有操作系统层与平台相关，其余各层均是通过调用其下层所提供的 API 接口来实现的，因此移植性比较高。

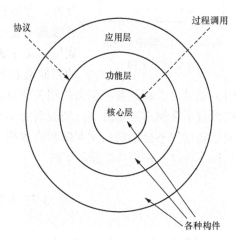

图 3-5　分层体系结构

分层体系结构风格具有以下优点：

（1）设计者可以将系统分解为一个增量的步骤序列，从而完成复杂的业务逻辑。

（2）每一层至多和相邻的上下两层进行交互，每一层的功能变化最多只影响相邻两层，便于实现系统功能的扩展。

（3）只要给相邻层提供相同的接口，就可以使用不同的方法来实现每一层，支持软件资源的复用。

但是，分层体系结构风格也存在着一些问题，具体表现在以下四个方面：

（1）并非所有系统都能够按照层次来进行划分。即使一个系统的逻辑结构是层次化的，但是出于对系统性能的考虑，需要把不同抽象程度的功能合并到一层，破坏了逻辑独立性。

（2）很难找到一种合适和正确的层次划分方法，其应用范围受到限制。

（3）在传输数据时，需要经过多个层次，导致系统性能下降。

（4）多层结构难以调试，往往需要通过一系列的跨层次调用来实现。

在实际开发过程中，分层体系结构具有很高的应用价值，提高了系统的可变性、可维护性、可靠性和可复用性。分层体系结构应用的实例很多，例如，开放系统互联国际标准组织

（Open Systems Interconnection-International Standards Organization，OSI-ISO）所指定的分层通信协议、计算机网络协议 TCP/IP、操作系统和数据库系统都采用了这种框架结构。

引文管理是指记录和搜索文献引文，按照不同类型来生成参考书目列表的过程。引文管理系统必须具有易于修改的用户界面，同时能够轻松地添加新引文类型。通常，引文管理系统是采用分层体系结构来进行设计的。

由于用户界面需要经常变化，因此应该作为一个独立的构件存在。引文格式化功能包括跟踪所有引文，根据需要的格式对它们进行处理，并对其进行存储和检索。因此，引文格式化也应该作为一个独立的构件存在。将存储和检索功能从格式化处理中划分出来，单独形成构件为引文格式化提供服务，可以提高构件的逻辑独立性。引文管理系统主要包括用户界面构件、引文格式化构件及引文存储和检索构件三种类型的构件。这些构件把系统划分为三个不同的层次，每一层都具有很高的内聚性。引文管理系统的分层体系结构如图 3-6 所示。

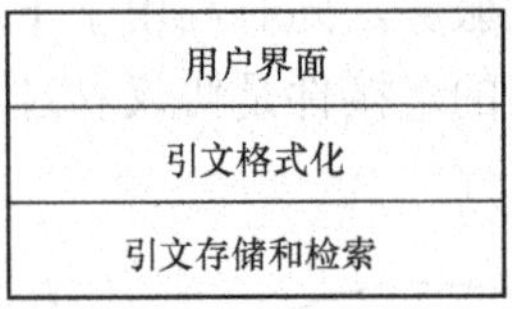

用户界面负责系统与用户之间的交互，使用引文格式化构件来处理、存储和检索引文。引文格式化构件负责跟踪所有文献引文，并根据需要对它们进行格式化处理，当需要存储和检索引文时，会调用引文存储和检索构件。在引文存储和检索构件中，使用永久化的存储机制来保存引文记录，其中，存储机制包括数据库和文件。引文记录用于描述参考引文的相关信息。存储和检索功能相当稳定，因此，引文存储和检索构件也不会经常发生改变。当新引文类型添加到应用系统之后，需要更新引文格式化构件，但更新过程不会影响引文存储和检索构件。在不影响其他两种类型构件的前提下，引文格式化构件可以实现用户界面的更新。

图 3-6 引文管理系统的分层体系结构

3.7 C2 体系结构风格

C2 结构是由 Taylor 和 Medvidovic 提出来的一种基于构件和消息的体系结构风格，适用于 GUI 软件开发，用以构建灵活和可扩展的应用系统。C2 风格的主要思想来源于 Chiron-1 用户界面系统，因此又命名为 Chiron-2，简称为 C2。

C2 结构是一个层次网络，包括构件和连接件两种软件元素。构件和连接件都是包含顶部和底部的软件元素。构件与构件之间只能通过连接件进行连接，而连接件之间可以直接进行连接。构件的顶部、底部分别与连接件的底部、顶部相连，连接件的顶部、底部也分别与连接件的底部、顶部相连。在 C2 体系结构风格中，构件之间的所有通信必须使用消息传递机制来实现。构件之间所传递的消息可以分为两种，一种是向上层构件发出服务请求的请求消息，另一种是向下层构件发送指示状态变化的通知消息。连接件负责消息的过滤、路由、广播、通信和相关处理。C2 体系结构如图 3-7 所示，其中锯齿线表示未显示的部分。

C2 风格的核心思想是有限可视化。在 C2 体系结构中，构件只能使用其上层构件所提供的服务，而不能感知下层构件的存在。在这里，上下层的含义与一般情况相反。最下层构件是用户界面和 I/O 设备，而上层构件是比较低级的逻辑操作。在 C2 体系结构中，消息是单向传递的，这将有利于系统的维护和扩展。

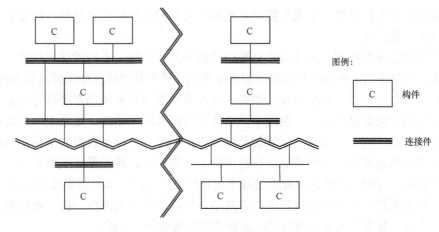

图 3-7　C2 体系结构

C2 体系结构风格具有以下优点：

（1）可以使用任何编程语言来开发构件，构件复用和替换比较容易实现。

（2）具有一定的扩展能力，可以有多种不同粒度的构件。构件之间相对独立，且依赖性较小。构件可以在分布式和异构环境中运行。利用构件来实现应用需求，对任意复杂的逻辑功能进行封装。

（3）构件不需要共享地址空间，避免了共享全局变量所造成的复杂关系。构件可以有自己的控制线程，即构件可以是多线程的。

（4）具有良好的适应性。可以实现多个用户和多个系统之间的交互，能够同时激活多个对话并使用不同的形式来进行表示。

（5）在 C2 体系结构中，可以使用多个工具集和多种媒体类型，能够动态地更新系统的框架结构。

在设计 C2 体系结构时，应该遵循组织规则和通信规则。

组织规则规定了 C2 体系结构的构建是以构件和连接件为基础的，定义了构件和连接件的顶部和底部。从整体上来看，C2 风格的系统就是一系列相互协作，由连接件所连接起来的构件。在构件和连接件之间，存在着以下关系。

（1）构件顶部与连接件底部相连，构件底部与连接件顶部相连，构件与构件之间不允许直接相连。

（2）与某一个连接件相关联的构件和连接件的数目没有限制。

通信规则规定了所有构件之间的交互必须通过异步消息机制来实现，这也是构件之间的唯一通信方式。构件有一个顶部域和一个底部域。顶部域说明了构件可以接收哪些通知消息，以及可以向上发出哪些请求消息。构件底部域定义了可以向下发送哪些通知消息，以及可以对哪些请求消息做出响应。

3.8　数据共享体系结构风格

数据共享风格也称为仓库风格。这种风格有两种不同类型的软件元素：一种是中央数据单元，也称为资源库，用于表示系统的当前状态；另一种是相互依赖的构件组，这些构件可以对中央数据单元实施操作。中央数据单元和构件之间可以进行信息交换，这是数据共享体系结构的技术实现基础。

由于系统功能各不相同，因此信息交换模式也不完全一样。不同的交换模式，导致不同的数据和状态控制策略。根据所使用的控制策略不同，数据共享体系结构可以分为两种类型，一种是传统的数据库，另一种是黑板。如果由输入流中的事件来驱动系统进行信息处理，把执行结果存储到中央数据单元中，则这个系统就是数据库应用系统。如果由中央数据单元的当前状态来驱动系统运行，则这个系统就是黑板应用系统。黑板是数据共享体系结构的一个特例，用以解决状态冲突并处理可能存在的不确定性知识源。黑板经常被用于信号处理，如语音和模式识别，同时在自然语言处理领域中也有广泛的应用，如机器翻译和句法分析。

之所以称为黑板，是因为它反映了信息共享，如同教室里的黑板一样，可以有多个人读上面的字，也可以有多个人在上面写字。黑板体系结构如图 3-8 所示。

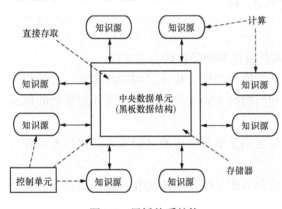

图 3-8 黑板体系结构

如图 3-8 所示，一个典型的黑板系统主要包括知识源、中央数据单元和控制单元三部分。

（1）知识源。建立知识源是系统设计的关键，知识源是主要的信息来源。知识源在逻辑上和物理上都是独立的，只与产生它们的应用有关。通过中央数据单元，多个知识源相互配合，完成相关业务逻辑，这一过程对外部环境是透明的。

（2）中央数据单元。黑板系统的运行完全依赖于中央数据单元的状态变化。中央数据单元是整个系统的核心部分，反映了业务逻辑的求解状态。在多个知识源之间，中央数据单元起到了通信机制的作用。中央数据单元不仅可以存储单纯的数据，而且可以存储系统的状态信息。

（3）控制单元。控制单元是由中央数据单元的状态来驱动的。知识源的执行导致了中央数据单元的状态发生变化，控制单元根据预先定义的策略启动相应的知识源，完成系统的控制任务。控制单元没有固定的模式，设计者需要根据具体情况来进行设计。

在设计黑板系统时，首先分析所要解决的问题，然后总结运行时可能出现的状态，同时设计相应的程序来处理这些状态。

黑板体系结构有以下优点：

（1）便于多客户共享大量数据，而不必关心数据是何时产生的、由谁提供的及通过何种途径来提供。

（2）便于将构件作为知识源添加到系统中来。

但是，黑板体系结构风格也存在着一些问题，具体表现在以下两个方面：

（1）对于共享数据结构，不同知识源要达成一致。因为要考虑各个知识源的调用问题，共享数据结构的修改变得非常困难。

（2）需要同步机制和加锁机制来保证数据的完整性和一致性，增大了系统设计的复杂度。编译器也可以认为是数据共享体系结构的一个实例。编译器结构如图 3-9 所示。编译器实现不同模块访问、更新解析树和字符表，以完成源代码到目标代码的转换工作，同时，源代码调试器、句法编辑器也需要访问解析树和字符表。

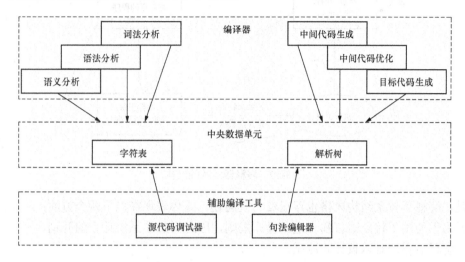

图 3-9　数据共享结构的编译器

3.9　解释器体系结构风格

解释器作为一种体系结构，主要用于构建虚拟机，用以弥合程序语义和计算机硬件之间的间隙。实际上，解释器是利用软件来创建的一种虚拟机，因此，解释器风格又称为虚拟机风格。

如果程序的逻辑功能很复杂，用户需要采用复杂的方式来进行操作，一个较好的解决方案是提供面向领域的虚拟机语言。用户使用虚拟机语言来描述复杂操作，解释器执行这种语言序列，产生相应的动作行为，如 AutoCAD 的各种绘图命令。在二次开发工具中，这种思想得到了充分体现，公司在其产品中大量利用了 Visual Basic for Application，同时，在 AutoDesk 产品中大量采用了 AutoLisp 语言，这些都是提供给用户使用的面向领域的虚拟机语言。解释器通过执行虚拟机语言的指令序列扩展产品功能，方便用户按照自己的需求定制应用系统。

如果系统和用户之间的交互非常复杂，采用这种体系结构将是非常合适的。只有将基本操作以指令的形式提供给用户，同时定义一种简单明了的语法和数据操作，才能开发出功能完善、组装灵活和扩充性强的软件系统。

解释器结构主要包括一个执行引擎和三个存储器。解释器系统由被解释的程序、执行引擎、被解释程序的当前状态和执行引擎的当前状态四个部分组成。系统的连接件包括过程调用和直接存储器访问。解释器系统的结构如图 3-10 所示。

解释器体系结构具有以下优点：

（1）能够提高应用程序的移植能力和编程语言的跨平台移植能力。

（2）实际测试工作可能非常复杂，测试代价极其昂贵，具有一定的风险性。可以利用解释器对未实现的硬件进行仿真。

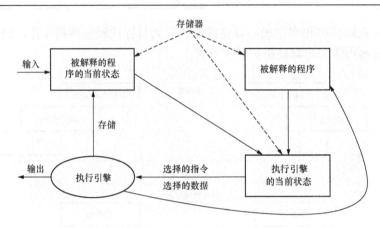

图 3-10　解释器系统的结构

但是，解释器体系结构风格也存在着一些问题，具体表现在以下两个方面：

（1）由于使用了特定语言和自定义操作规则，因此增加了系统运行的开销。

（2）解释器系统难以设计和测试。

目前，解释器体系结构有许多现实应用，可以将其作为整个软件系统的一个组成部分。以下是一些具体的应用实例。

（1）Java 和 Smalltalk 的编译器。

（2）基于规则的系统，如专家系统领域中的 Prolog 语言。

（3）脚本语言，如 AWK 和 Perl。

3.10　反馈控制环体系结构风格

在开发过程中，通常把软件看成一种算法，包括输入、计算和输出。这种软件模型只具有"开环控制"特性，不允许有任何的外部扰动。当系统的执行受到外部因素干扰时，这种模型就不再适用了。为了解决这一问题，需要采用控制系统。

控制的目的是使被控对象的功能和属性达到理想的目标，即满足最终的要求或在一定的约束条件下达到最优值。为了成功地设计控制系统，必须知道被控对象的特征和属性，同时必须知道这些属性在条件发生改变时的变化范围。在运行过程中，控制系统需要对被控对象的属性进行测量，并由此来制定相应的控制策略，使系统最终达到理想状态。

反馈控制环的思想源自过程控制理论，将控制理论融入软件体系结构中。从过程控制的角度来分析和解释构件之间的交互，同时应用这种交互改善系统性能。反馈控制环结构如图 3-11 所示。

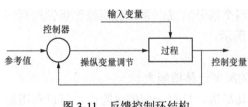

图 3-11　反馈控制环结构

实际上，反馈控制环是一种特定的数据流结构。传统数据流结构是线性的，而控制连续循环过程的体系结构应该是环形的。反馈控制环系统主要包括以下三个部分：

（1）过程：指操纵过程变量的相关机制。

（2）数据元素：指连续更新的过程变量，包括输入变量、控制变量、操纵变量和相关参考值。

（3）控制器：通过控制规则来修正变量，收集过程的实际状态和目标状态，调节变量以驱动实际状态朝目标状态前进。

过程控制是连续的，可以利用各种构件和相关规则来设计反馈控制环系统，实现各种功能。反馈控制环结构能够处理复杂的自适应问题，机器学习就是一个典型的实例。机器学习模型如图 3-12 所示。首先将训练样本输入学习构件中，作为被查询的基本数据和知识源；然后输入真实数据，经过学习构件的分析和计算，输出学习结果。与此同时，检测构件要检查学习结果与预期结果之间的差异，并反馈给学习构件。通过引入反馈机制，学习构件的能力得到增强，丰富了知识源。

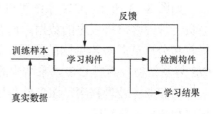

图 3-12　机器学习模型

3.11　客户机/服务器体系结构风格

在集中计算时代，主要采用大型机/小型机模型。在这种模型中，通过与宿主机相连的非智能终端来实现宿主机程序的逻辑功能。宿主机程序可以分为与用户交互的前端和管理数据的后端。集中式系统使用户能够共享硬件资源，如海量存储设备、打印机和调制解调器等。随着用户数量的增多，对宿主机的要求也越来越高，程序员需要为新应用开发具有同样功能的构件，造成了极大的浪费。

个人计算机和工作站的采用改变了这种协作计算模式，导致了分散计算模型的出现。其原因是大型机的固有缺陷，如缺乏灵活性，无法适应信息量急剧增长的需求和不能为企业提供全面的解决方案。同时，微处理器的快速发展也使得个人计算机和工作站的推广成为可能，推动了网络的迅速普及，在计算机领域形成了向下规模化的趋势。分散计算模型的主要优点是用户可以选择适合自己的工作站、操作系统和应用程序。在这一时期，集中计算模式逐渐被以 PC 为主的网络计算模式所取代。

客户机/服务器（Client/Server，C/S）是 20 世纪 90 年代开始成熟的一项技术，主要是针对资源不对等问题而提出的一种共享策略。客户机和服务器是两个相互独立的逻辑系统，为了完成特定任务，它们形成了一种协作关系。客户机向服务器发送操作请求，期待服务器的响应。二者之间具有一定的连接机制，遵循公共的通信协议，都需要处理请求表达、返回结果表示、连接关系和状态表达等一系列问题。如果客户机程序和服务器程序配置在同一台计算机上，则可以采用消息、共享存储区和信号量等方法来高效地实现通信连接。如果客户机程序和服务器程序配置在分布式环境中，则需要通过远程过程调用（Remote Produce Call，RPC）协议来进行通信。C/S 体系结构主要包括服务器、客户机和网络三个部分。两层 C/S 体系结构如图 3-13 所示。

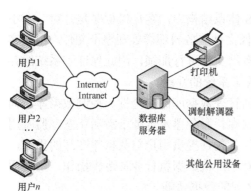

图 3-13　两层 C/S 体系结构

在 C/S 体系结构中，数据和业务处理分布在一定范围内的多个构件上，包括客户机程序中的构件和服务器程序中的构件，构件与构件之间是通过网络进行连接的。C/S 架构定义了工作站与服务器的连接方法，从而使数据存储和逻辑计算可以分布到物理上的多个处理器上，其中，服务器负责存储和管理数据信息，客户机负责数据显示、用户交互及对业务逻辑的处理。

如图 3-13 所示，C/S 系统可以分为前台客户机程序和后台服务器程序两部分。服务器程序负责管理客户机程序的数据，而客户机程序负责完成与用户之间的交互，发送请求消息，接收和分析从服务器返回的数据。这是一种胖客户机-瘦服务器的工作模型，是典型的两层C/S 体系结构。两层 C/S 体系结构的处理流程如图 3-14 所示。客户机程序是表示层，包括用户界面和业务处理程序。服务器程序是数据层，包括中心数据库、数据查询程序、数据存储程序和数据更新程序。

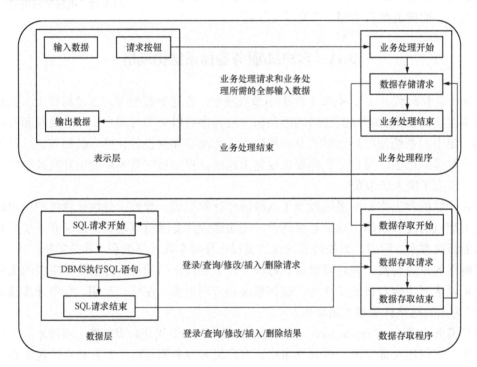

图 3-14 两层 C/S 体系结构的处理流程

服务器可以为多个客户机程序管理数据。在 C/S 体系结构中，客户机程序是针对一个小的和特定的数据集进行操作的（如表的行），而不是像文件服务器那样处理整个文件。由于客户机程序是对某一条记录进行加锁，而不是对整个数据文件进行加锁，因此保证了系统的并发性，使网络上传输的数据量减少到最小，从而改善了系统的性能。

服务器程序负责管理系统资源，其主要任务包括管理数据库的安全性、控制数据库访问的并发性、定义全局数据完整性规则及备份恢复数据库。服务器永远处于激活状态，监听用户请求，为客户提供服务操作。客户机程序的主要任务包括提供用户与数据库交互的界面、向服务器提交用户请求、接收来自服务器的信息及对客户机数据执行业务逻辑操作。网络通信软件的主要功能是完成服务器程序和客户机程序之间的数据传输。

实际应用中有一种特殊的 C/S 体系结构，即代理风格。在代理风格中，服务器将服务和数据发布到代理服务器上。客户机通过代理服务器来访问服务，提高了系统的安全性。代理风格如图 3-15 所示。代理风格的典型实例包括 CORBA 和 Web 服务等。

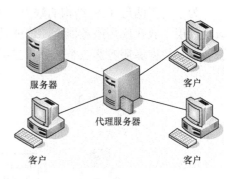

图 3-15 代理风格

C/S 体系结构具有以下优点：

（1）客户机构件和服务器构件分别运行在不同的计算机上，有利于分布式数据的组织和处理。

（2）构件之间的位置是相互透明的，客户机程序和服务器程序都不必考虑对方的实际存储位置。

（3）客户机侧重数据的显示和分析，服务器则注重数据的管理，因此，客户机程序和服务器程序可以运行在不同的操作系统上，便于实现异构环境和多种不同开发技术的融合。

（4）构件之间是彼此独立和充分隔离的，这使得软件环境和硬件环境的配置具有极大的灵活性，易于系统功能的扩展。

（5）将大规模的业务逻辑分布到多个通过网络连接的低成本的计算机上，降低了系统的整体开销。

尽管 C/S 体系结构具有强大的数据操作和事务处理能力，模型构造简单，并且易于理解，但是，随着企业规模的日益扩大和软件复杂程度的不断提高，C/S 体系结构逐渐暴露出以下六个方面的问题：

（1）开发成本较高。C/S 体系结构对客户机的软件配置和硬件配置的要求比较高。随着软件版本的升级，对硬件性能的要求也越来越高，从而增加了系统成本，使客户机变得臃肿。

（2）在开发 C/S 结构系统时，大部分工作集中在客户机程序的设计上，增加了设计的复杂度。客户机负荷太重，难以应对客户端的大量业务处理，降低了系统性能。

（3）信息内容和形式单一。传统应用一般是事务处理型，界面基本上遵循数据库的字段解释，在开发之初就已经确定。用户无法及时获取办公信息和文档信息，只能获得单纯的字符和数字，非常枯燥和死板。

（4）如果对 C/S 体系结构的系统进行升级，开发人员需要到现场来更新客户机程序，同时需要对运行环境进行重新配置，增加了维护费用。

（5）两层 C/S 结构采用了单一的服务器，同时以局域网为中心，因此难以扩展到 Intranet 和 Internet。

（6）数据安全性不高。客户机程序可以直接访问数据库服务器，因此，客户机上的其他恶意性程序也有可能访问数据库，无法保证中心数据库的安全。

远程文件系统是 C/S 结构的一个特例。远程文件系统是数据服务的基本方式，客户机向网络上的文件服务器发送文件请求消息，文件服务器响应请求，向客户机传送所需要的数据文件。数据库服务器提供了比远程文件系统更有效的数据共享方式。客户机发送的是 SQL 请求，数据库服务器的 DBMS 执行 SQL 语句，然后向客户机返回所需要的数据记录。值得注意的是，在数据操作时，远程文件系统对文件进行加锁，数据库服务器对数据记录进行加锁。

为了克服两层 C/S 结构的缺点，可以将客户机和服务器中的部分业务逻辑抽取出来，形成功能层，放在应用服务器上，这就是三层 C/S 体系结构。三层 C/S 结构包括客户机、应用服务器和数据库服务器三个部分。三层 C/S 体系结构如图 3-16 所示。

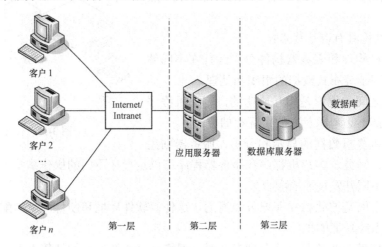

图 3-16 三层 C/S 体系结构

在三层 C/S 结构中，针对一类应用问题建立了中间层，即功能层，配置在应用服务器上。应用服务器负责处理客户机与数据库服务器之间的交互，而不是直接让客户机与中心数据库相连，因此减少了与数据库服务器相连的客户机的数目，提高了系统安全性。由于将数据存取构件放在应用服务器上，客户机只存放系统的表示层，因此，客户机程序不必关心数据的操作细节，便于实现软件的安装与维护。在三层 C/S 体系结构中，通过增加应用服务器，在不增加数据库服务器负担的情况下，使客户机变"瘦"。这种风格又被称为"瘦客户机"C/S 结构。三层 C/S 结构减小了数据库服务器的工作量，应用服务器可以建立数据备份，因此，提高了系统的可靠性。

在三层 C/S 结构的软件系统中，业务逻辑可以划分为表示层、功能层和数据层三个部分。三层 C/S 体系结构的处理流程如图 3-17 所示。三层 C/S 结构是从两层 C/S 结构发展而来的，将两层 C/S 结构的表示层的业务处理程序和数据层的数据处理程序分离出来，形成功能层。

（1）表示层。表示层是系统和用户之间的接口，实现用户与系统之间的对话功能，用于检查从键盘和鼠标等设备输入的数据，显示输出结果。在表示层中，利用图形用户界面（Graphic User Interface，GUI），用户能够进行简单、直观的交互操作。在用户界面发生变更时，只需要修改显示控制程序和数据检查程序，而不会影响功能层和数据层。数据检查也只限于数据的形式和取值范围，不包含业务处理逻辑。

（2）功能层。功能层负责处理所有的业务逻辑。针对银行管理系统而言，在支付存款利息时，需要查询账户余额、存入日期和存款利率，然后计算用户利息。在这一过程中所需要的数据是从表示层和数据层获得的。在表示层和功能层之间，数据交换要尽可能地简洁。例如，在用户检索数据时，要设法将有关信息一次性地传送给功能层，而功能层处理过的检索结果也要一次性地返回给表示层。通常，系统的处理日志和用户对中心数据库的存取权限也都保存在功能层中。此外，功能层中的程序大多是利用可视化编程工具来开发的。

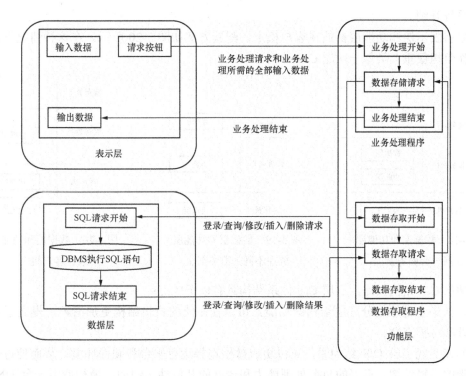

图 3-17 三层 C/S 体系结构的处理流程

（3）数据层。数据层就是数据库管理系统，负责读/写数据。数据库管理系统必须能够迅速地执行大量数据的更新和检索操作。目前，所使用的基本上是关系型数据库，采用 SQL 语句来实现功能层到数据层的数据传输。

在开发三层 C/S 结构的应用系统时，需要对这三层的功能进行明确划分，使之在逻辑上相互独立。设计过程中的难点是如何从两层 C/S 结构的表示层和数据层中分离各自的应用程序，同时使层次之间的接口简单明了。在实现三层 C/S 体系结构时，通常可以采用中间件技术。中间件是一个用 API 定义的软件层，是一种具有强大通信能力和良好扩展能力的分布式软件管理框架。在客户机和服务器及服务器和服务器之间使用中间件来传送数据，完成客户机群和服务器群之间的通信任务。其工作原理是，当客户机程序需要网络上的数据和服务时，可以访问中间件系统，中间件系统查找网络上的分布式数据源和异构服务，并将结果返回给客户机程序。

在配置三层 C/S 结构的系统时，通常有多种不同的选择方案。三层 C/S 体系结构的物理配置如图 3-18～图 3-20 所示。

在图 3-18 中，将表示层放在客户机上，功能层和数据层都放在同一个服务器上。与两层 C/S 结构相比，虽然提高了程序的可维护性，但两层 C/S 结构的缺陷并未得到完全解决。客户机的负荷太重，业务处理所需的数据由服务器传送给客户机，导致了系统整体性能下降。

如果将功能层和数据层分别放置在不同的服务器上，配置方案如图 3-19 所示。由于三层分别放在不同的计算节点上，因此提高了系统的灵活性，能够适应客户机数目和处理负荷的变动，例如，在追加新业务逻辑时，可以增加装有功能层的服务器来实现。随着系统规模变大，这种配置方案的优点也越来越显著。但是，在这种情况下，服务器之间要进行数据传送，增加了系统开销。

如果将表示层和功能层都放在客户机上，配置方案如图 3-20 所示。在这种情况下，客户机的工作负担很重，类似于两层 C/S 结构。

图 3-18　数据层和功能层　　　图 3-19　数据层和功能层　　　图 3-20　数据层和功能层
在同一台服务器上　　　　　放在不同的服务器上　　　　放在客户机上

与两层 C/S 结构相比，三层 C/S 体系结构具有以下优点：

（1）如果合理地划分三层结构的功能，可以使系统的逻辑结构更加清晰，提高了软件的可维护性和可扩充性。

（2）在实现三层 C/S 结构时，可以更有效地选择运行平台和硬件环境，从而使每一层都具有清晰的逻辑结构、良好的负荷处理能力和较好的开放性。例如，最初使用一台 UNIX 工作站作为服务器，将数据层和功能层都配置在这台服务器上。随着业务的发展，用户数量和传输数据量都在不断地增加，这时可以将 UNIX 工作站作为功能层的专用服务器，同时追加一台用于数据层的服务器。如果业务逻辑进一步扩大，用户数量继续增加，则可以通过增加功能层服务器的数目来解决。清晰、合理地划分三层 C/S 结构，使各层之间保持相互独立，可以降低每一层应用的修改难度。

（3）在三层 C/S 结构中，可以分别选择合适的编程语言来并行地开发每一层的逻辑功能，以提高开发效率，同时每一层的维护也更加容易。

（4）系统具有较高的安全性。可以充分利用功能层将数据层和表示层分隔开来，使未授权用户难以绕过功能层，无法利用数据库工具和黑客手段来非法访问数据层，从而保证了中心数据库的安全性。整个系统更加便于控制，管理层次也更加合理。

在实现三层 C/S 结构时，需要注意以下两个问题。

（1）如果各层之间的通信效率不高，即使每一层的硬件配置都很高，系统的整体性能也不会太高。

（2）必须慎重考虑三层之间的通信方法、通信频率和传输数据量，这和提高各层的独立性一样，也是实现三层 C/S 结构的关键性问题。

目前，两层 C/S 结构已经逐步被三层 C/S 体系结构所取代，在实际应用中已很少使用。

3.12　浏览器/服务器体系结构风格

浏览器/服务器（Browser/Server，B/S）是三层 C/S 体系结构的一种实现方式，主要包括浏览器、Web 服务器和数据库服务器。B/S 结构主要利用了不断成熟的 WWW 技术，结合浏

览器的多脚本语言，采用通用浏览器来实现原来需要
复杂的专用软件才能实现的强大功能，节约了开发成
本。与三层 C/S 结构的解决方案相比，B/S 体系结构
在客户机上采用了 WWW 浏览器，将 Web 服务器作为
应用服务器。B/S 体系结构如图 3-21 所示。

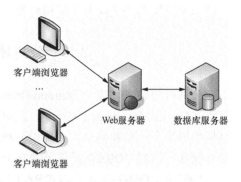

图 3-21　B/S 体系结构

　　B/S 体系结构的核心是 Web 服务器，可以将应用
程序以网页的形式存放在 Web 服务器上。当用户运行
某个应用程序时，只需要在客户端的浏览器中输入相
应的 URL，向 Web 服务器提出 HTTP 请求。当 Web
服务器接收 HTTP 请求之后，调用相关的应用程序，
同时向数据库服务器发送数据操作请求。数据库服务器对数据操作请求进行响应，将结果返
回给 Web 服务器的应用程序。Web 服务器应用程序执行业务处理逻辑，利用 HTML 来封装操
作结果，通过浏览器呈现给用户。在 B/S 结构中，数据请求、网页生成、数据库访问和应用
程序执行全部由 Web 服务器来完成。

　　对于数据库服务器而言，Web 服务器程序是一个客户机程序，只是它的输入数据是 HTTP
请求。当用户查询中心数据库时，浏览器将查询请求封装在 HTTP 中，发送给 Web 服务器，
当查询结束之后，Web 服务器将查询结果封装在 HTML 中，这样客户就能够间接地获得中心
数据库的数据。同样，如果用户要修改、添加和删除中心数据库的数据，浏览器会把更新请
求封装在 HTTP 中，发送给 Web 服务器程序，当更新结束之后，由 Web 服务器通知客户。因
此，浏览器与 Web 服务器之间的关系可以认为是一种动态 HTML 技术。

　　在 B/S 结构中，系统的安装、修改和维护都在 Web 服务器和数据库服务器上进行。在使
用系统时，用户仅使用一个浏览器就可以运行全部的应用程序，真正实现了"零客户端"的
运作模式，同时在系统运行期间，可以对浏览器进行自动升级。B/S 结构为异构机、异构网和
异构应用服务的集成提供了有效的框架基础。此外，B/S 结构与 Internet 技术相结合，使电子
商务和客户关系管理的实现成为可能。

　　B/S 体系结构具有以下优点：

　　（1）客户端只需要安装浏览器，操作简单，能够发布动态信息和静态信息。

　　（2）运用 HTTP 标准协议和统一客户端软件，能够实现跨平台通信。

　　（3）开发成本比较低，只需要维护 Web 服务器程序和中心数据库。客户端升级可以通过
升级浏览器来实现，使所有用户同步更新。

　　但是，B/S 体系结构风格也存在着一些问题，具体表现在以下五个方面：

　　（1）个性化程度比较低，所有客户端程序的功能都是一样的。

　　（2）客户端数据处理能力比较差，加重了 Web 服务器的工作负担，影响系统的整体性能。

　　（3）在 B/S 结构的系统中，数据提交一般以页面为单位，动态交互性不强，不利于在线
事务处理（Online Transaction Processing，OLTP）。

　　（4）B/S 体系结构的可扩展性比较差，系统安全性难以保障。

　　（5）B/S 结构的应用系统查询中心数据库，其速度要远低于 C/S 体系结构。

　　虽然 B/S 结构的应用系统有许多优越性，但是 C/S 结构起步较早，技术很成熟，网络负
载也非常很小，因此，在未来一段时间内将会出现 B/S 结构与 C/S 结构共存的现象。计算模

式的未来发展趋势是向 B/S 结构转变。

3.13 公共对象请求代理体系结构风格

公共对象请求代理（Common Object Request Broker Architecture，CORBA）是由对象管理组织（Object Management Group，OMG）提出来的，是一套完整的对象技术规范，其核心包括标准语言、接口和协议。在异构分布式环境下，可以利用 CORBA 来实现应用程序之间的交互操作，同时 CORBA 提供了独立于开发平台和编程语言的对象复用方法。

1991 年，OMG 提出了 CORBA 1.1，经过不断的努力和完善，于 1995 年又推出了 CORBA 2.0。目前，CORBA 的体系结构已经被标准机构和众多软件公司所广泛采纳。CORBA 采用了面向对象的管理体系，其中，对象请求代理（Object Request Broker，ORB）是最核心的部分。

CORBA 规范主要包括 ORB、对象适配器（Object Adapter，OA）、接口定义语言（Interface Definition Language，IDL）、接口存储（Interface Repository，IR）和 ORB 内部的相关协议。CORBA 体系结构如图 3-22 所示。

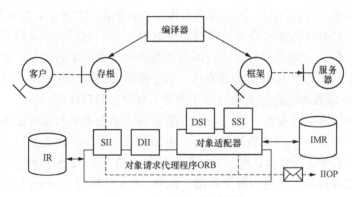

图 3-22　CORBA 体系结构

CORBA 体系结构的核心是 ORB，ORB 作为"软件总线"用来连接网络上的不同应用对象。ORB 的任务是定位服务器，通过对象适配器（Object Adapter，OA）将操作请求传送给相应的服务器。OA 位于 ORB 和对象之间，屏蔽了 ORB 内部的实现细节，为服务器对象提供了抽象接口，其功能包括登录服务器、注册对象、创建对象、激活对象、分发客户请求和认证客户请求。CORBA 提供了透明访问对象的相关方法，不需要考虑对象的实际位置，能够屏蔽实现方式、对象状态、通信机制和开发技术之间的差异。

在客户端，ORB 定义了一个动态调用接口（Dynamic Invocation Interface，DII），以 API 的形式出现，用来发送操作请求，提供了动态调用方法。在服务器端，OA 利用动态框架接口（Dynamic Skeleton Interface，DSI）来传输操作请求，提供了动态实现方法。IDL 用来定义客户端和服务器之间的静态接口。IDL 不是编程语言，它是 CORBA 规范的一种中性定义语言，用于描述对象接口。CORBA 提供了 IDL 到 C、C++、Smalltalk 和 Java 语言的映射关系。

客户端与 ORB 之间的静态接口称为静态调用接口（Static Invocation Interface，SII）。服务器与 ORB 之间的静态接口称为静态框架接口（Static Skeleton Interface，SSI）。根据 IDL 规范，

IDL 编译器生成存根（Stub）和框架（Skeleton）。存根的功能类似于客户代理，为客户提供了静态调用方法。在 CORBA 中引入了代理概念。其中，代理主要包括三方面的作用：完成客户抽象操作请求的映射，自动发现和寻找服务器，以及自动设定路由。在编写客户端程序时，使用代理可以避免了解过多的技术细节，而只要定义和说明客户需要完成的任务。框架负责将操作请求发送给执行程序，为客户提供了静态实现方式。

CORBA 规范提供了两个运行时存储库，分别是接口存储（Interface Repository，IR）和执行存储（Implementation Repository，IMR）。IR 包含了运行时所需要的 IDL 规范，定义了基本类型映射机制。IMR 存储服务器的详细信息，例如，执行程序存放在哪些服务器上。OA 利用这些信息来激活相应的服务器。同时，CORBA 规范包含了 ORB 的内部协议，即 Internet ORB 内部协议（Internet Inter-ORB Protocol，IIOP），用以描述 IDL 类型的在线表示方法和协议数据单元。IIOP 使用 TCP/IP 来传输 ORB 之间的操作请求和相关参数。

CORBA 提供了一种面向对象的构件开发方法，使不同应用可以共享由此产生的软件元素，将对象的内部实现细节封装起来，同时向外界提供精确定义的接口，从而降低了设计复杂性。通过复用减少了开发费用，提高了系统质量。利用 CORBA 可以实现对象的跨平台引用，可以在更大范围内选择最合适的对象加入自己的软件系统中。

CORBA 体系结构风格具有以下优点：

（1）实现了客户端程序与服务器程序的分离。客户不再直接与服务器发生联系，而仅需要和 ORB 进行通信。客户端和服务器之间的关系显得更加灵活。

（2）将分布式计算模式与面向对象技术结合起来，提高了软件复用效率。

（3）提供了软件总线机制，软件总线是指一组定义完整的接口规范。应用程序、软件构件和相关工具只要具有与接口规范相符的接口定义就能集成到应用系统中。这个接口规范是独立于编程语言和开发环境的。

（4）CORBA 能够支持不同的编程语言和操作系统，在更大的范围内，开发人员能够相互利用已有的开发成果。

CORBA 充分利用了现有的各种开发技术，将面向对象思想融入分布式计算模式中，定义了一组与实现无关的接口，引入了代理机制来分离客户端和服务器。目前，CORBA 规范已经成为面向对象分布式计算中的工业化标准。

3.14 正交体系结构风格

正交体系结构是一种以垂直线索构件族为基础的层次化结构，包括组织层和线索。在每一个组织层包含具有相同抽象级别的构件。线索是子系统的实例，是由完成不同层次功能的构件通过相互调用而形成的。每一条线索完成系统的一部分相对独立的功能。在正交体系结构中，每条线索的实现与其他线索的实现无关或关联很少。在同一层次中，构件之间不存在相互调用关系。

正交体系结构的基本思想是：按照功能的正交相关性，将系统垂直地划分为若干个子系统，每个子系统用一条线索来实现，每条线索由多个具有不同层次功能和抽象级别的构件组成。如果线索之间是相互独立的，即不同线索中的构件不存在调用关系，那么这种结构就是完全正交体系结构。在同一层次上，各个线索的构件具有相同的抽象级别。正交体系结构有一个公共的顶层，用于触发各条线索运行，还有一个公共的底层，包含了各条线索需要的数据。正交体系结构如图 3-23 所示。

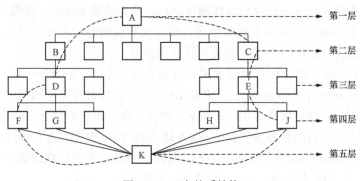

图 3-23　正交体系结构

如图 3-23 所示，这是一个五层正交体系结构。其中，ABDFK 是一条线索，ACEJK 也是一条线索。因为 B 和 C 在同一层次上，所以不允许相互调用。第一层是顶层，通常为用户界面。第五层是底层，通常为数据库连接件和设备，供整个系统调用。

综上所述，正交体系结构具有以下特征：

（1）正交体系结构由完成不同功能的 n（$n>1$）个线索（子系统）组成。

（2）线索之间是相互独立的，系统的某一变动仅涉及一条线索，而不会影响其他线索。

（3）系统具有 m（$m>1$）个不同抽象级别的层次。

（4）具有一个驱动线索运行的公共顶层和一个存储共享数据的公共底层。

对大型复杂软件系统而言，每一条线索又可以按照功能划分为多个子线索，形成子正交体系结构。同理，子线索又可以细分为更小的子线索，形成低一级的子正交结构，从而形成了多级正交结构。

正交体系结构具有以下优点：

（1）结构清晰。线索与线索之间是独立的，不进行相互调用。构件的位置可以清楚地说明它所实现的抽象层次和担负的功能。

（2）便于修改和维护。线索之间是相互独立的，因此，某一条线索的修改不会影响其他线索。当需求发生变动时，可以将新需求分解为独立的子需求，然后使用线索和构件来实现每一个子需求。当增加系统功能时，只需要添加对应的线索构件族。当较少系统功能时，只需要删除对应的线索构件族。修改和维护工作不会影响整个正交体系结构，因此能够方便地实现框架结构的调整。

（3）易于复用。在同一应用领域中，不同软件系统往往具有相同的层次和线索，因此可以共享同一个框架结构。

以下给出汽修服务管理系统的设计方案。考虑到用户需求可能经常会发生变化，在设计时，系统采用了正交体系结构。大部分线索是独立的，不同线索之间不存在相互调用关系。维修收银功能涉及维修时的派工、外出服务和维修用料，因此适当放宽了要求，采用了非完全正交体系结构，允许线索之间有适当的调用，不同线索之间可以共享构件。由于非完全正交结构的范围不大，因此其对整个系统框架的影响可以忽略。汽修服务管理系统的框架结构如图 3-24 所示。其中，系统、维修登记、派工、增加和数据接口形成了一条完整的线索。

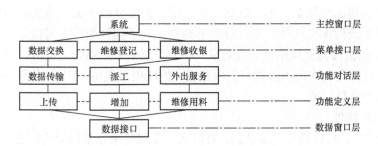

图 3-24 汽修服务管理系统的框架结构

3.15 基于层次消息总线的体系结构风格

随着计算机网络的快速普及，特别是构件技术的成熟和构件互操作标准的出现，人们对分布式应用系统的需求变得越来越强烈。正是在这种背景之下，北京大学的杨芙清院士提出了层次消息总线（Hierarchy Message Bus，HMB）体系结构风格。HMB 的理论基础是消息驱动的编程方法和计算机硬件总线概念。在图形界面应用程序中，消息驱动的编程方法得到了广泛应用。在此之前的软件开发中，经常使用一个大的分支语句来控制流程转移，程序结构不太清晰。在消息驱动的编程方法中，系统调用相关处理函数来响应不同消息，程序结构比较清晰。同时，计算机硬件总线的概念为软件体系结构的设计提供了很好的借鉴和启示。在统一的接口和总线规范下，所开发的应用系统具有良好的可扩展性和适应性。

在 HMB 体系结构中，构件之间是通过消息总线来进行通信的，可以支持构件的分布式存储和并发运行。HMB 体系结构如图 3-25 所示。其中，消息总线是系统的连接件，负责消息的分派、传递和过滤，并返回处理结果。构件挂接在消息总线上，向总线登记自己所感兴趣的消息类型。在构件之间，消息是唯一的通信方式。构件发出请求消息，然后总线把请求消息分派到系统中所有对此感兴趣的构件。在接收到请求消息后，构件将根据自身状态对其进行响应，并通过总线返回处理结果。由于构件是通过消息总线进行连接的，不要求各个构件具有相同的地址空间，也不要求各个构件都局限在同一台机器上，因此，可以采用 HMB 来设计分布式应用系统。在基于 CORBA、DCOM 和 EJB 的软件开发中，HMB 也有广泛的应用。

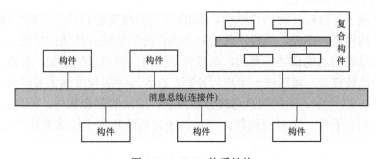

图 3-25 HMB 体系结构

　　复杂构件可以分解为粒度更细的子构件，通过局部消息总线进行连接，从而形成复合构件。如果子构件仍然比较复杂，则可以进一步分解。如此分解下去，系统将形成树状的拓扑结构。叶节点是系统的原子构件，不再包含子构件。原子构件的设计可以采用不同的软件体系结构风格，如管道/过滤器风格、面向对象风格和数据共享风格等。此外，整个系统可以作为一个构件，通过更高层次的消息总线集成到更大的应用系统中。HMB 体系结构主要包括构件和消息总线两种软件元素。

3.15.1　HMB 构件

　　在 HMB 结构中，构件是比较复杂的，难以从一个视角来完整地对它们进行理解。一个好的方法是从不同的角度来对构件进行建模，包括静态结构、动态行为和行为功能。HMB 构件主要包括接口部分、行为部分和结构部分，模型如图 3-26 所示。

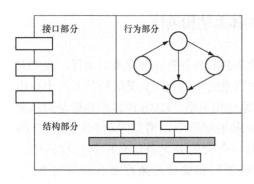

图 3-26　HMB 构件

　　接口部分定义了构件与外界之间交互的信息和承担的责任。通常，一个构件可以具有多个不同的接口。每个接口都包括发送消息集合和接收消息集合，用以描述构件对外所提供的服务和所需要的环境。HMB 构件的接口是一种基于消息的互联接口。消息是事件发生的描述信息，构件之间是通过消息进行通信的。在 HMB 构件中，消息可以分为发送消息和接收消息。发送消息的作用是通知系统的其他构件发生了某个事件或请求其他构件提供相应的服务。接收消息的作用是对某个事件进行响应或为其他构件提供所需要的服务。当事件发生时，系统或构件发出相应的消息，消息总线负责把消息传递到对此感兴趣的构件。按响应方式不同，消息可以分为同步消息和异步消息。同步消息是指发送者必须等待被响应之后，才可以进行后续操作，其中，过程调用就属于同步消息。异步消息是指消息发送者不必等待响应，在发出消息之后，就可以进行后续处理，其中，信号、时钟和异步过程调用都属于异步消息。

　　行为部分使用有限状态自动机来描述构件的功能。构件行为同时受到外来消息和自身状态的影响。在接收外来消息时，构件根据当前所处状态对消息进行响应，同时实现状态迁移。有限状态自动机可以分为 Moore 机和 Mealy 机两种类型，它们具有相同的表达能力。为了简单起见，在 HMB 风格的系统中经常采用 Mealy 机来描述构件行为。Mealy 机主要包括一组有穷状态、状态变迁和变迁所引发的动作。在构件生命周期中，状态表达了构件所要满足的特定条件和等待某个事件的发生。

　　结构部分描述了复合构件的拓扑结构。HMB 体系结构支持自顶向下的层次化分解，复合构件由简单的子构件组合而成，子构件通过复合构件内部的消息总线进行连接。从逻辑上讲，各个层次的消息总线的功能都是一致的，在相应范围内负责消息的登记、分派、传递和过滤。如果子构件仍然比较复杂，可以进一步进行分解，直到最终的粒度满足要求为止。HMB 构件的静态结构如图 3-27 所示。不同消息总线分别属于各层次的复合构件，消息总线之间并不直接相连，系统也可以看作一个复合构件。消息总线为系统和各个层次的构件提供了统一集成机制。

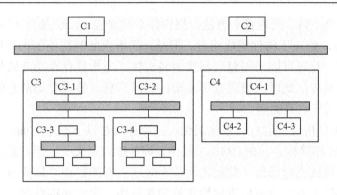

图 3-27　HMB 构件的静态结构

3.15.2　消息总线

在 HMB 体系结构中，消息总线是连接件。构件向消息总线登记自己感兴趣的消息，形成构件—消息响应登记表。消息总线根据接收到的消息，查阅构件—消息响应登记表，确定能够响应该消息的构件，并将消息传递给该构件，同时负责返回处理结果。此外，在某些情况下，消息总线还会对特定消息进行过滤和阻塞。消息总线的结构如图 3-28 所示。从逻辑上看，消息总线是一个整体，但是从物理上讲，它可以跨越多个不同的机器。挂接在消息总线上的构件可以分布在多个不同的机器上，并行运行。由于构件是通过消息总线进行通信的，并不直接进行互联，因此

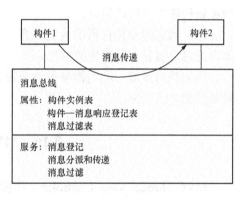

图 3-28　消息总线的结构

构件位置是相互透明的，某一构件在物理位置上的迁移不会影响系统的其他部分。

消息总线的功能包括消息登记、消息分派和传递及消息过滤。

（1）消息登记。在基于消息的系统中，构件需要向消息总线登记自己所感兴趣的消息，不关心该消息是由哪个构件发出的。消息登记的实质是，构件通知消息总线自己能够对哪些消息进行处理，可以提供何种服务。构件—消息响应登记表记录了总线上的构件和消息之间的对应关系，类似于编程语言中的"间接地址调用"，避免了将构件之间的连接"硬编码"到构件实例中，保持构件连接的灵活性，便于系统演化。

（2）消息分派和传递。消息总线负责在构件之间传递消息，根据构件—消息响应登记表把消息分派给对其感兴趣的构件，并返回处理结果。在传播一个消息时，可以有多个构件同时对其进行响应，也可以没有构件响应该消息。

（3）消息过滤。来源不同的构件事先不知道各自的接口，因此在不同的构件中，同一消息可能使用了不同的名称，不同的消息也可能使用了相同的名称。在构件集成时，这会引起消息冲突和消息不匹配，因此需要对消息进行过滤。

消息过滤包括转换和阻塞两种方式。消息转换可以采取换名方法来实现，以保证每一个消息的名称在其所处的局部总线内都是唯一的。假设复合构件 A 的结构是客户机/服务器风格，包括构件 C 的两个实例 C1 和 C2，以及构件 S 的一个实例 S1。构件 C 的发送消息 msgC 和构件 S 的接收消息 msgS 是同一个消息，由于某种原因，它们的命名并不一致，除此之外，消息

的参数和返回值完全一致。采取换名方法，把构件 C 的消息 msgC 换名为 msgS，这样就无需对构件 S 进行修改，解决了构件集成问题。但是，简单换名解决不了构件集成中的参数类型和个数不一致问题，此时可以采用包装器来封装构件。当构件存在功能缺陷时，不能对某些已定义的消息进行响应，此时应该阻塞不希望接收的消息。显式登记消息的目的是使消息响应者能够更灵活地发挥自身的潜力。

HMB 体系结构风格支持运行时系统演化，主要体现在以下三个方面：

（1）动态增加和删除构件。在 HMB 系统中，构件接口定义了一组发送消息和一组接收消息。构件通过消息总线进行通信，彼此之间并不知道对方的存在。只要新构件接口中的发送消息和接收消息保持不变，就可以方便地实施构件替换。当添加构件时，只需要向消息总线登记该构件所感兴趣的消息即可。当删除构件时，会出现没有构件响应消息的异常情况。这时，需要采取两种措施：①阻塞那些没有构件响应的消息；②其他构件对该消息进行响应或增加新构件来响应该消息。

（2）动态改变构件所响应的消息。构件可以动态地改变自己所提供的服务，此时构件应该向消息总线登记所发生的变化。

（3）消息过滤。利用消息过滤机制，可以解决构件集成中的不匹配问题，可以阻塞构件对某些消息的响应。

3.16　MVC 体系结构风格

MVC（Model-View-Controller，模型—视图—控制器）是一种常见的体系结构风格。MVC 主要是针对编程语言 Smalltalk 80 所提出的一种软件设计模式，被广泛地应用于用户交互程序的设计中。在开发具有人机界面的软件系统时，比较适合使用 MVC 体系结构。界面负责向用户显示模型中的数据，与用户进行交互，实现输入和输出操作。用户要求保持交互界面的稳定性，同时希望根据需求来改变显示的形式。这就要求在不改变软件功能的前提下，能够方便地调整用户界面。在设计 MVC 应用程序时，关键的问题在于如何使计算模型独立于用户界面。

MVC 体系结构如图 3-29 所示。MVC 结构主要包括模型、视图和控制器三部分，它们各自完成不同的任务。其中，实线代表方法调用，虚线表示事件。

（1）模型。模型是应用程序的核心，封装了问题的核心数据、逻辑关系和计算功能，提供了处理问题的操作过程。模型独立于具体的界面和 I/O 操作。从模型中获取信息的对象必须注册为该模型的视图。模型接受视图发出的操作请求，并向视图返回最终的处理结果。模型的修改最终将传递给与其关联的所有视图。

（2）视图。视图是模型的表示，提供了交互界面，为用户显示模型信息。视图从模型中获取数据，一个模型可以与多个视图相对应。在初始化时，应该建立视图与模型之间的关联关系。当修改模型时，需要对关联的视图进行更新操作。将模型的变化内容传递给视图，利用这些信息来更新视图。在 MVC 结构中，视图的功能仅限于采集数据、处理数据和响应用户请求。例如，订单视图需要接受来自模型的数据并显示给用户，同时将用户界面的输入数据和请求传递给模型和控制器。

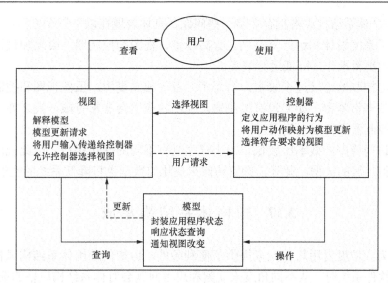

图 3-29 MVC 体系结构

（3）控制器。控制器负责处理用户与系统之间的交互，为用户提供操作接口。用户通过控制器与系统进行交互。控制器接收用户输入，同时将输入事件映射成服务请求，发送给模型或视图。控制器是使模型和视图协调工作的核心部件，视图与控制器一一对应。实质上，控制器是一个分发器，不做任何数据处理工作，例如，当用户单击一个网页链接时，控制器接收请求，不进行数据处理，而是把用户信息传递给模型，然后将模型返回的结果传递给用户。一个模型可能与多个视图相对应，一个视图也可能对应于多个模型。

当控制器改变模型时，所有与该模型相关联的视图都应该反映出这个变化。因此，无论发生何种数据变化，控制器都应该将变化通知到所有与之相关联的视图，从而更新视图显示。实质上，这是一种模型变化—传播机制。变化—传播机制是模型、视图和控制器之间的联系纽带。如果控制器的行为依赖于模型的状态，则应该进行注册，并提供相应的更新操作。这样就可以由模型状态的变化来激发控制器的行为，从而导致视图更新。

分离模型、视图和控制器，能够提高设计和使用的灵活性。在实际应用中，视图和控制器的功能通常是紧密联系在一起的。分离视图和控制器，不便于对问题进行分析和设计，同时会降低运行效率。为此，可以把视图和控制器结合起来，把视图类和控制器类合并，生成视图—控制器类。视图—控制器类与模型类之间仍然是相互独立的，同一模型仍然可以使用多个视图。视图—控制器类具备了事件处理能力，可以通过模型控制它们的功能。此外，还可以对 MVC 进行扩展，如一个模型、两个视图和一个控制器。在具体实现时，不需更改模型类与视图类，针对控制器类，只需要增加一个视图，并使其与模型相关联。同样，也可以实现其他形式的 MVC，如一个模型、两个视图和两个控制器。

MVC 体系结构具有以下优点：

（1）多个视图与一个模型相对应。变化—传播机制确保了所有相关视图都能够及时地获取模型变化信息，从而使所有视图和控制器同步，便于维护。

（2）具有良好的移植性。由于模型独立于视图，因此可以方便地实现不同部分的移植。

（3）系统被分割为三个独立的部分，当功能发生变化时，改变其中的一个部分就能够满足要求。

但是，MVC 体系结构风格也存在着一些问题，具体表现在以下三个方面：

（1）增加了系统设计和运行复杂性。分离模型、视图和控制器，会增加设计方案的复杂性，产生过多的更新操作，降低运行效率。

（2）视图与控制器连接过于紧密，妨碍了二者的独立复用。虽然视图和控制器可以相互分离，但联系却非常紧密。如果没有控制器，视图的应用会非常有限，反之亦然。这些都不利于视图类和控制器类的独立复用。

（3）视图访问模型的效率比较低。由于模型具有不同的操作接口，因此视图需要多次访问模型才能获得足够的数据。此外，频繁访问未变化的数据也将降低系统的性能。

3.17　异构体系结构集成

体系结构为大粒度复用软件元素提供了便利条件，但如何选用体系结构风格没有固定的模式。在设计软件系统时，从不同角度来观察和思考问题会对体系结构风格的选择产生影响。每一种体系结构风格都有不同的特点，适用于不同的应用问题，因此，体系结构风格的选择是多样化的和复杂的。在实际应用中，各种软件体系结构并不是独立存在的。一个系统中往往会有多种体系结构共存和相互融合，形成更复杂的框架结构，即异构体系结构。采用异构体系结构来设计软件系统的原因有以下四个方面：

（1）从根本上来说，不同体系结构风格有各自的优点和缺陷，应该根据具体情况来选择系统的框架结构，以解决实际问题。

（2）关于框架、通信和体系结构问题，目前存在着多种不同的标准。在某一段时间内，一种标准占据了统治地位，但其变动最终是绝对的。

（3）在实际工作中，总会遇到一些遗留下来的代码，它们仍然有用，但是与新系统的框架结构不一致。出于技术与经济因素的考虑，决定不再重写它们。选择异构体系结构风格，可以实现遗留代码的复用。

（4）在某一单位中，规定了共享软件包和某些标准，但仍会存在解释和表示习惯上的不同。选择异构体系结构风格，可以解决这一问题。

不同体系结构的组合主要包括以下两种方式：

（1）空间异构：允许构件使用不同的连接件。不同子系统采用了不同的体系结构。构件可以通过连接件来访问仓库，也可以用管道和其他构件进行交互。根据功能和性能，为每个子系统选择合适的体系结构风格。

（2）分层异构：软件元素按层次结构进行组织，每一层使用了不同的体系结构。B/S 与C/S 进行有机结合，可以形成一种典型的异构体系结构。这种异构体系结构风格集中 B/S 和C/S 的优点于一身，同时适当地克服了各自的缺点。虽然可以通过"瘦客户机"方式来解决C/S 结构中的服务器定义和界面不能随意更改的问题，但是 B/S 结构也为改进 C/S 结构提供了一种新思路。

目前，B/S 和 C/S 混合模式是一种很好的处理方式。在一个系统中，如果功能模块是在企业内部运作的，则适合采用 C/S 结构；如果功能模块需要向外发布信息，则适合采用 B/S 结构。在信息管理系统中，可以根据功能将所有子系统划分为两大类，即数据处理类型和查询类型。数据处理类型的子系统采用 C/S 结构，查询类型的子系统采用 B/S 结构，将这两种类型的子系统集成为一个混合系统。

B/S 结构和 C/S 结构的组合方式包括"内外有别"和"查改有别"两种。

（1）"内外有别"模型。在企业内部使用 C/S 结构，内部用户可以通过局域网直接访问数据库服务器。在企业外部使用 B/S 结构，外部用户通过 Internet 访问 Web 服务器，Web 服务器再访问数据库服务器，并将操作结果返回给外部用户。"内外有别"模型如图 3-30 所示。

"内外有别"模型的优点是，企业外部用户无法直接访问数据库服务器，能够保

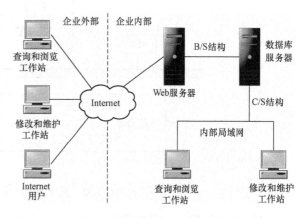

图 3-30 "内外有别"模型

证企业数据库的安全；企业内部用户的交互操作比较多，采用 C/S 结构能够提高查询和修改的响应速度。"内外有别"模型的缺点是，对于企业外部用户而言，采用了 B/S 结构，在修改和维护数据时，需要经过 Web 服务器，因此响应速度比较慢，数据动态交互性不强。

（2）"查改有别"模型。不管用户采用何种方式与系统互联，如果需要执行维护和修改操作，就采用 C/S 结构；如果只是执行查询和浏览操作，则采用 B/S 结构。"查改有别"模型如图 3-31 所示。

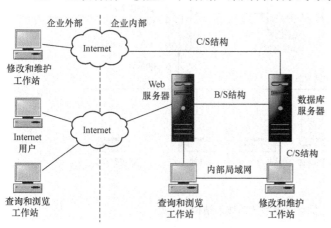

图 3-31 "查改有别"模型

"查改有别"模型体现了 B/S 结构和 C/S 结构的共同优点。但是，外部用户能够直接通过 Internet 访问数据库服务器，对企业数据库的安全造成了一定的威胁。

除了 B/S 与 C/S 相结合的异构体系结构之外，在实际应用中，还有很多其他方式可以灵活地组合各种不同的体系结构，例如，在 HMB 风格的系统中，挂接在消息总线上的构件可以采用不同的体系结构，包括管道/过滤器风格、数据共享风格、C/S 风格和 HMB 风格等。此外，遗留系统可以作为一个构件，集成到其他任意风格的体系结构中，形成不同框架结构相混合的软件系统。基于 HMB 的异构体系结构如图 3-32 所示。整体框架采用 HMB，各个复合构件分别采用 HMB 结构、管道/过滤器结构和数据共享结构。

从性能、实用性和功能覆盖角度来看，两层 C/S 结构不如三层 C/S 结构，三层 C/S 结构不及 C/S 与 B/S 异构结构。同时，B/S 结构也不及 C/S 与 B/S 异构结构。

从安全性和可靠性角度来看，三层 C/S 结构和 C/S 与 B/S 异构结构有较好的安全性，两层 C/S 结构和 B/S 结构稍微差一些。其原因是，在两层 C/S 体系结构中，绝大多数事务处理由服务器来完成，服务器负荷太重，难以管理大量的客户机，同时数据安全性也比较差。在 B/S 体系结构中，绝大多数事务是交由服务器来处理的，其安全性和可靠性与传统的两层 C/S 结构相似。

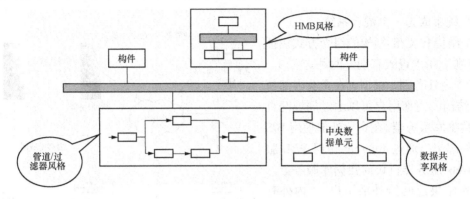

图 3-32　基于 HMB 的异构体系结构

虽然 B/S 结构具有很多优点，但是，由于 C/S 结构的网络负载较小且技术非常成熟，因此在实际应用中，经常会出现 B/S 结构和 C/S 结构共存的现象。供电管理系统的体系结构如图 3-33 所示。这是一个很典型的 B/S 与 C/S 异构结构。

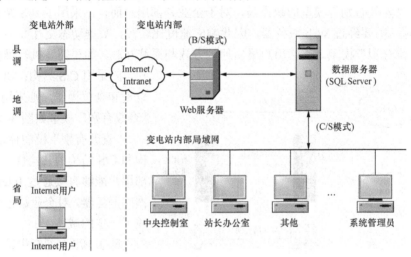

图 3-33　供电管理系统的体系结构

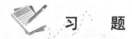
习　　题

1．常用的软件体系结构风格包括哪些？
2．试述管道/过滤器体系结构的风格及其优点和缺点。
3．试述面向对象体系结构风格的优点。
4．试述分层体系结构的风格。
5．画图说明 C2 体系结构的风格。
6．试述黑板系统。
7．比较 B/S、二层 C/S 和三层 C/S 体系结构的风格，说明各自的优点和缺点。
8．试述正交体系结构的风格。
9．集成异构体系结构的风格有什么好处？

第 4 章　特定领域的软件体系结构

4.1　特定领域的软件体系结构定义

经过多年的实践积累，目前人们要开发的应用软件与过去的遗留系统之间一般有相同或相似之处。特别是在某一特定领域中，不同软件系统的框架结构往往存在惊人的相似之处，这为更大粒度的软件复用创造了有利条件。目前，软件开发的总体趋势是领域驱动的设计与实现。领域驱动的设计与实现是指我们应该专注于用户所关心领域中的重要问题。我们的精力应该用在理解领域知识和掌握领域核心思想上，同那个领域中的专家一起将它们抽象为相关的概念。这样，我们就可以利用抽象出来的概念去构造强大而灵活的软件系统。无论开发哪一个复杂领域中的软件系统，领域驱动的设计与实现都是极其重要的指导原则。其主要原因是，软件开发的大趋势是系统将会应用于解决越来越复杂的问题，而且会越来越趋近于业务核心。企业对敏捷过程已经有了足够的认识，大多数项目或多或少开始意识到迭代、与业务伙伴亲密协作、应用持续集成和在强沟通环境下工作的重要性，所以领域驱动设计与实现会变得越来越重要。Web 开发平台的成熟，使我们可以应用领域驱动设计与实现方法来开发 Web 项目。同时，如果 SOP 技术被很好地应用，则可以提供一种非常有用的领域解析手段。

特定领域软件体系结构（Domain Specific Software Architecture，DSSA）代表了某一特定领域中软件系统的整体框架结构，描述了领域中各个应用的公共特征和动态行为，是作用于领域中不同应用的设计蓝图。以特定领域软件体系结构 DSSA 为基础，通过大规模重用，可以快速、高效地实例化出一系列的软件产品，提高软件开发的效率。学术界关于软件体系结构研究的热点主要集中在 DSSA 问题上。DSSA 是软件体系结构与实际应用相结合的一个重要手段和有效途径。目前，在国内外金融领域、信息管理领域和军事领域中，DSSA 已经引起充分的重视，并已得到广泛的应用。

随着软件复用技术的不断发展和成熟，软件复用已经从代码级复用逐步上升到系统级重用。DSSA 的设计是系统级软件复用的主要研究内容之一。多年来，人们一直在关注软件系统的整体结构和构件之间的关系，对软件体系结构开展研究的目标就是要探索如何快速、高效地利用构件来实现新应用。DSSA 是适应领域中多个系统需求的一个高层次抽象和设计方案，可以在多个具有相似需求的应用中得到复用。显然，DSSA 的复用要比程序代码的复用具有更重要的实际意义。

早期，有人曾经提出程序族和应用族的概念，并在此基础上，进行了 DSSA 的探索工作。由于人们关心的问题不同，研究问题的视角也不同，出现了各种不同的 DSSA 定义。尽管这些定义之间存在着一定的差别，但是这些定义都与软件体系结构研究的目标"在一组相关的应用中共享 DSSA"是一致的。简单地说，DSSA 就是在一个特定应用领域中为一组应用提供组织结构参考的标准软件框架。美国国防部的高级技术局（DARPA）和美国空军对特定领域软件体系结构的研究非常重视，在一个关于 DSSA 的培训计划 CDRLA011 中给出了两个关于 DSSA 的定义。

定义 1：DSSA 是软件构件的集合，以标准结构组合而成，对一种特殊类型的任务具有通用性，可以有效、成功地用于新应用系统的构建。在该定义中，构件是指一个抽象的具有特征的软件单元，能为其他单元提供相应的服务。

定义 2：DSSA 是问题元素和解元素的样本，同时给出了问题元素和解元素之间的映射关系。

Tracz 从需求和求解过程出发，给出了 DSSA 的定义。

定义 3：DSSA 是一个特定问题领域中，支持一组应用的领域模型、参考需求和参考体系结构所形成的开发基础，其目标是支持该特定领域中多个应用的生成。

实际上，DSSA 不仅是软件构件的集合，而且应该包括工作流程、评估系统、团队组织、测试计划、集成方案、技术文档和其他劳动密集型软件资源。DSSA 所包含的内容都可以用于软件复用，以提高系统开发的效率和质量。

特定领域软件体系结构 DSSA 应该具有以下特征。

（1）DSSA 对整个领域进行适度抽象。

（2）DSSA 具有严格定义的问题域和解决方案。

（3）在领域中，DSSA 应该具有固有的、典型的可复用软件元素，用于工程开发。

（4）DSSA 具有普遍性，可用于开发领域中的某类特定应用。

4.2　DSSA 的基本活动

一般而言，软件过程总是针对某个特定应用，获取其需求，为其设计整体框架，实现其系统行为。基于 DSSA 的开发则不同，它不以实现某个特定应用为目标，而是关注整个领域。通过对某个特定领域进行分析，提出该领域的典型需求，建立相应的领域模型，设计与之对应的参考架构，进而实现各个组成模块。在特定应用开发中，对照应用需求和参考需求，配置参考架构，选取合适构件，创建该应用系统。针对领域分析模型中的需求，DSSA 给出了相应的解决方案，该解决方案不仅满足单个系统，而且适应领域中的其他系统需求，是领域范围内的一个高层次设计框架。参照 DSSA 所开发的软件产品具有较高的质量和良好的性能，同时便于实现系统修改、系统维护和系统的二次开发。

DSSA 包含两个过程，即领域工程和应用工程。领域工程是为一组相近或相似的应用建立基本能力与必备基础的过程，覆盖了建立可复用软件元素的所有活动。领域工程对领域中的应用进行分析，识别出这些应用的共同特性和可变特征，对所刻画的对象和操作进行必要的抽象，以形成领域模型。根据领域模型，我们可以获取各种应用所共同拥有的体系结构和创建流程，同时以此为基础，还可以识别、开发和组织各种可复用的软件元素。应用工程是通过重用软件资源，以领域通用体系结构为框架，开发出满足用户需求的一系列应用软件的过程。应用工程主要包括需求分析、实例化参考体系结构、实例化类属构件及自动或半自动地创建应用系统等。

4.2.1　DSSA 的领域工程

在启动一个软件项目时，应该关注软件涉及的领域（Domain）。软件的最终目的是增进一个特定的应用领域。为了达到这个目标，软件需要与它要服务的领域和谐相处，否则会给领域引入麻烦，产生障碍、灾难，甚至导致混乱等。怎样才能让软件和领域和谐相处呢？最佳的方式是使软件成为领域的反射。软件需要体现领域中的核心概念和重要元素，并精确实现它们之间的关系，即软件需要对领域进行建模。

目前，对领域的理解主要有以下三种观点：

（1）一组或一族相关系统，所有这些系统具有一种能力或共享同一数据集。

（2）具有相同需求的一个应用程序族所描述的问题空间。

（3）一个问题或任务领域，在其中可以开发出多重高度相似的应用系统，以满足各种不同用户的特定需求。

这三种观点从不同的角度对领域进行了刻画。第一种观点强调领域的基本组成成分和相关应用系统，所有这些系统之间存在着某种依赖关系，用以实现一个共同目标。第二种观点通过现有的一族系统来展示所提出的问题空间，也就是通过对现有系统的研究来找出系统之间的可复用的资源，它既有利于加深对领域的认识，又有利于对领域知识表达的形式化和标准化，为将来领域内系统开发打下复用基础。第三种观点是基于复用的，强调基于复用的应用系统开发过程。通过这三种观点，可看出领域所具有的三个基本特征：

（1）领域中的系统具有相关性，具体表现为：具有类似的用户需求，共享领域范围内的数据，共同实现一个目标，共同描述一个问题空间。

（2）对领域内各个系统所形成的问题空间进行求解，可以导出新的应用系统。

（3）领域内的重要资源、资源的义务和资源之间的相互关系是以一定的基础结构来进行表示的。

领域的定义有多种形式。在软件工程中，领域是指一组具有相近或相似需求的应用系统所覆盖的功能、问题、解决方案及知识区域。从软件复用角度出发，领域可以划分为垂直领域和水平领域，其中垂直领域指具有相似需求的一系列应用所覆盖的业务区域，如财务管理、进销存管理和仓库管理等；水平领域则指根据应用系统内部模块的功能分类所得到的相似问题空间，如数据库系统、工作流系统及 GUI 库等。

无论是垂直领域还是水平领域，领域内的信息普遍具有以下两种特征，这些特征是进行领域分析和实践的基础。

（1）复用信息的领域特定性。复用不是信息的一种孤立属性，它往往依赖于特定的问题和特定的解决方法。我们说某类信息具有可复用性，是指当使用特定的方法去解决某种问题时，它是可复用的。在识别、获取和表示复用信息时，应该采取面向领域的策略。

（2）问题领域的内聚性和稳定性。与问题解决方法相关的领域知识是充分内聚和稳定的，这一基本认识是实际观察的结果，也是知识获取和表示的前提假设。内聚性使人们能够通过一组有限的和相对较少的复用信息来把握解决大量问题的知识源。稳定性使人们获取和表示这些信息所付出的代价，可以通过多次重用来得到补偿。

领域工程是识别和创建面向特定领域的可复用软件资源的过程，是特定领域软件体系结构的实现基础。其主要目标是系统化地将多个已存在的软件产品转化为软件资源，通过标识、构造、分类和传播面向领域的可复用软件资源，建立对现存和未来应用都具有很强适用性、高效的复用机制，使一系列的软件谱系具有很好的可靠性、可理解性、可维护性和可使用性。领域工程主要包括领域分析、领域设计和领域实现三个部分。

1. 领域分析

领域分析（Domain Analysis）是 Neighous 于 1981 年在他的博士论文《使用部件的软件构筑》中首次提出的。它的含义是识别、捕获和组织特定领域中一类相似系统的对象及操作等可复用信息的过程，目标是支持系统化的软件复用。在这之后，人们围绕领域分析进行了大量的研究与实践工作，形成了众多关于领域分析的概念和方法。综合这些概念，我们可以认为，领域分析是在一个特定领域范围内开展的以领域定义、共性抽象、特性描述、概念阐述、数据抽取、功能分析、关系识别及结构框架开发为目标的系统化分析过程。与系统分析不同，领域分析所关心的是一个特定领域内所有相似系统的对象和活动的共同特征与演化特性，所产生的是支持系统化复用的基础设施。这些基础复用设施主要包括领域定义、开发标准、领域模型和可复用构件仓库等。领域分析是 DSSA 开发的基础，是 DSSA 开发的出发点，也是这种方法成败的关键。

在领域工程中，信息的来源主要包括现存系统、技术文献、问题域、系统开发专家、用户调查、市场分析及领域演化的历史记录等。以这些信息为基础，可以分析出领域中的应用需求，确定哪些需求是被领域中其他系统所共享，从而为之建立领域模型。当领域中存在大量应用系统时，需要选择它们的子集作为样本系统。对样本系统需求的考查显示出领域需求的变化状况。其中，一部分需求对所有被考查的系统是共有的，另一部分需求是单个系统所特有的，而其余的需求位于这两个极端之间，即被部分系统所共享。

在领域分析阶段，首先要进行一些准备性的工作，如定义领域边界，以明确分析的对象和待识别的信息源。领域边界是领域上下文分析活动的结果，通常将领域工程中进行领域分析的范围称为领域边界。领域边界主要指领域应该包括的问题、对象、操作、领域应用系统所具备的能力及确定领域边界的基本准则。领域模型是领域分析过程中的一个重要概念，是领域分析活动的输出结果。领域是世界中的某些事物，不要企图能轻而易举地捕获它们，我们需要建立领域的抽象。当我们跟领域专家进行交流时，会学到很多领域知识，但这些未加工的知识不能被直接加入软件系统中，除非我们为它建立一个抽象——在脑海中建立一幅蓝图。开始时，这幅蓝图总是不完整的，但随着时间的推移，我们会让它越来越好。这幅蓝图就是一个关于领域的模型。按照 Eric Evans 的观点，领域模型不是一幅具体的图，它是那幅图要极力去传达的思想。它也不是一个领域专家头脑中的知识，而是一个经过严格组织并进行选择性抽象的知识。一幅图能够描绘和传达一个模型，同样，按照这个模型所精心编写的代码也能实现这个目的。领域模型是我们对目标领域内部的展现方式，是非常必需的，会贯穿整个设计和开发过程。在设计过程中，我们将记住模型并对其中的内容进行引用。从终端用户角度来看，领域模型是一组能够反映领域共性与变化特征（如功能、对象、数据及其关系）的相关模型和文档资料。领域模型描述领域中应用的共同需求。领域模型所描述的需求经常称为领域需求。与单个应用需求规约模型不同，领域模型是针对某一特定领域的需求规约模型。除了具有一般需求规约模型的功能之外，在软件复用过程中，领域模型还承担着为领域内新系统开发提供可复用软件需求规约的任务，同时指导完成领域设计阶段和实现阶段的可复用软件资源的创建工作。

领域模型描述了多种不同的信息，总体上包括以下五个方面内容：

（1）领域范围：领域定义和上下文分析。

（2）领域字典：定义领域内相关术语，其目的是为用户、分析人员、设计人员、实现人员、测试人员和维护人员进行准确、方便的交流提供基础条件。

（3）符号标识：描述概念和概念模型，利用符号系统对领域模型内的概念进行统一说明，这主要包括对象图、状态图、实体关系图和数据流程图等。

（4）领域共性：领域内相似应用的共性需求和共同特征。

（5）特征模型：定义领域特征，描述领域特征之间的相互关系。

领域分析是在一个特定的领域范围内，对一系列共性（Commonality）、个性（Variability）、动态（Dynamic）元素进行识别、收集和组织，并最终形成可指导的软件复用模型的过程。领域分析阶段的主要目标是获取领域模型。

领域分析是一项极其复杂的工作，研究人员根据要解决的特定问题，提出许多领域分析方法。比较有影响的领域分析方法有面向特征的领域分析（Feature-Oriented Domain Analysis，FODA）、组织领域分析模型（Organization Domain Modeling，ODM）、基于 DSSA 的领域分析（DSSA Domain Analysis）、JIAWG 面向对象的领域分析（JIAWG Object-Oriented Domain Analysis，JODA）、领域分析和设计过程（Domain Analysis and Design Process，DADP）及动态领域分析（Dynamic Domain Analysis，DDA）等。

（1）面向特征的领域分析（FODA）。FODA 是由 SEI 所提出的一种领域分析方法。该方法强调对领域内应用系统的共性特征和个性特征进行标识。这些特征是领域用户和专家对领域内各个侧面的一系列共识。使用这些特征可以引导领域产品的定义与创建。其中，领域产品主要包括领域模型和体系结构。FODA 方法能够充分反映用户所希望的应用需求和框架结构，支持功能和体系结构层次上的复用。FODA 将领域内特殊应用需求的开发视为领域产品的细化过程。FODA 方法包括上下文分析、领域建模和体系结构建模三个不同的阶段。

（2）组织领域分析模型（ODM）。ODM 方法由 Mark Simos 正式提出，是 STARS 项目的一个副产品。在领域分析和领域建模过程中，ODM 是一种较为常用的方法。该方法包括一套结构化的工作流程、一个可裁剪的过程模型、一套建模技术及相应的指导原则。ODM 方法强调以领域内不同利益群体（Stakeholders）为核心，通过有效的团队合作来实现领域分析工作与领域设计工作。在可复用过程的概念框架（Conceptual Framework for Reuse Processes，CFRP）下，ODM 能够形成一套标准化的领域分析流程和工作产品模板。通过模板选择和裁剪，ODM 方法可以快速地组织系统的分析过程，同时能够支持领域内信息的多元化处理与协调工作。ODM 既可以支持描述性的建模方法，也能够支持说明性的建模方法。利用描述性建模手段，ODM 可以明确领域术语、检验已存在的系统、了解需求变化及发现采样标本的共性特征与个性差异；利用说明性建模手段，ODM 可以描述相关的功能性决策和这些决策的变化范围。在系统分析阶段，该方法分为三个步骤，即领域规划、领域建模和可复用资源的建设。

（3）基于 DSSA 的领域分析（DSSA Domain Analysis）。目前，有许多机构正在从事不同领域的 DSSA 分析方法的研究工作，已经形成了很多基于 DSSA 的领域分析方法。一般来说，基于 DSSA 的领域分析方法可以分为三个阶段：①通过对领域共性特征和个性差异进行分析，构造各种形式的领域模型和基于构件的软件体系结构，获取领域开发环境；②在领域开发环境中，根据领域体系结构，使用体系结构定义语言来描述一个实现模块之间信息交互的 DSSA，同时开发满足 DSSA 的基于构件的原型系统；③利用原型系统及 DSSA 来实现应用系统。

（4）JIAWG 面向对象的领域分析（JODA）。JODA 是 JIAWG（Joint Integrated Avionics Working Group）的一个工作产品，是以 Code/Yourdon 的面向对象分析技术（CYOOA）和符

号体系为基础所实现的一种领域分析方法。它的核心思想是，运用修改后的 Code/Yourdon 面向对象分析技术来定义领域模型，同时获取可复用的软件对象，特别是可复用的软件需求，然后分析领域中的共性特征和个性差异，在领域模型的基础上，定义可复用的体系结构，设计可重用的程序代码。领域体系结构刻画了所展示的问题、概念、对象、服务、属性及对象与概念之间的相互关系。其中，领域体系结构使用 CYOOA 图来进行定义，领域组成通过整体—部分图（Whole-Part Diagrams）来进行描述，领域对象利用它们所提供的服务和属性来进行定义，各种对象之间的变化通过一般—特殊图（Generalized-Specific Diagrams）来进行描述。JODA 领域分析过程包括领域准备、领域定义和领域建模三个阶段。

（5）领域分析与设计过程（DADP）。DADP 注重软件和系统的复用过程，依赖于特定的领域分析技术和领域设计技术。它通过系统的工程方法来描述一个问题空间及其约束条件，然后反复运用软件工程、硬件工程和人员工程的手段来寻求问题空间的解。问题空间的表示存储于软件生命周期的支持环境中。DADP 遵循了面向对象的原则，综合自顶向下方法和自底向上方法，最大限度地标识复用的潜力，主要包括一些公共特征（支持水平复用）和特定领域特征（支持垂直复用）。DADP 方法的基本策略是标识、获取、组织、抽象和表示一个特定领域内的共性特征和个性差异，便于在一个组织好的领域知识主体内，有效地揭示生命周期中不同阶段的可复用性。DADP 方法主要分为标识领域、界定领域、分析领域和设计领域四个阶段。

（6）动态领域分析（DDA）。DDA 的具体分析过程为：①收集信息，确定领域范围；②区分共性、个性和动态元素；③描述领域中的各类元素。DDA 利用了面向对象技术，对领域中的动态元素进行分析，扩展了领域模型，提高了模型、体系结构及构件的独立性，支持运行时刻的模型变化，提升动态元素的包容能力。

DDA 的输出结果主要以动态领域模型（Dynamic Domain Model，DDM）的形式来进行体现，使用形式化的手段从问题域中获取领域分析结果。动态领域模型是软件复用资源生成的基础，也是开展领域分析后续活动的基础和指导方针。动态领域模型可以形式化定义为 DDM＝(C, V, D)。其中，C 为领域模型中的共性因素，记为 C＝(SC, CC)，SC（Structure Commonality）反映领域内一系列相似系统结构之间的共同特征，CC（Component Commonality）代表领域内一系列相似系统中相同或相似的构件；V 为领域模型中的个性因素；D 为领域模型中的动态因素，指明现有模型中可能发生变化的元素和可能对模型产生影响的成分。DDM 的个性因素代表了领域模型之间的个性差异，其复杂度和规模都远小于共性因素。从个性因素抽象出来的构件体现了在不同应用场景下系统所应该具备的特征。在 DDM 中，动态元素包括可能发生变化的元素及可能增加的元素。新增元素往往不具有确定的形态，通常需要以预测的形式来描述可能出现的动态实例。在这一过程中，需要领域专家给出两个以上的、差别较大的且有代表性的预测实例。对预测实例进行抽象描述，使其能够代表领域变化的总体趋势。当动态模型被实例化为应用模型时，需要对应用模型中的动态元素进行裁减和细化，其原因是，相对于动态模型而言，应用模型中的变化因素的适应范围要小些。

目前，很多领域分析方法还处于研究和实践阶段。通过分析和比较，可以看出这些方法的主要区别在于分析和建模工作的内容不同，分析工作的侧重点不同，工作产品的描述方式不同。

综上所述，领域分析不是一个孤立的过程，它与领域工程和应用工程的各个环节有着密切的关系。在应用工程中已经被广泛使用的各种方法、技术和原则，经过补充和修改后，都可以在领域分析过程中使用。同时，领域分析依赖于领域工程、应用工程、知识工程、人工智能和信息管理等学科的支撑。在进行领域分析时，应该有效地理解应用本身所处的语义环境，进而掌握由该语境所产生的系统需求。通常，对领域需要进行整体性的分析，而不是刻意去分析其中的某些实现细节，同时要注意领域分析的次序性。

通常，所有的领域分析方法都有着共同的出发点，同时又存在一定的差异，有着各自不同的适应环境。软件公司需要根据其具体复用情况，在具体的复用环境下，对领域分析方法进行综合性比较，确定一种合适的分析方法。在选择领域分析方法时，需要考虑如何将分析方法与应用系统开发过程紧密结合起来，使该分析方法所带来的收益最大化。

领域建模过程必须以业务领域为中心。我们说过让模型植根于领域并精确反映领域中的基础概念是建立模型的一个最重要的基础。通用语言应该在建模过程中广泛尝试，以推动软件专家和领域专家之间的沟通及发现要在模型中使用的主要的领域概念。建模过程的目的是创建一个优良的模型，为领域设计和领域实现奠定基础。

2. 领域设计

领域设计的主要目标是创建 DSSA。与领域分析模型一样，领域设计框架必须被一般化、标准化和文档化，使之能够在创建多个软件产品时被使用。领域设计框架一般化处理的步骤如下：

（1）将依赖关系从实现中分离出来，使之容易辨认和修改，以适应特定软件产品的需求，或者满足新应用环境与技术的需要。

（2）将框架分层，使软件资源（如过程和服务）可以按照特定应用、特定操作系统及特定硬件平台的要求进行分层。这样，将使领域设计框架更容易适应特定领域软件开发的需求。

（3）在每一层上，寻找适合领域设计框架的通用软件资源，然后以此为基础，寻找适合框架的其他基础性资源，如通信支持、用户界面、窗体管理、信息管理、事务管理和批处理控制服务等。通常，这样的软件资源是与环境密切相关的，可以作为水平复用的实例，其主要原因是它们可以在那些共享相同系统环境需求的多个应用中被使用。

由于可复用构件是根据领域模型和领域设计框架来进行组织的，因此在设计阶段，创建 DSSA 的同时形成了可复用构件的规约。

在领域工程中，可复用软件资源的选择是极为重要的。复用应该挑选那些具有最高复用潜力的软件资源，对其进行开发和自动抽取。复用元素的选择原则如下：

（1）在软件开发和维护过程中，最频繁使用的软件元素。

（2）提供最大利益的软件元素，如节省费用、节省时间、减小项目失败的风险及强化复用标准等。

（3）用于创建和维护对本公司具有重要意义的策略性软件元素。

（4）复用消费者（如领域专家、系统框架设计人员、软件开发人员和软件维护人员）所需要的软件元素。

针对领域模型所表示的需求，DSSA 给出的相应的解决方案是适应领域中多个系统需求的高层次设计框架。在建立领域模型之后，就可以派生出满足被建模领域的共同需求。由于领域需求具有一定的变化性，因此领域模型也应该是可变的。通常，采用多选一和可选的解决方案来做到这一点。对于领域模型中的必选需求，在 DSSA 中应该有与之对应的必选元素；

对于领域模型中的可选需求,在 DSSA 中应该有与之对应的可选元素;对于领域模型中的一组多选一需求,在 DSSA 中应该有与之对应的一组多选一元素。

在形成 DSSA 的过程中,一方面,要对现有系统的设计方案进行导入和归并;另一方面,由于现有系统处于特定的语义环境中,因此,在对该问题的不同解决方案进行归并时,经常会出现不匹配的情况。此时有两种选择,一种是加入适配器元素,将不同设计方案连接起来;另一种则是重新进行整体框架结构的设计,以体现现有的设计思想。无论采用何种设计手段,在对 DSSA 进行复审时,固定 DSSA 中的变化性成分,应该能够产生出具有相同或相似功能,且与现有设计相类似的解决方案。

领域设计要满足的需求具有一定的变化性,因此解决方案也应该是可变的。DSSA 的创建过程是以现有系统设计方案为基础的,领域设计的目标是把握已有的设计经验。因此,DSSA 的各个组成部分应该是现有系统设计框架的泛化,便于今后的实例化与信息参考。

领域分析的主要输出结果是领域模型。领域模型跟它所源自的领域有着密切的关联关系。领域设计应该紧紧地围绕着领域模型展开,领域模型自身也会基于领域设计的决定而有所增进。脱离了领域模型的设计会导致软件不能反映它所服务的领域,甚至可能得不到期望的行为。领域建模如果得不到领域设计的反馈或者缺少了开发人员的参与,将会导致必须实现模型的人很难理解它,并且可能找不到适合的实现技术。

3. 领域实现

领域实现的主要目标是根据领域模型、DSSA 开发和组织可复用软件元素。其主要活动包括:开发可复用软件元素;对可复用软件元素进行组织,一种重要的方法是将可复用构件加入可复用构件库中。这些可复用软件元素可能是利用再工程技术从现有系统中提取得到的,也可能是在新开发过程中获取的。

可复用构件的组织是根据领域模型和领域设计框架来完成的。在建立可复用构件库时,首先应该将这些可复用构件入库,描述它们之间的关联,阐明 DSSA 与其可复用成分之间的组装关系。在将实现级别的可复用构件入库时,要精细化构件与构件之间关系。这样,可复用构件库就可以参照 DSSA 来进行组织和管理了。

领域实现阶段的重要产品是与特定领域相关的可复用构件库。构件库中所包含的可复用构件覆盖了领域模型、领域设计框架和源代码多种抽象层次,体现为系统、框架及类的不同粒度和形态。在开发领域新应用时,通过复用构件库中的各种层次、不同粒度和形态的构件提高软件开发的效率和质量。

开发可复用构件的基本原则是从设计到编码必须遵循此前定义的 DDSA,与 DDSA 始终保持高度的一致,必须充分意识到代码质量对软件复用的基础性作用,可复用构件应该健壮、结构清晰且易于维护。应该采用适当的映射规则来指导设计元素到编程语言的映射过程。任何与原设计方案相偏离的内容都必须经过配置管理过程的接管与批准,以保证需求和设计规约得到及时的更新,避免出现新的矛盾。应尽量采取模块化、信息隐蔽和分而治之等传统的软件工程原则,减少构件与外部环境之间的依赖关系。应为可复用构件建立良好的接口规约,在代码前言和相关技术文档中列出它的接口清单,为每个具体接口提供简单的文本描述、类型规约、参数取值和对越界参数的处理方法等。参数化除了用于实现构件的功能之外,还有助于提高构件的可复用性。例外处理确保构件具有较高的鲁棒性。应该有效地利用编程语言,避免出现对效率影响较大的语言成分。为复用者提供效率调优的机会,帮助复用者选择正确的语言成分和恰当的设置环境。在可复用构件与 DSSA 之间要建立追踪机制，将可复用构件与其规约紧密地联系起来。在建立可复用构件库之后，应该对其进行复审。一种常用的方法是，参照领域模型和领域设计框架，利用可复用构件组装一个应用系统，以验证这些复用构件的有效性。

DSSA 定义了可复用软件资源的复用时机，从而支持了系统化的软件复用。这个阶段也可以视为复用基础设施的实现阶段。

领域工程是一个反复的、逐步求精的过程。在实施领域工程的每个阶段中都可能返回到以前的步骤，对以前步骤所得到的结果进行修改和完善，然后从当前步骤出发，在新基础之上进行本阶段的分析、设计和实现工作。

4.2.2　DSSA 的应用工程

应用工程是在领域工程基础上，针对某一具体应用所实施的开发过程。应用工程是对领域模型的实例化过程，可以为单个应用设计提供最佳的解决方案。应用工程和软件工程的所有步骤基本上是类似的，只不过是在每一步骤中都以领域工程的结果为基础实施开发活动。这样，用户在开发新应用系统时，就不必再从零开始了。

与一般的软件开发过程类似，应用工程可以划分为应用系统分析、应用系统设计和应用系统实现与测试三个阶段。在每一阶段中，都可以从构件库中获得可复用的领域工程结果，将其作为本阶段集成与开发的基础。在应用系统分析阶段，用户需求可作为领域模型中的具体实例，同时领域模型可以作为应用工程中用户需求分析的基础。在应用系统设计阶段，领域体系结构模型为应用的设计提供了相关的参考模板；在应用系统实现与测试阶段，软件工程师可以直接使用构件库中的构件来进行新应用的开发，而无需关心构件的内部实现细节。

（1）应用系统分析。本阶段的目标是根据领域工程所获取的分析模型，对照用户的实际需求，确认领域分析模型中的变化性因素或者提出新的应用需求，建立该系统的分析模型。其中，主要包括确定具体的业务模型、固定领域分析模型中的变化因素及调整领域需求模型等活动。终端用户的持续参与是建立良好的分析模型的关键。

（2）应用系统设计。应用系统设计的目标是以领域工程所获得的 DSSA 为基础，对照应用的具体分析模型，给出该系统的设计方案。应用系统设计的核心环节是根据系统的需求模型，固定 DSSA 中相关的变化成分。针对用户提出的新需求，本阶段应当给出与之相对应的解决方案。另外，如果与领域相关的知识有所增加，则可能需要对 DSSA 进行一定的调整，以优化领域工程的设计方案。

（3）应用系统实现与测试。以领域构架和构件为基础，对照具体应用的设计模型，按照框架来集成组装构件，同时进行必要的代码编写工作，以实现并测试最终的系统。

在开发阶段，应用工程将固定领域需求中的变化性因素。对于一个十分成熟的领域而言，对需求变化性因素的固定更适于在开发的后续阶段进行，以满足不同用户的实际需求。开发的后续阶段包括安装、启动和运行等。在安装阶段，通过系统剪裁固定可变性；在启动阶段，通过参数来实例化可变性；在运行阶段，通过动态配置来控制可变性。

4.2.3　领域工程与应用工程的关系

当在整个领域而不是单个系统范围内考虑问题时，我们会发现系统的一些特性是领域中所有应用所共同拥有的，另一些特性是部分系统所共有的，而其他特性只是个别系统所独有的。所有系统都具有的特征是该领域应用的本质特征，体现为该领域中系统的共性；而部分系统和个别系统所具有的特征体现为领域应用的变化性。识别共性和变化性是领域工程的核心内容。在本书中，变化性主要指在特定领域中具有普遍意义的可变特征，只是单个系统所具有的个性成分。由于不具有普遍意义而且缺乏复用的价值，一般对变化性因素不予考虑。

领域中的共性部分是通过领域中的所有应用来体现的，一旦得到实现之后，在应用工程中便不再作为关注的重点。选择和配置不同抽象层次的变化性因素将成为贯穿应用工程全过程的主要活动。因此，识别、描述和实现领域工程中的可变性因素对应用工程的开展实施具有重要的指导意义与实践作用，是领域工程中要重点处理的问题。在领域设计阶段，建立比较合理、灵活的 DSSA，将系统中的可变部分与固定部分分离开来，将系统成分在 DSSA 和构件之间进行合理的分配，把变化性因素封装为构件，是领域工程的核心任务及关键工作。

领域工程与应用工程之间是有区别的。在领域工程中，开发人员的基本任务是对领域中所有应用的需求进行抽象，而不仅局限于个别系统。在应用工程中，开发人员的主要任务是，以领域工程的成果为基础，针对特定需求产生一系列的具体设计方案。应用工程的行为和实现结果基本上是针对当前的特定应用而言的。因此，相对于应用工程而言，领域工程是在一个较高的层次上，对领域应用中的共同特征进行抽象，并通过领域模型和 DSSA 来表示这些共同特征之间的关联关系。

领域工程和应用工程之间又是互相联系的。一方面，应用工程所建立的系统包含了需求规约、设计方案和实现细节等多种信息，这些又是领域工程的信息来源；领域工程负责对应用工程各个阶段中的产品进行抽象；领域工程所获取的资源（如领域模型、DSSA 和可复用构件等）为本领域新应用的开发提供支持。另一方面，领域工程和应用工程都需要解决一些相似的问题，例如，如何从多种信息源中提取用户需求，如何表示需求规约，如何进行设计，如何表示设计模型，如何进行构件开发，如何在需求规约、设计框架和实现方案之间保持逻辑上的关联关系，以及如何对相关内容实施演化等。领域工程的步骤、行为和成果与应用工程是一一对应的。

由于领域工程与应用工程需要解决一些相似的问题，因此，在应用工程中被广泛使用的方法、技术和原则都可以在领域工程中加以利用，如结构化分析方法、面向对象设计技术、实体—关系图及数据流图等。但是，在将这些方法、技术和原则用于领域工程时，需要对其进行补充和修改，以适应新的环境，如需要增加多选一的表示手段和满足可变性的实现方案。

在某种程度上，领域分析可以看成一种知识获取的过程。人工智能学科已经提供了与知识获取、知识表示和知识维护相关的方法，这些都可以为领域分析提供支持，例如，机器学习和专家系统的研究可以解决领域工程中的知识获取问题，谓词逻辑、语义网络和产生式规则等知识表示方法可以用于解决领域知识的表示问题，超文本管理技术可以将复用信息进行可视化处理以便于信息的理解与管理。领域工程研究需要这些方法和技术的支持，同样这些方法和技术也会为应用工程的研究提供相应的帮助。

4.3 DSSA 的 参 与 者

DSSA 的参与者包括领域工程人员和应用工程人员。按照其所承担的任务不同，参与领域工程的人员可以划分为四种角色，即领域专家、领域分析人员、领域设计人员和领域实现人员。

领域专家包括该领域中有经验的用户、从事该领域系统需求分析、设计、实现及项目管理的软件工程师等。领域专家所完成的任务包括提供关于领域中的系统需求规约和实现知识，帮助组织规范一致的领域术语字典，选择样本系统作为领域工程的参考，以及复审领域模型和领域设计框架等相关产品。领域专家应该熟悉本领域中的设计方法、实现手段、硬件限制条件、未来的用户需求及技术走向等。

领域分析人员应该由具有领域专业知识、工程背景和领域实现经验的系统分析人员来担任。其主要任务是，控制领域分析过程，获取领域知识，并将领域知识组织到领域模型中，同时根据现有系统规约、标准规范来验证领域模型的准确性和一致性，实现领域模型的维护任务。领域分析人员应该掌握软件复用技术和领域分析方法，熟悉知识获取和知识表示的相关手段，了解编程语言与开发工具，具有一定的领域工程经验，以便分析领域中的相关问题。领域分析人员与领域专家应该在较高的抽象层次上进行交流，应该具有关联和类比的能力，以及与人合作的精神。

领域设计人员应该由有经验的软件设计人员来担任。其主要任务包括控制整个领域设计过程，从领域模型和现有应用系统发出，设计 DSSA，验证 DSSA 的准确性与一致性，建立领域模型和 DSSA 之间的关联关系。领域设计人员应该熟悉软件复用技术、领域设计方法及软件设计手段，同时应该具有一定的领域知识和领域经验，以便对领域中的相关问题进行分析、与领域专家进行及时的交流与沟通。

领域实现人员应该由有经验的程序设计人员来担任。其主要任务包括根据领域模型和 DSSA 开发可复用软件构件，或者利用再工程技术从现有系统中提取可复用软件构件，验证可复用构件，建立 DSSA 与可复用构件之间的关联关系。领域实现人员应该熟悉软件复用技术、领域实现手段及软件再工程方法，同时具有程序实现经验和领域工程经验。

和用户交谈的过程实质上是一个知识获取的过程。用户就提出的问题做出相应的解答，领域分析人员可以从他们的答案中挖掘出与本领域相关的基础概念。这些概念看上去可能是未经过精心雕琢、未经过系统组织的，但它们是理解领域的基础与出发点。领域分析人员需要尽可能多地从领域专家和用户那里学习领域知识。通过提出正确的问题，对得到的信息进行正确的处理，领域分析人员可以从中捕获本领域的专业知识和领域核心内容。经过多次反复的交谈与反馈，领域分析人员就会逐步地勾勒出领域的骨架视图，即领域模型。这种骨架视图是不完整的，同时也不能保证是完全正确的，但它是建立领域模型的出发点与基础。

通常，领域分析与设计人员都会和用户进行很长时间的讨论。领域开发人员希望从用户那里获取相关知识，并将其转换成有用的形式。从某种角度来看，领域分析与设计人员希望建立一种早期的原型系统以验证它的有效性。在领域建模过程中，可能会出现一些模型或方法中的问题，需要以此为反馈对模型进行完善。这种交流不再是从用户到领域开发人员的单向关系，而是一种具有反馈的双向关系。这会帮助领域分析与设计人员更好地对领域进行建模，对领域进行更清晰、更准确的理解。用户掌握了很多的专业技能和领域背景知识，他们按照特殊的方式组织和使用这些知识。这种知识的组织和使用方式很难应用到软件系统中。通过与用户之间进行多次的交流，领域开发人员会使用自己的分析型思维从交流的内容中挖掘出一些领域中的关键性概念，创建用于开发的概念之间的相互关联关系。掌握计算机知识的领域开发人员和具有丰富专业背景知识的用户应该通过交谈一起创建领域模型。领域模型是计算机领域和应用领域的交汇，模型的建立过程是非常消耗时间的。花费大量的时间去建模是有意义的，因为软件最终的目的是解决真实领域中的业务问题，所以它必须和领域进行完美的结合。

按照其所承担的任务不同，参与应用工程的人员可以划分为系统分析人员、系统设计人员和系统实现人员三种角色。

系统分析人员是指完成系统分析任务的项目组成员，另外系统设计人员、系统实现人员和用户也会参与系统的分析任务。系统分析人员是完成系统分析任务的主要承担者和任务协调者；系统设计人员是系统设计和任务实施的主要承担者，完成一部分系统分析工作；系统实现人员也参与部分系统的分析任务；用户是指系统最终使用者或其他利益相关群体。系统分析是软件生命周期中的第一步，它为系统设计和系统实现提供依据。系统分析人员对新应用进行综合考察，以领域分析模型为基础，结合系统的个性差异，获取其应用需求。

系统设计人员是系统的技术专家，对选择何种信息技术及根据所选择的技术来设计系统非常感兴趣。他们不关心具体的业务需求，而是专注于某些专业技术。系统设计人员根据应用需求，以领域设计框架为基础，给出应用系统的整体结构。系统设计人员将系统用户的业务需求和约束条件转换为可行的技术解决方案，设计满足用户需求的网络架构、数据库、输入/输出和用户界面等。系统设计人员主要包括以下六类：

（1）网络架构人员：掌握网络技术和电信技术的人员，设计网络环境配置方案。

（2）Web 架构人员：了解 Web 技术的人员，设计组织内部的 Web 站点，公共的 Web 站点，以及组织对组织的 Web 站点。

（3）数据库管理人员：熟悉数据库技术的相关人员，负责设计信息系统的数据库。

（4）人机界面设计人员：设计实用、美观的输入/输出和交互界面，实现用户与应用系统之间的交互。

（5）系统框架设计人员：对系统进行功能划分，每一个内聚性较强的功能模块被视为一个概念构件。

（6）安全专家：掌握网络安全技术和数据完整技术的相关人员。

总之，系统设计人员将应用需求转换为可行的技术解决方案，构造系统的最终设计蓝图，审视系统的框架结构。

系统实现人员对设计框架中的概念构件进行分类，若构件库中存在与之相符的实现构件，则直接进行复用；若存在相似的实现构件，则对其进行修改并符合要求后进行复用；若不存在相符和相似的实现构件，则需要进行重新开发。按照整体设计框架，系统实现人员将构件连接起来，以创建应用系统。系统实现人员主要包括以下七类人员：

（1）应用程序员：擅长将业务需求、问题描述和流程陈述转换成计算机语言；开发测试用于捕捉和存储数据的程序，为计算机应用程序定位和检索数据。

（2）系统程序员：开发、测试和实现操作系统级的软件、工具和服务的相关人员；开发供应用程序员所使用的可复用的软件构件。

（3）数据库程序员：掌握数据库技术的相关人员；开发应用程序，用于构造、修改、使用、维护和测试数据库。

（4）网络管理人员：设计、安装、维修和优化计算机网络的人员。

（5）安全管理人员：设计、实现、维修和从事网络安全及隐私控制的人员。

（6）Web 站点管理人员：配置和维护 Web 服务器的相关人员。

（7）软件集成人员：集成软件包、硬件和网络环境的人员。

DSSA 涉及领域工程与应用工程两个环节，二者之间有着相辅相成的联系。领域工程指导应用工程的分析、设计与实现，反过来，应用工程的结果又促进领域工程结果的改进与完善。曾经发生过分析人员和领域专家在一起工作了若干个月，一起发现了领域的基础元素，强调了元素之间的相互关系，创建了一个正确的模型，模型也能捕获领域知识。当模型被传递给开发人员时，开发人员可能会发现模型中的有些概念或者关系不能被正确地转换进实际的系统。所以他们使用模型作为灵感的源泉，创建了自己的设计。虽然某些设计借鉴了模型的思想，但他们还增加了很多自己的新东西。开发过程继续进行，更多的类被加入到设计中，进一步加大了原始模型和最终实现之间的差距。在这种情况下，很难保证产生优良的输出结果。

如果分析人员独立工作，他们最终会创建出一个好的模型。当这个模型被传递给开发人员时，分析人员的一些领域知识和模型就丢失了。虽然模型可以被表现成图或者文字的形式，但极有可能的情况是开发人员不能掌握整个模型、某些对象的关系或者他们之间的行为。模型中的很多细节不适合表现成图的方式，甚至也可能不能完全用文字来表现。开发人员需要花费大量精力去处理它们。在某种情况下，他们会对想要的行为做出某种假设，这极有可能让他们做出错误的决定，最终导致错误的系统功能。分析人员会频繁地参加领域讨论会议，享有很多知识。建立假定包含了所有信息的浓缩模型，开发人员不得不阅读所有他们给的文档以吸收精华。如果开发人员能够加入分析讨论会议，并在开始设计编码前获得清晰、完整的领域和模型视图会更有效率。一个更好的方法是紧密关联领域建模和设计。在构建模型时就考虑到设计与实现，开发人员加入到建模的过程中来。主要的想法是选择一个能够恰当在软件中表现的模型，这样设计过程会很顺畅并且以模型为基础来开展的。因此，应该使用领域工程人员与应用工程人员都参与 DSSA 的各个阶段，如果条件不允许，至少各个阶段的主要负责人要参与全过程。

4.4　DSSA 的生命周期

与传统的软件工程一样，DSSA 的开发也存在着生命周期。R.Balzer 提出一个基于 DSSA 的软件开发生命周期，如图 4-1 所示。

如图 4-1 所示，对领域进行分析建立领域模型，领域模型是领域设计的出发点，同时是应用需求分析的参照；以领域模型为基础，设计 DSSA 的参考规范和复用构件，同时为应用系统的设计提供参照。参考 DSSA 和应用的个性差异，设计应用系统的框架结构；按照系统的框架结构，从构件库中检索可复用的软件构件或重新开发所需的构件，创建应用系统。在设计实现过程中，总结不满足规范的约束和差错，用以完善 DSSA 参考规范。应用需求的变动和模拟执行结果也为 DSSA 参考规范的修改提供依据。在整个生命周期中，应用设计实现复用了领域设计实现的相关成果，反过来又促进了领域设计实现方案的完善。

DSSA 的生命周期与复用技术有着密切的关联关系。软件开发的费用是极其昂贵的，通过复用可以降低成本。软件工程技术已经开始成熟，积累的软件资源非常丰富，为复用提供了前提条件。在基于 DSSA 的软件开发过程中，复用日益受到人们的重视。

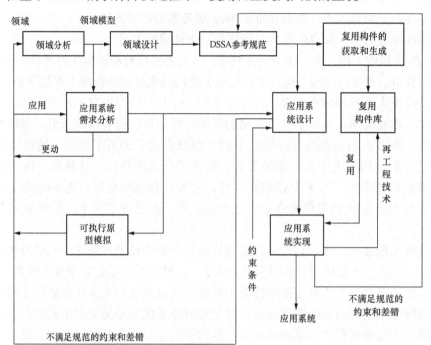

图 4-1　DSSA 的生命周期

软件复用是从已有资源出发，寻求建造新应用系统的过程，是相关技术、方法和过程结合的产物。广义地说，复用的对象包括概念、体系结构、文本、需求、分析、设计和编码等方面的重复使用。基于 DSSA 的软件开发对复用的要求是多方面的，主要表现在以下四个方面：

（1）跨越网络协议、体系结构、操作系统、程序设计语言和地址空间边界的大范围共享复用。

（2）以可复用构件为基本单元实现软件工业化生产，有效地降低开发成本，提高生产效率和系统可靠性。

（3）以高度抽象的可复用构件为基础，实现领域专家主导的软件设计，使应用系统具有针对性和动态演化能力。

（4）开发高阶可复用构件，有效开拓复用的深度和力度。

系统地进行复用的关键是明确应用领域，更加准确地说是确定共享设计决策的软件系统集合。基于 DSSA 的复用是软件工程的一种范型，从建造单个系统上升为根据 DSSA 来创建一系列需求相似的应用系统。研究基于 DSSA 的软件开发，必须把 DSSA 复用作为一个主要的组成部分。DSSA 复用的特征体现在以下六点：

（1）为了确定不同粒度的最佳构件复用集，必须对领域有一个深入而透彻的了解；对领域的了解是通过领域模型的建立与分析来完成的。

（2）领域模型和参考体系结构清楚地定义了领域的共同特征。由于领域是特定的，根据参考体系结构，将为软件复用提供最佳切入点。

（3）参考体系结构的复用驱动了共同域设计方案的复用。

（4）参考体系结构为复用提供了通用框架，避免了在构件集成时所出现的组合问题。

（5）建立复用构件库，必须以领域模型和参考体系结构为基础。

（6）领域模型、参考体系结构和构件库都将随着领域应用需求的变化而不断地发生演变。

4.5 DSSA 的 建 立

实际上，DSSA 是一种软件构件的集合，它采用标准的结构和协议来进行描述，是专门针对某一类特定任务所设计的。将 DSSA 在整个领域中进行推广，可以解决具有类似功能的应用问题。在较大的范围内，DSSA 为某一类问题提供了一个总括的软件设计方法。基于 DSSA 的软件开发方法将设计者的注意力完全集中在当前问题的个性化需求上，而不必考虑那些被 DSSA 认为是普遍的、公共的需求，节省了设计的时间与成本。参考 DSSA 的相关内容，软件工程师提供该问题的特定需求描述。综合领域模型和应用的个性化需求，根据 DSSA 的设计框架，就可以生成该问题的解决方案。

DSSA 由领域模型、参考需求和参考体系结构三个部分组成，此外，还包括框架/环境支持工具和抽取评估工具。其中领域模型是 DSSA 的关键成分，它是领域内各系统共同需求的抽象，描述了领域内应用需求的共同特征。领域模型所描述的需求通常称为参考需求或领域需求，是通过考察领域中已有系统的需求而获取的。当领域中存在着大量系统时，我们需要选择它们的一个子集作为样本系统。对样本系统需求的考察将显示领域需求的作用范围。一些需求对所有被考察系统是共同的，而一些需求是单个系统所独有的。依据已获取的领域需求，可以建立领域模型。领域模型是一个半形式化的领域描述，映射出领域的真实需求，它创建一个了综合性的知识库，并影响着领域中的所有开发活动和集成过程。参考体系结构是一个统一的、相关的和多级的软件体系结构规范，这个规范被当作开发活动的指南，它将设计限制在低层，并支持互操作和软件复用。

分析阶段需要采用一定的领域分析方法、技术手段和管理机制作为保障，是一个反复迭代和逐步求精的过程。在领域分析的每个阶段，都可能返回到以前的步骤，对以前步骤所获得的结果进行修改和完善，然后再回到当前步骤，在更新后的资源基础之上，进行本阶段的设计与开发活动。

领域分析和应用分析都需要解决一些相似的问题，例如，如何从多种信息源中获取需求，如何表示需求规约，如何设计系统模型，如何进行构件开发，以及如何对需求规约、设计模型和实现方案进行演化等。因此，应用分析所使用的方法、技术和指导原则经过适当的修改与完善之后，仍然适用于领域分析过程。

Arango 和 Prieto-Diaz 在总结各种领域分析方法的基础之上，提出了 DSSA 领域分析的过程框架，如图 4-2 所示。

图 4-2 显示了领域分析过程所涉及的主要输入、输出、控制和过程。领域分析活动的信息源即领域知识，主要包括领域内遗留系统中的各种形式信息，如源代码、技术文档、设计方案、用户手册、测试计划及当前未来的领域需求。在应用工程环境中，领域分析人员和领域专家利用一定的领域分析方法和技术对领域中的相关知识进行捕获、识别和验证。对所提取的领域标准、领域模型和框架结构等可复用软件资产进行分析和抽象，形成了可复用的基础设施。

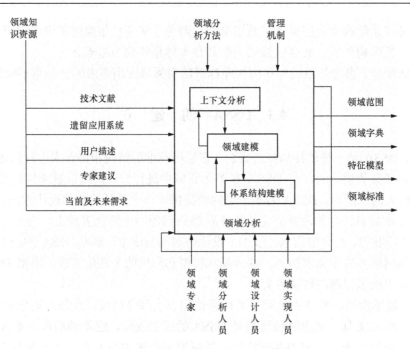

图 4-2　DSSA 领域分析的过程框架

在建立领域模型时，首先要了解相关的背景知识，分解场景，撰写领域字典；然后从场景中提取对象集合，描述对象之间的关联关系，依次绘制出实体—关系图、数据流图和状态转换图；最后从中提取对象模型，进而生成领域模型。采用 UML 来描述领域模型，UML 参考了 OMT 与 Booch 方法，融合常用的一些面向对象分析设计方法，其特点是便于表达软件系统的分析与设计工作。

领域分析主要包括领域标识、领域界定和领域建模三个阶段。

领域标识包括以下四个步骤，并在此基础上开发领域上下文模型。

（1）标识信息：为可靠的领域技能和文档资源提供必要的信息源。

（2）采集领域信息：收集领域信息，为领域描述做准备，其目的是开发一个领域知识分类体系，记录文档源和信息类型。

（3）描述领域：分析过程中的一个一般性描述，说明领域内的子领域、子领域之间的相互关系、领域所包含的系统、系统和子系统的类型特征，以及按共性、公共功能和性能的分类结果。

（4）验证领域描述：证实领域描述信息的真实性，给出事务过程模型、数据模型及需求规范文档。

领域界定对领域标识的结果进行确认，以便在此基础之上进行一系列的领域分析活动；建立用于定义领域边界和校验领域范围的相关标准，主要包括领域技能的实用性、一致性的领域开发方法及可用文档的质量要求等。

领域建模综合问题空间信息，标识公共特性，识别对象及其之间的关系，确定系统行为，描述约束条件和开发公共对象模型；确定公共对象自适应需求，校验领域模型。其目的是合并和分类现有的分析信息，必要时需要对现有源代码使用再工程技术。通过领域建模，可以获取用于分析领域的相关图形化描述信息，如实体—关系图、对象约束图和事务过程图等。

领域开发生成了公共对象模型，集成了对象联系模型和对象行为模型。此外，还包括每个对象和类所需的并发特征、逻辑、算法及外部接口的设计工作。

经过上述三个阶段的处理，所获取的领域模型主要包括以下两个方面：

（1）顶层主题图、顶层整体—部分图、顶层一般—特殊图、领域服务、领域依赖、领域字典和文本化说明描述。

（2）领域原型模型、领域功能模型、领域动态模型、领域对象模型和领域信息模型。

建立特定领域体系结构的基本思想是，针对某个特定应用领域，对领域模型和参考需求加以扩充，从而得到该领域的软件体系结构。因为获取的 DSSA 充分体现了领域的共性，所以对于领域中的各个应用系统都是适用的。根据 DSSA 和应用的个性需求，项目开发人员设计软件系统的参考体系结构，为软件开发提供了一种良好的复用手段，大大提高了软件开发的效率。

因为所处的领域不同，DSSA 的创建过程也各有差异。Tracz 提出了一个通用的 DSSA 创建过程，这一过程需要根据所应用的领域来进行调整。一般情况下，需要用所应用领域的开发者习惯使用的工具和方法来建立 DSSA 模型。同时，由于新应用的开发和对现有应用的维护都要以 DSSA 参考体系结构文档为基础来进行，Tracz 强调了 DSSA 参考体系结构文档的重要性。Tracz 所提出的通用 DSSA 过程要求满足以下几个前提假设：

（1）一个应用程序可以被定义成它所实现的功能集合。

（2）用户需要的功能可以被映射到一个系统需求集合中。

（3）达成系统需求的方式有多种。

（4）实现约束限制了能够满足系统需求方式的数目。

该过程的目标是，以一组实现约束为基础，把用户需求映射成系统需求和软件需求，利用系统需求和软件需求来定义 DSSA。

DSSA 的建立过程分为五个阶段，每个阶段还可以进一步地划分为一些步骤或子阶段。每个阶段包括一组需要回答的问题、一组需要的输入及一组将要产生的输出和验证标准。本过程并发地、递归地和反复地执行，是一个螺旋模型。在 DSSA 的创建过程中，需要对每个阶段遍历几次，每一次遍历都需要增加更多的细节。DSSA 创建过程包括以下五个步骤：

（1）定义领域范围。确定什么在感兴趣的领域之中，以及本过程到何时结束。这个阶段的主要输出是领域的应用需求和一系列的用户需求。

（2）定义领域特定元素。编写领域字典和领域术语的同义词词典，增加更多的细节，以及识别领域中应用之间的共性和个性差异。

（3）定义领域特定的设计方案和实现需求约束。在解空间中，描述有差别的特征，不仅要识别出约束，而且要记录约束对设计和实现决定所造成的后果，同时记录处理这些问题时所进行的讨论。

（4）定义领域模型和体系结构框架。其目标是产生适用于一般问题的体系结构，并说明构成它们的模块或构件的语法与语义。

（5）产生和收集可复用的产品单元。为 DSSA 增加构件，用于创建领域中的新应用。

在创建过程中，将用户的需要映射为基于实现限制的软件需求，利用这些需求来定义 DSSA。在领域分析过程中，并没有对系统的功能性需求和实现限制进行区分，而是统称为需求。要想建立一个理想的 DSSA，要求开发人员必须精通所在的应用领域，能够找到一种合适的方式来区分功能性需求和实现限制，以保障 DSSA 的通用性和复用性。

特定领域软件体系结构是以领域分析结果为基础建立起来的，适用于特定领域中的各个应用，实现了大规模的软件复用，提高了开发效率。DSSA 主要通过四个方面的复用来提高软件的开发效率。

（1）领域复用：包括领域模型的复用和需求分析的复用。

（2）基础资源的复用：包括 DSSA 的复用和构件的复用。

（3）过程复用：包括领域工程复用和应用工程复用。

（4）软件开发人员的组织是 DSSA 的一个映射，也是可复用的部分。

此外，DSSA 必须运用灵活的创建方法和增量式的构造方式，在文档中应该为用户提供复杂度不同的领域描述框架，这样用户才能修改隐含的领域知识，将它加入到自己的应用系统设计架构中。

对于成功的软件复用而言，发现并利用相关软件系统之间的共性是一个基本的技术需求。因此，在领域分析过程中，应该考虑到在此基础之上软件复用效率的最大化问题，而这又将依赖于 DSSA 中共性与可变性的良好分离。可变性的绑定时间同样会对 DSSA 产生很大的影响，处理这个问题的有效手段是保证 DSSA 的逻辑边界与物理边界一致，否则就需要对相关特征进行分解和细化。这种处理手段强调了特征与 DSSA 构件之间的对应关系。高内聚低耦合也是一个提及较多的复用设计准则，具有强数据或控制依赖的特征应该分配到一起，以减少通信量。总体来说，DSSA 的设计应该满足领域模型中的依赖关系和相关约束信息，同时应该以适当的方式来支持可变特征的绑定。DSSA 的设计原则主要包括以下几点：

（1）分离共性和可变性，提高构件的可复用性。

（2）满足模型中可变特征的不同绑定时间的要求。

（3）尽量降低构件的复用成本，提高复用效率，其中，复用成本体现为复用者对构件的定制成本，而复用效率体现为构件的粒度和功能。

（4）保持 DSSA 模型与特征模型中元素边界的一致性，DSSA 应该体现出清晰的逻辑边界。

（5）开发特定领域范围内的类属和广泛适用的领域构件，实现最大限度的软件复用。

（6）领域知识和领域基础结构的形式化表示，作为领域建模的信息源。

（7）领域分析过程的细化描述，方便开展建模工作。

（8）领域产品的层次化处理，便于领域工程与应用工程的实施。

4.6　基于 DSSA 的软件开发

特定领域软件体系结构反映了领域内各系统之间在总体组织、全局控制、通信协议和数据存取等方面的共性和个性差异，非常适合描述复杂的大型软件系统。越来越多的研究人员正在把注意力投向特定领域软件体系结构的研究中。随着研究的不断深入，软件复用的层次将越来越高。在开发新应用系统时，对系统结构和构件进行复用，把主要精力投入到软件的新增功能上，这样可以大大地提高软件项目的开发效率。

很多复杂问题难以直接求解，我们可以将其分解为稍微简单的问题，这些简单问题解的合成就是复杂问题的答案。分解过程将不断地进行，可能一直要分解到基本成分。为编程语言开发编译器就可以看成编译器构造问题的一个实例。经过多年的研究，人们发现从逻辑上编译过程可以划分为词法分析、语法分析、语义分析、中间代码生成、中间代码优化和目标代码生成等几个阶段，不同高级程序语言的编译器只不过是在各个阶段有所区别而已。针对编译过程的划分，可以设计出编译器的系统框架。在设计不同语言的编译器时，可以复用这一框架，同时复用其他遗留编译器的相关构件。例如，Colorado 大学以这一系统框架为基础，创建了编译器 Eli，并成功地运用于各种开发环境之中。这一框架就是编译器的软件体系结构。使用 DSSA 方法可以很快地为一种新语言创建相应的编译器。Eli 的成功为 DSSA 开发方法指明了发展的方向，加快了软件开发的速度，提高了软件复用的效率。

可以使用这种方法来进行求解的问题称为复合问题。经过分析，复合问题能够被分解为成分问题。对复合问题和解决方案的理解包括以下三个方面：

（1）如何将一个复合问题分解为成分问题。

（2）如何解决每个成分问题。

（3）如何将成分问题的解组合成复合问题的解决方案。

如果想利用 DSSA 来解决某类应用问题，那么首先需要对问题所属的领域有一个清晰的认识。必须能够利用数学模型对领域基本需求进行建模，因为只有这样的问题，DSSA 框架才能在其设计与实现中被应用并充分地发挥其优势。

一般的软件开发过程总是针对某个特定系统而言的，获取其需求，设计其构架。基于 DSSA 的开发方法则与此不同，它不以开发某个特定的应用为目标，而是关注某个特定领域，通过对特定领域进行分析，得到相应的领域模型，以此为基础，设计相应的体系结构参考架构。在随后的应用开发中，对照应用需求和参考需求，配置参考架构，选取合适的构件，完成应用项目的开发过程。因而，DSSA 开发方法的重点不是应用，而是复用，最终目的是开发领域中的一族应用程序。使用这种方法，有助于对问题有一个更广泛、更深刻的理解，有助于开发面向重用的领域框架和构件，同时有助于提高软件的生产效率。DSSA 和应用系统架构之间的关系如图 4-3 所示。

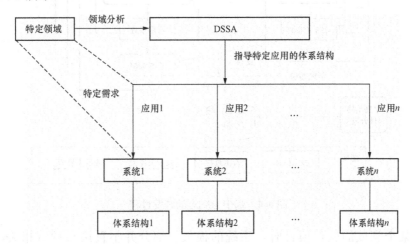

图 4-3　DSSA 和应用系统框架之间的关系

当开发实际应用系统时，可以从两个不同的角度来进行考虑，即领域工程的角度和应用工程的角度。将领域工程与应用工程相结合，可实现特定领域的软件开发。将当前应用需求与领域模型进行比较，系统分析人员就可以很快地建立当前应用的系统需求。也就是说，领域模型可以辅助开发者理解一个应用领域，并可以作为应用分析的起点。一旦确定了当前应用的系统需求，就可利用该需求模型与 DSSA 之间的可追踪性，根据 DSSA 来构造该应用的体系结构框架。这种体系结构框架是一种高层的设计表示，提供了应用的开发基础。根据应用的体系结构，开发者可以从构件库中选取或定制开发可复用构件，利用构件来实现应用系统。随着领域需求的变动和领域理解的进一步深入，需要对 DSSA 进行更新与完善，这又将启动新一轮的领域工程。在创建 DSSA 的过程中，同时获得了适应 DSSA 的可复用软件构件。因此，领域工程和应用工程都是一个反复迭代的过程。在应用工程中，随着软件数量的逐渐增加，我们可以对所有系统的个性差异进行总结，获取其中的共性特征。这些共性特征将作为反馈，启动新一轮的领域工程，以完善 DSSA。反过来，在特定领域中，经过完善的 DSSA 又将促进应用系统的开发效率，提高所开发软件产品的质量。

从应用开发者的角度来看，软件分析阶段和软件设计阶段的主要任务是从 DSSA 中导出特定应用的体系结构框架。软件实现阶段的主要任务是根据系统体系结构框架来选择构件，以实现该应用系统。因此，在整个生命周期中，DSSA 和可复用构件始终是开发过程中的核心内容。基于 DSSA 的开发过程如图 4-4 所示。

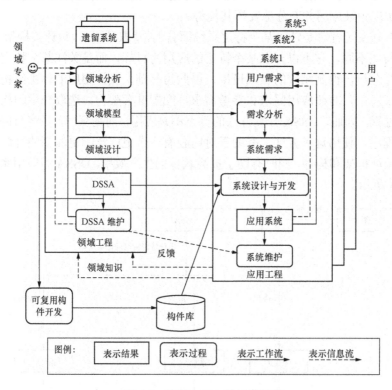

图 4-4　基于 DSSA 的开发过程

当开发某个领域的软件项目时，系统的很大一部分并不直接与领域相关，而只是基础设施中的一部分或者是为系统提供服务的相关模块。在设计与实现过程中，最好让系统中与领域相关的模块尽可能少地和其他部分掺杂在一起。一个典型的案例包含了很多数据库访问、文件访问、网络访问及与用户界面交互的程序代码。在面向对象编程中，用户界面、数据库及其他支持性代码经常被直接写到业务对象中，所附加的业务逻辑则被嵌入 UI 构件和数据库脚本的行为之中。原因是，在程序中可以很方便地修改和维护领域相关的业务逻辑代码。如果将与领域相关的业务逻辑代码混入其他层时，阅读和思考工作就会变得极其复杂了。表面看上去是对用户界面的修改，却变成了对与领域相关的业务逻辑的修改。对业务逻辑规则的变更需要谨慎地跟踪和查看用户界面层代码、数据库代码及其他程序元素。

　　为了解决这一问题，在基于 DSSA 的设计与实现过程中，应该将一个复杂的应用问题切分成层。开发每一层中内聚模块，让每一层仅依赖于其下层的构件。遵照标准的架构模式，降低层次之间的耦合度。将与领域业务逻辑相关的代码集中到一个层次中，把它从用户界面、数据库和基础设施代码中分离出来，释放领域对象的显示、保存和管理职责，让它专注于展现领域模型。这会让一个模型更方便地吸纳更多的领域知识，更清晰地描述基础业务逻辑，使领域模型可以正常地发挥作用。对于每个活动中所涉及的技术和逻辑，必须保持其设计的简洁性，以便于代码的阅读和理解，降低业务逻辑的修改难度。

　　在特定领域中，虽然 DSSA 是系统组织结构中相对稳定的部分，但是随着领域需求的不断变化和对领域理解的进一步深入，将启动新一轮的领域工程，对 DSSA 进行演化，其演化过程如图 4-5 所示。

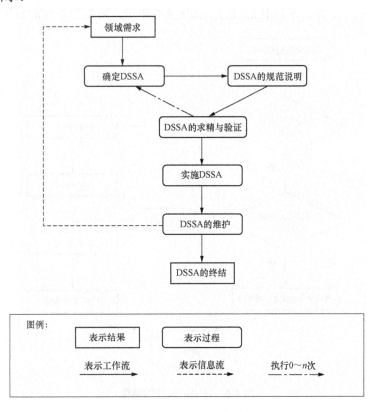

图 4-5　DSSA 的演化过程

DSSA 的演化过程如下所述：

（1）根据领域需求确定 DSSA。描述满足领域需求的由构件、构件之间的连接及约束所表示的系统体系结构。

（2）DSSA 的规范说明。运用合适的形式化数学理论对 DSSA 模型进行规范定义，得到 DSSA 的规范描述，以使其创建过程更加精确并且无歧义。

（3）DSSA 的求精及验证。DSSA 是通过从抽象到具体，逐步求精而得到的。在 DSSA 的求精过程中，需要对不同抽象层次的 DSSA 进行验证，以判断具体的 DSSA 是否与抽象的 DSSA 的语义之间保持一致，并能实现抽象的 DSSA。

（4）实施 DSSA。将 DSSA 实施于领域的系统设计之中。

（5）DSSA 的维护。经过一段时间的运行之后，领域需求可能会发生变化，要求 DSSA 能够反映需求的变化，维护 DSSA 就是将变化了的领域需求反馈给领域模型，促使 DSSA 的进一步修改与完善。

（6）DSSA 的终结。当领域需求发生巨大变化时，DSSA 已经不能再满足领域的设计要求，此时就需要摒弃原有的 DSSA。

在 DSSA 的演化过程中，（1）～（3）可能要反复地进行多次，以保证最终的 DSSA 的正确性、可行性和可追踪性。

在创建 DSSA 的过程中，同时要导出适应 DSSA 的可复用软件构件。在 DSSA 的演化过程中可能会生成新的可复用构件，也可能需要对库中已有的构件进行修改与更新。因此，可复用构件也有其产生、发展和演化的过程，如图 4-6 所示。可复用构件的演化步骤如下：

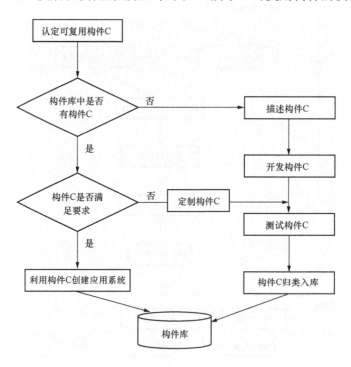

图 4-6　可复用构件的演化

（1）从 DSSA 中导出系统体系结构所认定的可复用构件 C。

（2）查询构件库，查看构件库中是否有构件 C，若有则转（5）。

（3）描述构件 C。

（4）根据 C 的描述来开发构件，然后转（7）。

（5）查看构件库中的构件是否满足要求，若满足则转（9）。

（6）构件库中的构件不能完全满足要求，对其进行定制开发获取所需的构件 C。

（7）测试所开发的构件 C。

（8）将构件 C 进行归类，放入可复用构件库中。

（9）应用满足要求的构件 C 来创建应用系统。

在可复用构件的演化过程中，需要通过专有工具对构件库进行配置管理，使构件的版本之间保持一致。

4.7　DSSA 与软件体系结构风格

在软件体系结构的发展过程中，因为研究者的出发点不同，出现了两种互相交叉的方法和学科分支，即以问题域为出发点的 DSSA 和以解决域为出发点的软件体系结构风格。DSSA 对特定领域设计专家的知识进行提取、存储和组织，以形成模板，应用于该领域中具有相似特性的其他系统开发中。DSSA 可以同时使用多种体系结构风格。当领域专家知识与某种体系结构风格相结合时，可以将体系结构风格中的公共结构和设计方法扩展到应用领域中去。通常，在 DSSA 的领域参考体系结构中，可以选用一种或多种体系结构风格设计该领域的一个专用体系结构分析与设计工具。然而，该方法所提取的专家知识只能适用于一个较小的范围，即特定领域中的一类问题。由于不同领域的参考体系结构之间很少有交叉之处，所以为一个领域开发的 DSSA 支持工具在另一个领域中往往是不适用的。此外，软件体系结构风格的定义与其所应用的领域是垂直的，提取的设计知识比用 DSSA 所获取的领域专家知识的应用范围要广泛。一般而言，软件体系结构风格可以避免涉及特定的领域背景知识，所以为一种体系结构风格建立的设计环境的成本要比为一个 DSSA 参考体系结构建立支持工具的费用低很多。DSSA 和软件体系结构风格是互为补充的两种技术。在大型项目开发中，基于领域的设计专家知识和以风格为中心的体系结构设计专家知识都扮演着非常重要的角色。

4.8　DSSA 对软件开发的意义

DSSA 是一门以软件复用为核心的技术，研究系统框架的获取、表示和应用等问题的软件方法学。在应用领域中，DSSA 强调对重复出现的应用的解决方案的抽象提取过程。DSSA 是领域应用的整体或部分的可复用抽象设计，适应该领域内一组相关问题的求解过程，可以作为应用开发的半成品，具有较大的重用粒度。具体地说，DSSA 对软件开发过程的意义有以下五点：

（1）具有更好的可操作性和可行性。从本质上说，软件开发方法是完成从需求向实现转换的一种手段与途径。为了完成这个转换，传统的软件开发主要围绕着数据结构和算法设计，直接建立从问题空间到解决方案空间的映射。因此，成功实现某一应用系统将会过分地依赖于项目开发人员。

随着 IT 技术的不断发展，出现了基于软件体系结构的开发方法。它强调软件的整体框架设计，在整体框架的约束下补充一定的设计方法来实现所要求的应用系统。实际上，这种方法是将描述一类相似系统框架结构的抽象层从系统解决方案空间中分离出来。在应用开发中，通过系统框架结构抽象层，间接地将问题空间映射为解决方案空间，实现该软件系统。在现实应用中，由于问题空间的边界、抽象的力度和实现技术的复杂度等因素的影响，其可操作性并不理想。

基于 DSSA 的开发继承了软件体系结构的相关优点，采用分而治之的思想，将问题空间划分成不同的领域；对领域应用的整体或部分进行设计，获取领域内一组相关问题的解，从而实现该领域的通用解决方案。DSSA 开发方法主要是针对某一具体领域而进行的，缩小了问题的研究与解决范围。实践证明，相对于软件体系结构开发方法而言，基于 DSSA 的开发其可操作性和可行性更强。

（2）基于 DSSA 的开发方法更高效、更实用。软件体系结构是对算法和数据结构的更高层的抽象，但是在一定程度上，过度抽象化会降低体系结构的指导作用，其原因是过度抽象、宏观的通用架构将使开发过程变得更加复杂，而且难以实现。基于 DSSA 的开发方法给出了领域共性问题的参考解决方案，降低了体系结构框架设计的复杂性，增强了实用价值。使用 DSSA 开发方法，项目开发人员能够把注意力和精力完全集中在系统的个性差异上，提高了软件开发效率。

（3）DSSA 开发方法使软件项目投资的成本最小化。

（4）对领域进行建模，吸纳更多的领域知识，为特定应用的求解提供信息源。

（5）领域分析过程化，有利于对分析过程进行动态建模，便于 DSSA 的更新与完善。

同一领域的系统需求和功能必然具有显著的共性，其实现也常常是相似的，如工作流程、评估体系、团队组织、测试计划、集成方案和技术文档等。因此，研究 DSSA 具有重要的理论意义和实际应用价值。特别地，DSSA 与设计模式和标准化构件技术结合起来，能够以最好的方式来创建特定领域的软件产品。

4.9　DSSA 的应用实例

目前，国内外许多软件公司都在使用面向特定领域的软件集成开发环境来实现软件项目，并取得了一定的成功，如北京大学实现的"支持构件复用的青鸟Ⅲ型系统"、美国 WINNER 公司实现的"酒店管理系统开发环境"和日本 OMRON 公司实现的"超市管理系统开发环境"等。其中，青鸟Ⅲ型系统是"九五"攻关的一项重要研究成果，为基于体系结构的构件工业化生产技术提供了全面的支持。该项目主要包括：给出青鸟构件模型和构件描述语言；支持专业化的构件生产，有目的进行构件开发，采用再工程技术从遗留系统中获取构件；采用领域工程技术，支持专业化的体系结构开发；强有力的构件库和体系结构库管理；支持软件过程的设计与控制；支持基于构件复用和体系结构复用的应用系统组装。

1991 年，美国国防部的 DARPA（Defense Advanced Research Projects Agency）组织发起 DSSA 研究计划。整个计划由六个独立的项目组成，其中四个应用于特定的军事领域，两个是针对特定领域软件开发基础技术的。该计划由军方、工业界和学术界共同参与完成。在研究过程中，产生了许多领域参考体系结构和设计分析工具，如航空电子、指挥监控、GNC（引导、导航和控制）及适应性智能系统等。DARPA 的 DSSA 计划所取得的成果包括以下四个方面：

（1）Honeywell/Umd 为智能 GNC（Guidance Navigation and Control）系统开发了快速说明和自动代码生成器 Contro1H，同时给出了一个实时操作系统，这些工具被应用于 NASA 飞行控制系统的体系结构设计中。

（2）IBM/Aerospace/MIT/UCI 开发了一个适用于航空电子领域的软件体系结构，给出了大量形式化描述工具，使需求定义的速度提高了 10 倍。

（3）Teknowledge/Stanford/TRW 开发了一个基于事件的、并发的和面向对象的体系结构描述语言 RAPIDE，同时给出了相应的支持环境。

（4）USC/ISI/GMU 开发了一个自动代码生成器和相应的辅助工具，这些工具被应用于 NRAD 消息代理系统中，使开发效率提高了 100 倍。

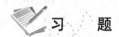

习　题

1. 什么是 DSSA？
2. DSSA 的基本活动包括哪些，各部分有哪些作用？
3. 试述 DSSA 的领域工程与应用工程之间的关系。
4. 试述 DSSA 的生命周期模型。
5. 试述 DSSA 与软件体系结构风格之间的关系。
6. 试述 DSSA 在软件开发中所发挥的作用。

第 5 章 Web 服务体系结构

5.1 Web 服务概述

在传统的 Internet 应用中，当人们使用 Web 程序进行数据交换时，需要进行手工定位。随着 Internet 技术的快速发展，互联网上出现了越来越多的应用服务程序，这种手工定位的方式已经远远不能满足网络应用的需求。同时，随着 Internet 的快速发展，很多商业机构希望能够把自己的企业运营集成到分布式应用环境中，如网上支付、网上购物、网上订票和网上炒股等。为了实现这一目标，万维网联盟（World Wide Web Consortium，W3C）提出了 Web 服务（Web Services）的概念。Web 服务是 W3C 制定的一套开放和标准的规范，是一种被人们所广泛接受的新技术。当应用需要一种 Web 程序时，Web 服务允许自动地通过 Internet，在注册机构中查找分布在 Web 站点上的相关服务，自动与服务进行绑定并进行数据交换，不需要进行人工干预。如果多个 Web 站点提供了相同或相似的功能，在当前的 Web 服务出现问题时，可以方便地切换到其他的 Web 服务，不影响请求的正常执行。此外，Web 服务本身也可以使用其他的 Web 服务，这样可以形成一个 Web 服务链。

Web 服务的诞生不是偶然的，是 Internet 和相关技术发展到一定程度的产物。自从 Internet 出现以来，HTTP 就广泛地被使用，其简单性、可靠性和通用性使得网页可以在各种平台上运行。可扩展标志语言（eXtensible Markup Language，XML）的出现使信息传输摆脱了平台和开发语言的限制，为网络上各种系统的交互提供了一门"国际化标准语言"。SOAP 协议为服务请求和消息格式定义了简单的规则，并得到了各种软件开发商的支持。这些技术的快速发展为 Web 服务的应用提供了坚实的基础。

5.1.1 Web 服务定义

W3C 将 Web 服务定义为，Web 服务是为实现跨网络操作而设计的软件系统，提供了相关的操作接口，其他应用可以使用 SOAP 消息，以预先指定的方式来与 Web 服务进行交互。

Web 服务提供了一种分布式的计算方法，将通过 Intranet 和 Internet 连接的分布式服务器上的应用程序集成在一起。Web 服务是一种基于网络的分布式计算框架，在各种平台上开发的软件和以不同语言实现的系统可以在其提供的中间层上进行协作和交互。Web 服务建立在许多成熟的技术之上，以 XML 为基础，使用 Web 服务描述语言（Web Services Description Language，WSDL）来表示服务，在注册中心上，通过统一描述、查找和集成协议（Universal Description Discovery and Integration，UDDI）来对服务进行发布和查询。各个应用通过通用的 Web 协议和数据格式，如 HTTP、XML 和简单对象访问协议（Simple Object Access Protocol，SOAP）来访问服务。Web 服务所实现的功能可能是响应客户的一个简单请求，也可能是完成一个复杂的业务流程。Web 服务能使应用程序以一种松散耦合的方式组织起来，并实现复杂的交互。

Web 服务技术的出发点是让不同的应用程序能够相互操作，无论这些程序是采用何种编程语言来实现的、运行在何种操作平台上以及使用了何种架构。Web 服务的目标是消除语言差异、平台差异、协议差异和数据结构差异，成为不同构件模型和异构系统的集成技术。因此，其开发和使用应该独立于 Web 上的各种操作系统、编程语言和架构模型。Web 服务独立于开发商、开发平台和编程语言，提供了足够的交互能力，能够适合各种场合的应用需求。此外，对于程序员来说，Web 服务易于实现和发布。强大的互操作性和可扩展性是 Web 服务的本质特征，这一切都要归功于强大的自描述能力。

　　Web 服务有两层含义，首先是一种技术和标准，然后是一种软件和功能。采用软件构件技术，可以让应用系统易于组装，通过网络来随时增减构件以调整功能，使系统的开发过程和维护过程更容易实现，同时可以快速地满足客户需求。另外，Web 服务也是一种通过网络存取的软件构件，使应用程序之间可以通过共同的网络标准来进行交互。

　　从不同的角度出发，人们对 Web 服务的理解和认识也不尽相同。

　　从语义的角度来看，Web 服务封装了离散的系统功能。一个 Web 服务就是一个自包含的"小程序"，能够完成单个任务。Web 服务模块使用其他软件可以理解的方式来描述输入和输出，其他软件知道它能做什么，如何对其进行调用及返回什么样的操作结果。

　　从资源重用的角度来看，Web 服务是可复用的软件模块。Web 服务技术是面向对象编程的发展和升华。基于构件的模型允许开发者复用他人所创建的代码模块，对其进行扩展和组装，形成新的应用系统。

　　从软件开发的角度来看，Web 服务是松散耦合的。传统的软件设计模式要求各个单元之间紧密相连，这种连接关系比较复杂，要求开发者必须对所连接的元素有深入的了解和强有力的控制。如果一端的执行机制发生变化，那么另一端也必须进行调整。对于 Web 服务而言，只需要进行简单的协调，通过接口就可以连接到应用系统中，方式灵活，简单快速，配置自由，真正实现了"即插即用"的开发模式。

　　从操作的角度来看，可以在程序中对 Web 服务进行访问。不同于 Web 网站和桌面程序，Web 服务不是为直接与人类交互而设计的，因此不需要有图形化的用户界面。在代码级上，Web 服务可以被其他应用系统调用，与其他软件进行数据交换。

　　从网络操作的角度来看，Web 服务体现为一些包装在 Internet 通信协议之中，可以在 Internet 上组装和运行的软件部件。Web 服务是在 Internet 上发布的，网络上的其他应用程序可以访问 Web 服务，将多个 Web 服务集成为更大的系统。Web 服务采用广泛使用的传输协议，如 HTTP 和 TCP/IP，因此 Web 服务可以通过防火墙进行通信。

5.1.2　Web 服务类型

　　在任何互联网技术应用的场合都可以部署 Web 服务。按照应用的领域不同，Web 服务可以分为面向商务的 Web 服务、面向消费者的 Web 服务、面向设备的 Web 服务和面向系统的 Web 服务。

　　（1）面向商务的 Web 服务。这种 Web 服务是为企业应用而设计的，如企业内部的 ERP 系统。当系统以 Web 服务的形式在网络上发布时，可以使企业内应用集成和企业间众多合作伙伴的系统对接变得更加容易。

　　（2）面向消费者的 Web 服务。这种 Web 服务是原有的 B2C 网站改造的结果。这种服务为面向浏览器的 Web 应用增加了 Web 服务的界面，使第三方的桌面工具能够利用更优秀的用户界面来提供跨越多个 B2C 服务的桌面系统，例如，在个人理财桌面系统中，可以集成股票价格查询 Web 服务和机票预订 Web 服务。

（3）面向设备的 Web 服务。通常，这种 Web 服务的使用终端是手持设备和家用电器。在不修改 Web 服务体系架构的前提下，可以将 Web 服务移植到各种终端之上，如 Palm 和手机等。以 Web 服务为基础框架，智能型的家用电器将真正获得相关标准的支持，从而有更广泛的应用空间。

（4）面向系统的 Web 服务。一些传统意义上的系统服务（如用户权限认证和系统监控等）如果被移植到 Internet 和 Intranet 上，其作用范围将从单个系统拓展到整个网络。以同一系统服务为基础的不同应用将在整个 Internet 环境中部署，例如，跨国企业的所有在线服务可以使用同一个用户权限认证操作。

Web 服务技术的相关优点主要包括以下几个方面：

（1）良好的封装性。Web 服务是一种部署在网络上的对象，具备良好的封装性。对于使用者而言，仅能看到对象所提供的功能列表，无需了解服务的内部细节。

（2）松散的耦合性。Web 服务接口封装了具体的实现细节，只要接口不变，无论服务的实现如何发生改变，都不会影响调用者的使用。

（3）高度的集成性。Web 服务屏蔽了不同软件平台的差异，无论是 CORAB 构件，还是 EJB 构件都可以通过标准协议进行交互，实现了在当前环境下的高度集成。

（4）穿越性。Web 服务使用标准协议，如 SOAP，可以穿越防火墙，进行信息传递。

（5）自描述和发现性。以 SOAP、WSDL 和 UDDI 为基础，提供了一种 Web 服务的自描述和发现机制。计算机能够发现并调用 Web 服务，从而实现系统的无缝和动态集成。

（6）协议的通用性。Web 服务利用标准的 Internet 协议（如 HTTP、SMTP 和 FTP）解决了基于 Internet/Intranet 的分布式计算问题。

（7）跨平台和语言独立性。Web 服务利用标准的网络协议和 XML 数据格式来进行通信，具有良好的适应性和灵活性，任何支持这些网络标准的系统都可以进行 Web 服务请求与调用。

（8）协约的规范性。作为 Web 服务，对象界面所提供的功能应当使用标准的描述语言来进行刻画，这将有利于 Web 服务的发现和调用。

（9）Web 服务可以视为一种部署在网络上的对象，因此具有面向对象技术的所有优点。

（10）Web 服务的基石是以 XML 为主的 Web 规范技术，因此具有比任何对象技术更好的开放性。

（11）良好的维护性和伸缩性。由于服务提供者和服务使用者之间的关系是松散耦合的，同时采用了开放的标准，因此可以方便地实现系统的维护。服务提供者可以独立调整服务以满足新的应用需求，服务使用者可以组合变化的服务来实现新的需求，体现了良好的伸缩性。

5.2 Web 服务技术

Web 服务把所有的对象都看成服务，这些服务所发布的 API 为网络中的其他服务所使用。通常，可以从两种不同的角度来分析 Web 服务，一是根据功能来划分 Web 服务中的角色，分析角色之间的通信关系，描述用于交互的各种操作，形成 Web 服务体系结构模型；二是根据操作所要达到的目标，包括技术目标和商业目标，制定相应的技术标准，形成 Web 服务协议栈。

5.2.1　Web 服务体系结构

Web 服务体系结构模型描述了三种角色，包括服务请求者、服务注册中心和服务提供者，定义了三种操作，即查找服务、发布服务和绑定服务，同时给出了服务和服务描述两种操作对象。Web 服务体系结构模型如图 5-1 所示。该模型具有简单、动态和开放的特性。Web 服务体系结构的三种角色描述如下：

（1）服务请求者。服务请求者实现服务的查找与调用，请求服务注册中心查找满足特定

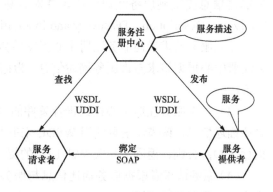

图 5-1　Web 服务体系结构模型

条件和可获得的 Web 服务。一旦找到，服务请求者将与服务提供者进行绑定，进行实际的服务调用。

（2）服务注册中心。服务注册中心集中存储服务的描述信息，便于服务请求者的查找。服务提供者在服务注册中心注册所能提供的服务。对于服务请求者来说，服务绑定的方式包括静态绑定和动态绑定两种。静态绑定是指在开发应用程序时，编程人员查询相关的服务描述，获得服务接口信息。此外，在静态绑定方式下，服务请求者不一定要从服务注册中心获得服务提供者的相关信息，可以有很多其他的获取方式，如 FTP、URL 和 EMAIL。动态绑定是指服务请求者在运行过程中从服务注册中心获得 Web 服务信息，并动态调用相关功能的过程。

（3）服务提供者。一般来说，服务提供者就是所谓的服务拥有者，给出可通过网络访问的软件模块（Web 服务的实现），负责将服务信息发布到服务注册中心，响应服务请求者，提供相应的服务。

通常，角色是根据逻辑关系进行划分的。简单地说，Web 服务提供者就是 Web 服务的拥有者，等待为其他服务和用户提供自己所具有的功能操作。Web 服务请求者与 Web 服务提供者紧密地联系在一起。服务注册中心起到了中介的角色。但是，在实际应用中，角色之间很可能存在交叉，一个 Web 服务既可以充当服务提供者，也可以充当服务请求者，或者二者兼而有之，例如，银行利息计算服务需要调用利率查询服务，并将计算结果返回给客户端。

Web 服务体系结构的三种操作描述如下：

（1）查找服务。服务请求者使用查找服务操作从本地或服务注册中心搜索符合条件的 Web 服务描述。查找服务操作可以通过用户界面提交，也可以由其他 Web 服务发起。

（2）发布服务。服务提供者定义了 Web 服务描述，在服务注册中心上发布这些服务描述信息。服务描述包含所有与该服务交互所必需的相关信息，如网络位置、传输协议和消息格式等。

（3）绑定服务。一旦服务请求者发现了合适的 Web 服务，将根据服务描述中的相关信息来调用服务实现模块。

通常，实现完整的 Web 服务过程应该包括以下五个步骤。

（1）服务提供者根据需求设计实现 Web 服务，使用 WSDL 来描述服务的相关信息，将服

务描述信息提交到服务注册中心，并对外进行发布，注册过程遵循统一描述、查找和集成
（Universal Description，Discovery and Integration，UDDI）协议。

（2）服务请求者向服务注册中心提交特定服务请求，服务请求使用 WSDL 进行描述，服
务注册中心根据请求查询服务描述信息，为请求者寻找满足要求的服务，查询过程遵循 UDDI
协议。

（3）如果服务注册中心找到符合条件的 Web 请求，则向服务请求者返回满足条件的 Web
服务描述信息，该描述信息使用 WSDL 来书写，各种支持 Web 服务的节点都能够理解，继续
执行（4）；否则，返回无相关 Web 服务的提示信息，结束。

（4）服务请求者根据服务描述信息与服务提供者进行绑定，服务调用请求被封装在 SOAP
协议中，实现 Web 服务调用。

（5）服务提供者执行相应的 Web 服务，将操作结果封装在 SOAP 协议中，返回给服务请
求者。

5.2.2　Web 服务协议栈

在 Web 服务体系结构模型中，可以执行查找服务、发布服务和绑定服务三种交互操作。
为了使计算机之间能够进行正确的交互，必须制定一套标准的通信协议体系。Web 服务协议
栈的结构如图 5-2 所示。Web 服务协议栈主要包括网络传输层、数据表现层、消息传递层、
Web 服务描述层、Web 服务发布层、Web 服务查找层和 Web 服务流组合层。

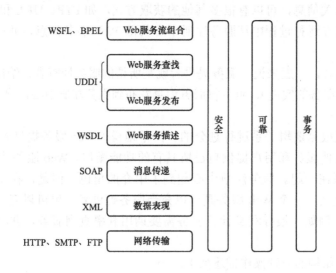

图 5-2　Web 服务协议栈的结构

（1）网络传输层。Web 服务协议栈的基础是常用的网络传输协议，如超文本传输协议
（Hypertext Transfer Protocol，HTTP）、简单邮件传输协议（Simple Mail Transfer Protocol，SMTP）
和文件传输协议（File Transfer Protocol，FTP）。目前，在 Internet 环境下，HTTP 凭借其普遍
性已经成为 Web 服务所使用的标准网络协议。同时，在某些扩展应用领域中，Web 服务也能
够支持 SMTP 和 FTP。

（2）数据表现层。XML 是 Web 服务进行数据交换时所采用的标准，同时是 Web 服务技
术的全部规范和技术基础。SOAP、WSDL 和 UDDI 都是使用 XML 来进行描述的。XML 独立

于程序设计语言和操作平台，具有广泛的应用基础。

（3）消息传递层。在 Web 服务绑定过程中，经常采用简单对象访问协议（Simple Object Access Protocol，SOAP）。SOAP 是以 XML 为基础的消息协议。SOAP 是服务使用者和服务提供者共同遵循的消息格式。服务使用者和服务提供者利用 SOAP，可以相互交换结构化的和预先定义好的信息。由于 SOAP 是使用 XML 来进行描述的，因此 SOAP 是一种独立于编程语言和操作平台的消息协议，能实现异构环境下的应用程序交互。

（4）Web 服务描述层。Web 服务描述是对 Web 服务实现的一种抽象，采用 Web 服务描述语言（Web Service Description Language，WSDL）来进行表示。WSDL 采用 XML 来描述，将 Web 服务表示为一组服务访问节点。服务使用者可以通过面向文档和面向过程的消息来访问 Web 服务。WSDL 以抽象的方式来表示服务操作和消息，同时将具体协议和消息格式绑定在一起来定义服务访问节点。服务提供者与抽象的服务访问节点关联在一起，以实现 Web 服务的调用。WSDL 是可扩展的，是独立于消息格式和网络通信协议的一种标准。

（5）Web 服务发布层。在 Web 服务发布层中，主要采用了 UDDI 协议。UDDI 是由结构化信息标准促进组织（Organization for Advancement of Structured Information Standards，OASIS）所制定的一套关于服务发布、服务查找和服务接口访问的技术标准与规范。UDDI 是一套开放的工业标准，为公开发布服务和在公司内部使用服务提供了一个互操作的软件基础架构。

（6）Web 服务查找层。在 Web 服务查找层中，主要采用了 UDDI 协议。

（7）Web 服务流组合层。在该层中，主要采用 Web 服务流程语言（Web Service Flow Language，WSFL）和业务流程执行语言（Business Process Execution Language，BPEL），将一系列的 Web 服务操作连接起来，按照一定的规则来描述事务流程，以完成不同的服务整合，实现具体的业务逻辑。

下面的四层使用了 Web 服务的标准协议，包括 SOAP 和 WSDL，上面的三层使用了 UDDI、WSFL 和 BPEL。其中，UDDI、WSFL 和 BPEL 是建立在 SOAP 和 WSDL 所提供的功能基础之上的。

安全、可靠和事务是保证 Web 服务有效性的不可缺少的手段。WS-Security 是实现安全 Web 服务的基本构件，能够支持 Kerberos 和 X509 等安全模型。安全依赖于预先确定的信任关系，WS-Trust 定义了建立和验证信任关系的可扩展模型。对于需要频繁和长时间交互的 Web 服务，WS-Secure Conversation 提供了较好的解决方案。WS-Federation 使企业和组织能够建立一个虚拟的安全区域。

在 Internet 上，如果没有可靠的消息传递机制，会造成信息丢失，对于商业处理过程来说是无法接受的。WS-Reliable Messaging 确保消息在恶劣环境中也能可靠传递，使业务逻辑不用处理消息丢失和连接不可靠的问题，大大降低了风险。

事务是构建可靠分布式应用的基础。在传统的事务处理模式中，一般采用两阶段提交方式，即参加事务的资源被锁定，直到事务结束后才被释放。在 Web 服务集成过程中，事务执行时间较长，这种处理方式会导致资源被长期锁定。Web 服务定义了事务处理规范，支持事务的一致性检查，协调跨 Web 服务的相关操作，以保障其可靠性。

5.2.3　Web 服务的实现

在集成 Web 服务时，XML、SOAP、WSDL、UDDI、WSFL 及 BPEL 是所采用的主要核

心技术。

1. XML

XML 是 Extensible Markup Language（可扩展标记语言）的缩写，标记是指计算机所能理解的信息符号。通过这种标记，计算机可以处理各种格式的信息。在定义标记时，既可以选择国际通用的标记语言（如 HTML），也可以使用 XML 这样由专业人士自由决定的标记语言。采用 XML 作为中介格式，不需要知道对方内部的具体情况。同时，对某个系统内部所实施的变更，也不会波及与其交互的系统。目前，在互联网上，XML 已经成为一种数据定义的标准。XML 为大家提供了理想的缓冲方式，在 Internet 上正逐步成为数据表示和交换规范。

XML 的三个关键要素包括模式（Schema）、可扩展样式语言（Extensible Style Language，XSL）和可扩展链接语言（Extensible Linking Language，XLL）。

Schema 规定了 XML 文件的逻辑结构，定义了 XML 文件中的元素，解释了元素属性及元素属性之间的关系，可以帮助 XML 分析程序校验 XML 标记的合法性。

XSL 提供了层叠样式表（Cascading Style Sheet，CSS）功能，开发者可以构造具有层次结构的 Web 页面。同时，XML 和 HTML 可以共同用于层叠式页面的构造过程。

XLL 是 XML 的链接语言，与 HTML 链接非常相似，但其功能更强大。XLL 支持可扩展链接和多方向链接，打破了 HTML 只支持超文本概念下的最简单链接限制，能支持独立于地址的域名、双向链路、环路和多资源集合的链接。XLL 链接不受文档制约，可以完全按照用户的要求来进行定制和管理。

2. SOAP

在松散分布式环境下，SOAP 是一种交换结构化信息的轻量级协议，使用 XML 语言来进行描述。在服务请求者和服务提供者之间，SOAP 定义了一种实现信息交互的通信协议。利用 SOAP，服务请求对象可以对服务提供对象实施远程方法调用。利用 SOAP，可以在多个对等实体之间传输 XML 数据，解决了对等实体在分布式环境中的通信问题。与 XML 一样，SOAP 不是专门为某一编程语言和硬件平台而设计的，各种应用程序对象模型和开发工具（如 C++、Java 和.NET）都可以使用它。SOAP 是与平台无关的纯消息协议规范，也就是说，SOAP 消除各种平台之间的差异，使各种应用的集成变得非常容易。

SOAP 主要包括 SOAP 信封、SOAP 编码规则、SOAP RPC 表示和 SOAP 绑定四部分。

（1）SOAP 信封（SOAP Envelop）。SOAP 信封定义了一个整体表示框架，用来表示消息内容，同时说明了采用何种手段来处理消息及该项是可选的还是强制的。SOAP 信封包括一个 SOAP 头（SOAP Header）和一个 SOAP 体（SOAP Body）。其中，SOAP 头是可选项，其作用是在服务请求者与服务提供者尚未达成一致的前提下，可以最大限度地扩展 SOAP 消息的表达能力。此外，SOAP 体是必需的，包含了传输给接收者的具体信息。SOAP 体包含了应用程序的专用数据，即用户希望与 Web 服务进行交互的相关信息。这些信息可以是 XML 数据，也可以是提供给 Web 服务的参数，例如，在远程过程调用中，会把服务请求（包括方法名和参数）放在 SOAP 体中进行传送，在响应时，将服务操作的结果通过 SOAP 体进行传输。SOAP 信封的格式如图 5-3 所示。

（2）SOAP 编码规则（Encoding Rules）。SOAP 编码规则是一个定义所传输数据类型的通用数据类型系统，包括程序语言、数据库和半结构化数据中不同类型系统的所有公共特性。

在这个系统中，类型可以是简单类型，也可以是复合类型。其中，复合类型由多个部分组成，每部分可以是简单类型，也可以是复合类型。同时，用户可以使用自己定义的编码规则定义所需要的数据类型。

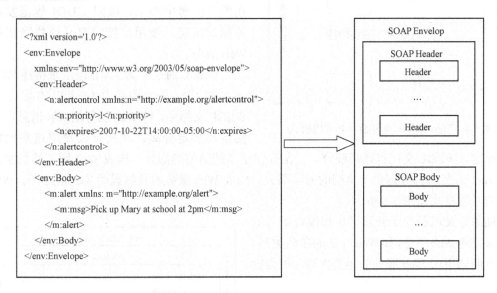

图 5-3　SOAP 信封的格式

（3）SOAP RPC 表示（RPC Representation）。SOAP RPC 表示定义了远程过程调用（Remote Procedure Call，RPC）和应答的相关协定。RPC 及其响应都是通过 SOAP 体元素进行传送的。当实施基于 SOAP 的远程过程调用时，需要与基本协议进行绑定，这些基本协议可以是各种网络协议，如 HTTP、SMTP 和 TCP/IP 等。在一般情况下，经常使用 HTTP 作为 SOAP 的绑定协议。SOAP 通过 HTTP 来传送目标对象的 URI 地址，HTTP 中的请求 URI 就是需要调用的目标 SOAP 节点的 URI 地址。

（4）SOAP 绑定（SOAP Binding）。SOAP 绑定定义了一种使用底层传输协议来完成 SOAP 消息交换的约定。目前，SOAP 已经定义了与 HTTP 绑定的相关参数。在使用 HTTP 来传送 SOAP 消息时，主要采用 HTTP 的请求消息模型和响应消息模型，把 SOAP 请求参数封装在 HTTP 请求中，同时将 SOAP 响应参数封装在 HTTP 响应中。在某些应用中，如果需要将 SOAP 消息体也封装在 HTTP 中，HTTP 应用程序必须指明所使用的媒体类型是 TEXT/XML。

从某种意义上讲，SOAP 可以理解为 SOAP＝RPC＋HTTP＋XML，采用 HTTP 作为传输协议，RPC 作为一致性调用途径，XML 作为数据传送格式，在 Internet 上，允许服务提供者和服务请求者通过防火墙进行交互。其工作原理是，当客户端发送服务请求时，不管客户端使用的是什么开发平台，也不管应用系统采用的是什么编程语言，都把服务请求的名称、参数和类型等信息封装在 SOAP 信封中，然后通过底层传输协议 HTTP 发送给 Web 服务提供者。当 Web 服务提供者对请求做出响应后，将结果封装在 SOAP 信封中，然后通过底层传输协议 HTTP 发送给客户端。如果客户端要求，Web 服务提供者将直接返回一个 HTTP 应答信息给客户端。Web 服务的典型 SOAP 调用模式如图 5-4 所示。

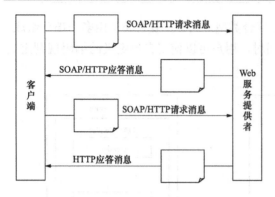

图 5-4　Web 服务的典型 SOAP 调用模式

3．WSDL

使用 WSDL 对 Web 服务接口进行详细的描述，以方便客户端应用程序的调用。同时，在服务注册中心上，按照 UDDI 规范发布服务描述信息，使用户能够容易地找到相关的 Web 服务。

WSDL 通过一套 XML 语法来描述 Web 服务，将其定义为服务访问端口的集合。在 WSDL 文档中，将 Web 服务端口和消息定义与实现和绑定分离，从而可以复用这些抽象信息。通常，WSDL 文档包括两部分，一部分位于文档的前半部分，构成 Web 服务的抽象定义（Abstract）；另一部分则位于文档的后半部分，构成 Web 服务的具体说明（Concrete）。WSDL 文档的具体格式如图 5-5 所示。

抽象定义以独立于开发平台和编程语言的方式来描述 Web 服务，如 Web 方法的参数类型，具体说明则指出 Web 服务的相关内容，如传输协议。

抽象定义使用了 <types>、<message> 和 <portType> 三种标记元素。

（1）types 表示数据类型。types 是数据类型定义容器，包含了 WSDL 文档要用到的所有信息类型。

（2）message 表示消息。message 表示被传输数据的抽象定义，message 包含若干个逻辑部分，每部分都关联了<types>所定义的数据类型。

（3）portType 表示服务接口。portType 定

```
                WSDL Defination
      ┌──────────────────────────────────┐
      │            Abstract              │
      │  <wsdl:definations name=...>     │
      │      <wsdl:types>                │
      │      <wsdl:messages name=...>    │
      │      <wsdl:portType name=...>    │
      └──────────────────────────────────┘
      ┌──────────────────────────────────┐
      │            Concrete              │
      │  <wsdl:binding name=...>         │
      │  <wsdl:service name=...>         │
      │  <wsdl:port name=... binding=...>│
      │  </wsdl:service>                 │
      │  </wsdl:definations>             │
      └──────────────────────────────────┘
```

图 5-5　WSDL 文档的具体格式

义了 Web 服务的抽象接口和抽象操作。在抽象操作中，定义了 Web 服务发送和接收的消息类型和可能发生的错误异常。

下面具体说明使用了<port>、<binding>和<service>三种标记元素。

（1）port 表示访问端口。一个 port 为一个 binding 说明了对应的服务访问地址，定义了一个通信端口。

（2）binding 表示绑定。binding 定义了服务请求者与服务提供者是如何进行消息交互的，说明了服务接口（portType）中的操作所涉及的消息格式和进行消息交换时所采用的具体协议。

（3）service 表示服务。service 是 port 的集合。抽象定义和具体说明二者既有一定的独立性，又有很强的关联性。独立性表现在抽象定义不包含机器、平台和编程语言的相关信息，只是对 Web 服务进行描述，同一个抽象定义可以被不同的具体说明使用。关联性表现在具体说明必须使用抽象定义中的内容，在指定绑定和地址信息时，所涉及的操作都应该是抽象定义中提到的。

4. UDDI 协议

UDDI 协议是一种在分布式环境下为 Web 服务提供信息查询和发布的技术规范。在服务注册中心，请求者使用 UDDI 来发现所需要的 Web 服务，提供者使用 UDDI 发布自己的 Web 服务。服务注册中心从逻辑上讲是集中的，从物理上说是分布的。通常，这些服务注册中心被组织成多棵树，相互之间按一定的规则进行信息同步。服务提供者在一个注册中心所发布的信息会被自动地复制到其他树的根节点（服务注册中心），从而可以被所有的服务请求者发现。

UDDI 定义了五种基本数据结构和两个附加信息。这五种基本数据结构是商业实体（businessEntity）、商业服务（businessService）、绑定模板（bindingTemplate）、t 模型实例信息（tModelInstanceInfo）和 t 模型（tModel）。两个附加信息是 publisherAssertion 和 operationalInfo。在注册中心发布 Web 服务信息时，应该将服务描述转化为 UDDI 所能处理的数据类型。UDDI 的数据模型如图 5-6 所示。

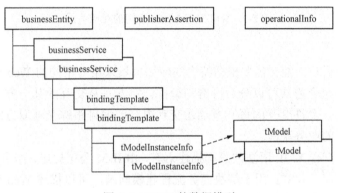

图 5-6　UDDI 的数据模型

商业实体（businessEntity）：描述了商业机构的相关信息，如基本情况、分类和标志等，为服务发现提供了基础。

商业服务（businessService）：包含了特定商业实体 businessEntity 的相关技术细节和描述信息，与 Web 服务相对应。

绑定模板（bindingTemplate）：描述了技术访问细节，每个 businessService 包括一组 bindingTemplate，说明服务是如何使用相关协议进行绑定的。

t 模型实例信息（tModelInstanceInfo）：以 t 模型实例的形式出现，提供了各种服务所必须遵循的技术规范。

t 模型（tModel）：相当于服务接口的元数据，包括服务名称、发布服务的组织及指向提供者的 URI，起到了服务指针的作用。

publisherAssertion：允许 UDDI 描述商业实体之间的关系。

operationalInfo：记录对 UDDI 的其他数据的操作情况，这些数据主要包括更新时间、发布者和发布地点等信息。

通常，WSDL 元素与 UDDI 元素之间存在着一定的对应关系。Web 服务描述包括服务接口和服务实现两部分。服务接口包含 types、message、portType 和 binding 元素，服务实现包含 import 和 service 元素，用于描述服务接口的实现。在注册 Web 服务时，WSDL 文档应该被转化为 UDDI 数据格式。在转化时，服务接口与 tModel 相对应，服务 service 对应于

businessService，service 中的每个访问端口 port 与 bindingTemplate 相对应。WSDL 与 UDDI 之间的对应关系如图 5-7 所示。

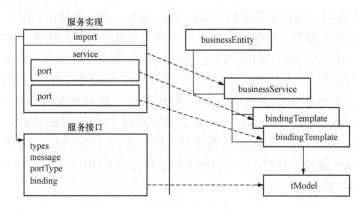

图 5-7　WSDL 与 UDDI 之间的对应关系

5. WSFL

为了满足用户需求，经常需要根据特定的应用背景来组合不同的 Web 服务，实现完整的业务逻辑。服务的组合方式可以分为协奏和编排。协奏是从交互的某一方来描述控制流程，编排则更注重协作，允许交互的每一方描述交互内容。编排跟踪交互双方的消息序列，而不仅仅是一方所执行的业务流程。

WSFL 是一种符合 XML 语法的流程描述语言，由 IBM 公司提出，作用是整合 Web 服务，以定义服务执行顺序。WSFL 用于解决商务流程建模问题，可以描述 Web 服务在工作流中的交互过程，能够处理服务之间的通信问题。在描述复合 Web 服务时，WSFL 主要采用两种模型，即流模型和全局模型。流模型描述了子 Web 服务的执行顺序，全局模型刻画了子 Web 服务的交互情况。

6. BPEL

BPEL 是一种业务流程定义语言，用于描述面向服务的工作流。BPEL 将一组 Web 服务连接起来，按照特定规则执行，实现 Web 服务的整合。BPEL 是专门为组合 Web 服务而制定的一套规范标准。从本质上来说，BPEL 是 IBM 公司的 WSFL 和 Microsoft 公司的 XLANG 相结合的产物，同时摒弃了复杂烦琐的部分，形成了一种较为自然的和抽象的商业活动描述语言。BPEL 所指定的业务流程是可执行的，同时，在 BPEL 环境下也是可移植的。在 BPEL 的业务流中，可以调用其他 BPEL 子流程来创建新的业务流程。

5.2.4　异构服务的集成

利用 Web 服务能够将不同类型的软件和不同平台所开发的系统结合起来，动态、实时地更新和维护一个跨区域、多功能的应用实体，这就是异构服务集成。异构服务集成框架如图 5-8 所示。

如图 5-8 所示，使用不同平台技术所开发的应用程序都可以利用 Web 服务对其接口进行封装，同时，新功能也可以直接设计为 Web 服务。通过自动和手工方式定义 Web 服务接口的 WSDL 文档。在服务注册中心，将服务描述信息转换为 UDDI 数据格式，对外进行发布。任何平台上的客户应用程序都可以到服务注册中心来访问 Web 服务的抽象描述信息，同时在本地声称代理对象，所有业务都将通过代理对象与 Web 服务进行交互。如果 Web 服务的内部结构和实现发生了改变，只要接口保持不变，则整个系统就不需要做任何调整。

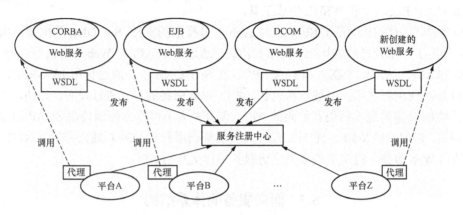

图 5-8　异构服务集成框架

5.2.5　Web 服务开发平台

Visual Studio.NET 是一种通用服务框架，以 XML 为基础，以 Web 服务为核心，辅以其他各种实现技术，意在充分利用 Internet 上强大的计算资源和丰富的带宽资源，以提高用户的工作效率。在 Visual Studio.NET 中，可以使用 VB.NET、VC++.NET 和 C#.NET 来快速创建 Web 应用程序。这些语言都利用了.NET Framework 的强大功能，提供了简化 ASP.NET Web 应用程序和 XML Web 服务开发的关键技术。也就是说，Web 服务中大多数有难度的基础结构已经成为.NET Framework 的一部分，开发人员无需为实现 SOAP 处理程序和编写复杂的 WSDL 而花费时间，只需集中精力设计和构建实际的 Web 服务，这也正是使用 Visual Studio.NET 来创建 Web 服务的优势。

.NET Framework 是 Visual Studio.NET 的技术实现基础，为 XML Web 服务和其他应用程序提供了一个高效安全的开发环境。.NET Framework 是一种用于生成、部署和运行 Web 服务的多语环境，主要包括以下三个部分：

（1）公共语言运行库。实际上，在运行和开发组件过程中，公共语言运行库起到了基础性作用。在运行组件时，运行库不但需要满足该组件对其他组件的依赖关系，而且需要负责内存分配、线程启动、进程停止和安全策略执行等任务。

（2）统一编程类库。.NET Framework 为开发人员提供了面向对象的、分层的和可扩展的类库，统一了完全不同的模型，同时为 VB 和 JScript 程序员提供了类库访问手段。公共语言运行库与统一编程类库相结合，使跨语言继承、错误处理和调试成为可能。从 JScript 到 C++ 的所有编程语言都可以对.NET Framework 进行访问，开发人员能够自由地选择它们所需要的语言。

（3）ASP.NET。ASP.NET 建立在统一编程类库基础之上，提供了一个 Web 应用程序模型，包含简化 Web 应用程序生成的控件集和结构。在 Visual Studio.NET 环境中，ASP.NET 是用来创建 Web 服务的主要方式。开发人员可以编写自己的业务逻辑，使用 ASP.NET 结构通过 SOAP 来交付 Web 服务。

IBM Web Service 采用了 J2EE 架构，除了依靠自己的 alphaWorks 之外，还博采各类开放源代码组织的成果。在自己的 Websphere 平台上，IBM 提供了完整和领先的 Web 服务开发工具，主要包括 Web Service Toolkit、Web Service PMT 和 Apache SOAP。Web Service Toolkit 包含 Private UDDI Registry 和 WSDL 生成工具。

简单地说，Sun ONE 就是 J2EE 加上对 Web 服务技术的支持。Sun ONE 的框架结构以 Java 为核心，使用了一系列开放的标准、技术和协议，通过一组 API 对 Web 服务进行支持。其中，API 包括 JAXM、JAXP、JAXR 和 JAX-RPC。在 Sun ONE 中，通过使用 JAX-RPC，已有的 Java 类和 Java 应用程序都能够被重新包装，并以 Web 服务的形式进行发布。此外，JAX-RPC 还提供了对 RPC 参数进行编码和解码的 API，使开发人员可以方便地使用 SOAP 消息来完成 RPC 的调用。同时，JAX-RPC 使 Java 开发人员能够利用符合 SOAP 规范和基于 XML 的 RPC 方法来访问 Web 服务，提供了与多类注册服务进行交互的 API。

5.3　面向服务的体系结构

在激烈的市场竞争和 IT 技术发展的驱动下，企业的经营理念开始朝着实时型管理模式转变。具备实时反应能力的企业对信息系统的整合提出了前所未有的高要求，其原因是分散的系统将影响其市场应变能力。对于大型企业而言，整合现有系统本身就是一项巨大的工程，加之还要在整合过程中兼顾企业发展的新需要，因而也就难上加难了。在维持企业正常工作环境的同时，还必须兼顾新旧系统的融合，解决分支机构之间的信息沟通，其难度也就更大了。面对这些头痛的问题，企业需要一个能够真正化解难题的技术平台。它应该是高屋建瓴，超然于现有的所有技术平台和应用平台，把处于分散的且难以集成的软件和硬件整合起来。面向服务体系结构（Service Oriented Architecture，SOA）就是在这种背景下出现的，SOA 被誉为下一代 Web 服务的基础框架，已经成为计算机信息领域的一个新发展方向。SOA 可以使企业 IT 环境更灵活、更快捷地响应不断变化着的业务需求，使异构系统和应用程序尽可能地实现无缝对接，一直是国内外企业管理者高度关注的问题。

关于 SOA，可以从不同的视角来进行理解。从程序员的角度来看，SOA 是一种全新的开发技术，是一种新的组件模型，如 Web 服务。从架构设计师的角度来看，SOA 是一种新的设计模式和方法学。从业务分析员的角度来看，SOA 是一种基于标准的业务应用服务。迄今为止，对 SOA 还没有一个公认的定义。许多组织从不同角度和不同侧面对 SOA 进行了描述，比较典型的定义有以下几种：

Service-architecture.com 将 SOA 定义为面向服务体系结构本质上是服务的集合。服务之间进行相互通信，这种通信可能是简单的数据传送，也可能是两个或多个服务协调进行某些活动。在服务之间，需要某些方法来进行连接。所谓服务就是精确定义、封装完善和独立于所处环境的函数。

IBM 将 SOA 定义为面向服务体系结构是一个组件模型，通过服务之间定义良好的接口和契约，将应用程序的不同功能单元联系起来。接口采用中立方式来进行定义，应该独立于实现服务的硬件平台、操作系统和编程语言。这使得各种系统中的服务可以以一种统一和通用的方式进行交互。

Looselycoupled.com 将 SOA 定义为按需连接资源的系统。在 SOA 中，资源作为可通过标准方法访问的独立服务，提供给网络中的其他成员。与传统系统结构相比，SOA 规定了资源之间更为灵活和松散的耦合关系。

Gartner 将 SOA 描述为 C/S 的软件设计方法。一项应用是由软件服务和软件服务使用者组成的。SOA 与通用的模型不同之处在于它更强调组件的松散耦合关系，使用独立的标准接口。

W3C 将 SOA 定义为一套可以被调用的组件，用户可以发布并查找其接口描述。

Cbdi 将 SOA 定义为策略、实践和框架。按与服务消费者相关的粒度将应用程序功能作为服务集合提供给用户。通过 SOA，可以调用、发布和发现服务，使用单一的和标准的接口将服务从具体实现中抽象出来。

SOA 的目标是最大限度地复用现有服务以提高 IT 的适应能力和利用效率。SOA 要求相关技术人员在开发新应用时，要首先考虑复用现有服务，在设计新系统时，应该考虑在将来可能会被复用。面向服务体系结构的分析与设计是面向对象技术的扩展和补充，是一种在更大范围内对软件系统进行建模的方法。

SOA 作为一种体系结构，其任务是建立以服务为中心的业务模型，从而对用户需求做出快速和灵活的响应。在这种体系结构中，所有的功能都被定义为独立的服务。服务带有明确定义的可调用接口，同时以定义好的顺序来调用这些服务以形成业务流程，实现系统的逻辑功能。同时，SOA 也是人们面向应用服务的解决方案。SOA 的基本元素是服务，服务是整个 SOA 实现的核心。遵循 SOA 架构的系统必须有服务，这些服务是可互操作的、独立的、模块化的、位置明确的和松散耦合的。SOA 通过服务的重复利用，提高了资源的使用效率，简化了应用程序的定制与开发。对于用户来说，服务位置是透明的。用户完全不必知道响应自己请求的服务在什么位置，甚至不必知道具体是哪一个服务参与了响应。当一个地方停电或服务中断时，可以将服务请求转发到另一个完全不同的地点去运行该服务的其他实例，从而使用户免受影响。所有服务都是独立的，它们就像"黑匣子"一样运行。客户端既不知道也不关心它们是如何执行相关功能操作的，而仅仅关心它们是否返回了预期结果。从体系结构层面上看，服务调用到底是本地的还是远程的，采用了何种互连模式和协议都是无关紧要的。

在设计 SOA 时，应该重点注意以下几个问题：

（1）互联协作。面向服务体系结构强调互联协作，这意味着服务必须提供通过某种数据格式和协议可以访问的接口，这些数据格式和协议应该是被所有可能要求服务的客户所认同的。

（2）动态定位和使用。服务必须能够被动态定位，这意味着需要使用第三方机制来查找服务。

（3）消息传递是基于文本的。通常，在面向服务体系结构中，使用 XML 来描述消息。因此，在不同服务之间，可以一次性地传送大量信息，而且消息可以非常容易地通过宿主机上的防火墙。

SOA 和 Web 服务是两个不同层面上的问题，前者属于概念模型，主要面向商业应用，后者则是实现模式，主要面向框架技术。SOA 表示的是一个概念模型，在这个模型中，松散耦合的应用可以被描述、发布和调用。SOA 本身是如何将软件组织在一起的抽象概念，依赖于用 XML 和 Web 服务等更加具体的实现技术。此外，SOA 还需要安全机制、策略管理和消息可靠传递保障的支持，从而可以更有效地工作。同时，还可以通过分布式事务处理和分布式状态管理来进一步改善 SOA 的性能。Web 服务是一组协议所定义的框架结构，提供了不同系统之间松散耦合的编程框架。也可以认为，Web 服务体系结构是 SOA 的一个特定实现。SOA 作为一个概念模型，将网络、传输协议和安全等具体细节遗留给特定实现，即 Web 服务。

通常，人们使用 Web 服务来实现 SOA。采用 Web 服务来实现 SOA 的好处是在一个中立的平台上，可以获取相关服务。同时，随着软件商提供越来越多的 Web 服务，SOA 将会取得更好的效果。

Web 服务是一种非常适合实现 SOA 的技术。从本质上说，Web 服务是自描述和模块化的应用程序，将业务逻辑分解为服务，这些服务可以在 Internet 上发布、查找和调用。以 XML 为基础，Web 服务能够在不同平台上使用不同语言，利用不同协议来开发松散耦合的应用程序组件。这使得业务应用程序的发布会更加容易，所有的人在不同时间、不同地点和不同平台上都可以访问这些服务。尽管 Web 服务是实现 SOA 的最好方式，但是 SOA 的实现并不仅仅局限于 Web 服务。如果服务是使用 WSDL 对其接口进行描述的，同时采用 XML 来描述其通信协议，这些服务也可以被用来实现 SOA。CORBA 和 IBM 的 MQ 可以利用 WSDL 的新特性来参与 SOA 的实现过程。值得指出的是，Web 服务不仅能够用于实现 SOA，而且能用于实现那些非面向服务的框架结构。

5.4 企业服务总线

随着信息技术的广泛应用，企业内部遗留了大量的不同时期由不同开发商使用不同技术所实现的应用系统，同时，还需要不断地开发新应用以满足用户需求。若全部重新开发，显然会造成极大的资源浪费。通过集成和复用技术，可以实现原有资源和新资源协调工作，保障系统的正常运行，并在以后的开发和系统改造过程中能够复用以前的成果。企业服务总线（Enterprise Service Bus，ESB）的概念正是在这种背景下提出来的。ESB 是从 SOA 发展而来的，是一种为实现服务连接而提供的标准化通信的基础结构。以开放标准为基础，ESB 为应用提供了一个可靠的、可度量的和高度安全的环境，可以帮助企业设计和模拟业务流程，对业务流程实施控制和跟踪，并分析改造流程的性能。

ESB 是构建 SOA 解决方案时所使用的基础架构中的关键部分，由中间件技术来实现，同时支持 SOA 的相关逻辑功能。借助于 ESB，可以实现异构环境中的服务整合，支持事件交互，并且具有适当的服务级别和可管理性。在企业内部和企业之间，ESB 实现了新、旧系统的互联，能够管理和监控应用程序的交互。在 SOA 分层模型中，ESB 用在组件层和服务层之间，能够使用多种协议来集成不同开发平台上的组件，同时将其映射为服务层中的服务。在 SOA 原则的指导下，通过 ESB 来完成遗留系统的组合，利用 ESB 的面向消息、松散耦合及分布部署的特点来集成异构服务和分布式数据源，同时实现服务注册、服务发布和消息路由等功能。

目前，ESB 是软件集成开发研究中的一个热点问题。关于 ESB 的概念，不同学者和技术人员给出了不同的定义。

Sonic 公司将 ESB 定义为集成了消息机制、Web 服务、消息转换和智能路由的基本标准集成主干。

IDC 将 ESB 定义为使用开放的标准消息总线，通过标准的适配器和接口实现各种程序和组件之间的相互操作。ESB 支持异构环境中的服务、消息和事件交互，并且具有适当的服务级别和可管理性。

IBM 认为 ESB 是 SOA 的核心和基础。

ESB 是传统中间件、XML 和 Web 服务等技术相结合的产物，提供了网络中最基本的连接中枢，是构筑企业应用系统的必要元素。ESB 的出现改变了传统的软件架构，可以提供比传统中间件产品更为廉价的解决方案，同时可以消除不同应用之间的技术差异，让多个服务器协调运行，实现了不同服务之间的通信与整合。

ESB 是基于 SOA 的企业应用集成（Enterprise Application Integration，EAI）技术的基础软件架构。ESB 克服了传统的 EAI 技术的缺陷，能够为各种技术和应用系统提供支持，具有很强的灵活性和可扩展性。

5.4.1　ESB 的组成

实质上 ESB 是服务之间的连接框架，其核心功能包括消息机制、消息转换、消息路由和服务容器四个部分。

（1）消息机制。消息机制定义了管理计算资源和网络通信的相关机制，以屏蔽分布式环境的复杂性和异构性，为应用程序提供透明的通信服务。在 ESB 中，消息机制采用通信通道手段，在服务之间建立联系，解决服务的通信问题。ESB 可以支持两种通信模式，即发布/订阅和请求/回复的消息模式。发布/订阅模式是异步消息传递模式，发布者发布的消息可以传递给多个订阅者。在发布/订阅模式中，订阅者将需要的消息发送到 ESB 上，发布者在发布消息之后，ESB 将消息转发给相关的订阅者。在请求/回复模式中，某一服务提出消息请求，其他服务响应回复，每个消息仅传递给一个消费者。它可以是同步的，也可以是异步的。在同步方式中，请求方等待回复后再进行后续的操作。在异步方式中，请求方无需等待消息回复。在请求/回复模式中，可以有单向和双向两种消息通道。单向通道只传递请求消息或回复消息，双向通道既可以传递请求消息也可以传递回复消息。

（2）消息转换。消息是自包含和自治的实体。通常，一个消息由消息头、消息属性和消息体三个部分组成。自包含消息定义是解耦合的，避免两个服务直接进行通信，是实现异步消息机制的关键。一般来说，ESB 选择已有的企业数据模型和工业标准作为内部通用的通信协议和消息格式，如电子商务中的 XCBL 格式和 CBXML 等。

连接在 ESB 上的服务种类很多，可能采用不同的消息协议，对于信息需求也不尽相同，因此需要对消息进行转换。消息转换包括协议桥接和内容转换。此外，IBM 还提出，ESB 可以补充和完善消息内容，例如，在消息中添加消息的来源信息。

（3）消息路由。分布式部署和集中控制是 ESB 的典型特征。从物理上看，服务器可能相隔很远，但是通过集中管理，这些服务器构成了一个网络，在逻辑上形成了完整的企业服务总线。在 ESB 中，不要求网络中的各个服务器都必须明确地和其他服务器建立连接关系，只要节点不是孤立的，那么这个节点就可以通过 ESB 与任意的非孤立节点进行交互。在通信过程中，ESB 会根据网络连接的实际情况，做出智能调整，自动地选择最佳路由。

路由是分析服务传递步骤，建立传递线路和规则，并逐步传递消息的过程。ESB 可根据消息内容将其由提供者传递到接收者。消息路由主要包括路由线路和路由规则两个部分。路由线路描述了服务将要发送的地址。路由规则定义了消息传递和路由线路的选择策略，如需要满足的前提条件、路由时间延迟、路由控制和可允许的失败连接次数等。

通常，路由控制的方式包括分散控制和集中控制。分散控制是在通信服务之间建立信道，路由命令由各个节点执行，不受中心路由控制器的支配。集中控制是中心路由控制器发出路由命令，根据中心路由规则来决定下一步应该将消息发往哪里。其中，集中控制又包含两种模式：第一种是所有的消息都提交到总线上，总线将消息传输到下一个接收节点；第二种是中心路由控制器只做路由控制，在通信双方建立连接通道，然后让通信双方通过通道进行交互。分散控制对分布性要求较高，在机器上需要存储很多本地目录备份，而且一致性的问题会导致更多的网络开销，但是，其分布性特点会使路由控制的鲁棒性较高。集中控制很容易受到网络状况的影响，同时容易带来单机性能的瓶颈。

（4）服务容器。服务容器是将各种类型的软件和应用系统封装成可支持标准协议（如 JMS、JBI、JCA 和 SOAP 等）的服务，并抽象成一个端点，连接到 ESB 上的组件。其中，服务容器既可以封装应用软件，也可以封装以 ESB 为基础的复合系统。

为了实现分布式处理，服务容器需要提供服务注册、服务发现和服务选择功能。服务发现主要包括两种方式：一种是服务容器本身不管理注册信息，而是通过查询 ESB 全局注册表获取相关的服务信息；另一种是服务容器维护一个本地注册表，通过本地查询来获得服务信息，但是本地注册表需要经常进行更新。

通过服务容器，可以实现软件的局部管理和全局管理。局部管理指服务容器对其所封装的软件进行生命周期管理和连接管理。同时，ESB 可以通过标准协议 JMX 和 SNMP 对服务容器进行全局管理，如远程配置管理和路由规则管理。服务容器屏蔽了软件的异构性，使得 ESB 的基础服务对所有的服务软件都是透明的。对于应用软件而言，服务容器是基于 ESB 的系统可扩展性的重要保证。

5.4.2 ESB 的体系结构

ESB 的体系结构如图 5-9 所示，主要包括传输适配链、服务适配链，以及在协议转换和消息派发中所使用的一些公共服务。

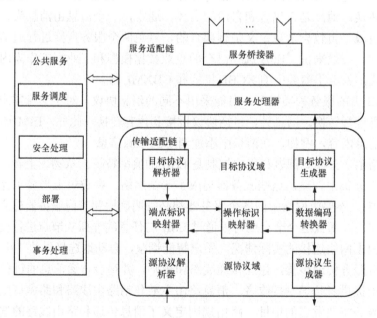

图 5-9 ESB 的体系结构

（1）传输适配链：主要负责 SOAP 与 IIOP 和 JRMP 等私有协议之间的转换工作。传输适配链主要包括源协议解析器、源协议生成器、端点标识映射器、操作标识映射器、数据编码转换器、目标协议解析器和目标协议生成器等几部分，完成协议的转换工作。

（2）服务适配链：给出了一种通用的、具有可扩展性和可定制的统一服务提供框架，以集成 CORBA 对象、COM/DCOM 组件和 JavaEE 等企业遗留应用，主要包括服务处理器和服务桥接器。服务适配链屏蔽了服务执行层中的具体实现细节。其中，服务桥接器负责与具体服务提供者进行实际的交互。

（3）公共服务：为保证传输适配链和服务适配链正常地运转工作，ESB 还需要提供 SOAP 服务、安全、部署和事务等操作。

由于不同的服务可能使用了不同的通信协议，因此，在集成过程中，需要对其进行转换，以实现不同节点之间的交互。在传输适配链中，无论是请求消息还是应答消息，其转换过程都是由协议解析、端点标识映射、操作标识映射、数据编码转换和协议生成五个步骤组成。

请求消息经过传输适配链的处理之后，将被传送到服务适配链进行处理。服务适配链的服务处理器和服务桥接器会对请求做后续的响应。

ESB 的架构提供了一个通用的、可扩展的和可维护的统一服务提供框架（Unified Service Providing Infrastructure，USPI），即服务桥接器，用于定制各种 Web 服务。服务桥接器是服务提供者与服务请求者之间的桥梁，用于实现 ESB 对各种异构服务和分布式数据源的集成，例如，服务桥接器可以集成 CORBA 组件、COM 组件和 JavaEE 等各类企业应用。由于使用服务桥接器来集成多种异构服务，因此服务实现模块的修改相对于 ESB 而言是透明的。同时，可以轻松地将某一服务提供者或数据源与 ESB 的连接断开，而不影响 ESB 的正常运行。服务桥接器的体系结构如图 5-10 所示。服务桥接器包括两个通用的接口，即 invoke 与 initServiceDesc。接口 initServiceDesc 主要负责服务描述信息的初始化，而接口 invoke 负责定位并与后台服务对象进行动态交互。如图 5-10 所示，CORBAProvider 是服务桥接器上的一个桥接插件，在 initServiceDesc 接口中，使用服务描述信息进行初始化；在 invoke 接口中，动态地构造 CORBA 语义请求，发出 DII（Dynamic Invocation Interface）调用。将应答结果发送给传输适配链，即封装成 SOAP 消息返回给客户。类似地，可以为 JavaEE 类、COM 组件和 DCOM 构件定制相应的桥接插件。

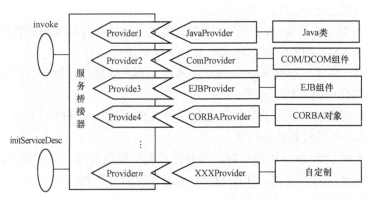

图 5-10 服务桥接器的体系结构

服务桥接器屏蔽了服务的具体实现和请求的分发细节，使对象定位具有透明性，可以灵活地选择编程语言，同时，应用开发将独立于所有的操作平台。

5.4.3　ESB 中的安全机制

在基于 ESB 的企业应用中，需要考虑服务的安全性。通常，服务的安全性体现在以下几个方面：

（1）机密性：保证服务之间所交换的信息不被其他人窃听。

（2）认证：保证只能由提供适当身份证明的用户才能访问相关的服务。

（3）完整性：在传输过程中，保证消息不会被有意或无意地修改。

（4）不可否认性：保证信息发送者无法否认其发送了该信息。

（5）授权：决定用户是否能够访问某种资源。

通常，ESB 所传递的消息遵循 SOAP。因此，在 ESB 中，需要采取一定的安全机制来保证 SOAP 消息传递的安全性。SOAP 消息的安全框架如图 5-11 所示。

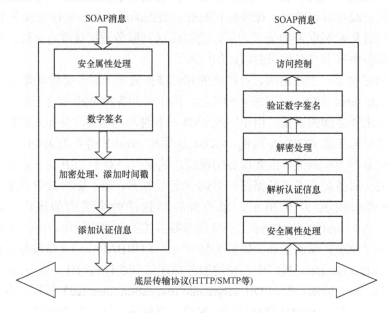

图 5-11　SOAP 消息的安全框架

客户端的安全性处理包括以下四个步骤：

（1）对 SOAP 消息，设置时间戳、有效期、发送方和接收方等安全属性信息。

（2）使用基于 XML 的数字签名技术对 SOAP 消息进行签名。

（3）利用 XML 签名（XML Signature）技术对 SOAP 消息进行加密，可以使用 Web 服务的公钥基础设施 PKI 中的密钥注册码。

（4）根据用户指定的认证方式和认证信息（如 X.509 证书、用户/口令和 SAML 票据）构造 XML 认证元素，并且封装认证信息。

因此，在客户端发送 SOAP 消息时，需要经过安全属性处理、数字签名、加密处理、添加时间戳和添加认证信息等步骤，保证 SOAP 消息发送的可靠性。

服务器端的安全性处理包括以下四步：

（1）当服务器收到 SOAP 消息时，需要检查时间戳、有效期、发送方和接收方等安全属性是否正确。

（2）识别消息中的认证信息，分别进行处理：若为 X.509 证书，则需要检查证书及其相关签名的有效性，同时将请求传递给访问控制模块做进一步处理；若为会话标识符，则需获取会话信息并使用消息码 MAC 进行解密；若为用户/口令和 SAML 票据，则直接将解析结果传递给后续应用。

（3）若请求消息经过签名和加密处理，则采用 XML 解密技术进行解密，其中密钥管理遵循 XKMS 规范。

（4）将处理后的请求消息传递给应用程序。因此，在服务器接收 SOAP 消息时，需要经过安全属性处理、解析认证信息、解密处理、验证数字签名和访问控制等步骤，保证了 SOAP 消息接收的可靠性。

目前，市场上存在着很多 ESB 产品。为了在市场中占有一席之地，各大厂商除了提供 ESB 的基本服务之外，都在不断地对其功能进行扩展。Iona 发布的 ESB 产品集成了 BPEL 引擎。Sonic 发布的 ESB 7.0 支持更多标准，如 WS-Reliable Messaging、WS-Addresing、WS-Seurity 和 WS-Policy 等。目前，IBM 和 BEA 的 ESB 产品在市场上占据了技术领先的地位。

在 IBM 的 WebSphere Application Server6 中，Service Integration Bus（SIB）是其实现的企业服务总线的核心。SIB 支持请求/回复和发布/订阅两种消息机制，保障了消息的可靠传递，能够动态地选择服务和连接服务。

BEA 的 ESB 产品是 AquaLogic Service Bus，消息代理作为服务请求者和服务提供者之间的中介，是其中的核心部件。AquaLogic Service Bus 实现了同步—异步桥接，即服务请求者同步，服务提供者异步，实现一致的服务注册和消息认证。

ESB 是集成技术发展的最新产物。相对于现存的集成解决方案而言，ESB 具有以下四点优势：

（1）扩展的和基于标准的连接。ESB 形成一个基于标准的信息骨架，在企业之间可以很容易地进行异步和同步通信。ESB 采用 Web 服务、J2EE、.NET 和其他标准，可以方便地对系统实施互联。

（2）灵活的和服务导向的应用组合。以 ESB 为基础，能够制定跨应用、跨系统和穿越防火墙的集成方案，组合开发测试过的服务来实现用户的新需求，使系统具有较高的可扩展性和可靠性。

（3）提高复用率，减少总成本。使用 ESB 来构建企业应用，直接提高了复用效率，减小了维护成本。

（4）减少市场反应时间，提高软件开发效率。ESB 通过复用构件和服务，以 SOA 为框架基础简化了应用开发过程。

5.5 网格体系结构

网格技术是近年来逐渐兴起的一种 Internet 计算模式，其目的是在分布、异构和自治的网络环境中，实施动态的虚拟组织模式，在内部实现跨自治域的资源共享与协作，有效地满足面向互联网的复杂应用对大规模计算和海量数据处理的需求。网格计算的理想是使网络上的所有资源协同工作，服务于不同的网格应用，实现资源在跨组织应用之间的共享与集成。

早期的网格研究主要集中在计算资源的共享与集成上。目前，应用资源的多样性为网格研究带来了新的机遇和挑战，需要对多种异构的网络资源进行无缝对接。这些资源不仅包括计算器、存储器和大型服务器等物理设备，而且包括带宽和软件服务等逻辑资源。

目前，主流的网格体系结构主要包括三种。第一种是 Ian Foster 提出的五层沙漏结构（Five Level Sandglass Architecture）；第二种是 IBM 将五层沙漏结构和 Web 服务相结合提出的开放网格服务体系结构（Open Grid Service Architecture，OGSA）；第三种是由 Globus 联盟、IBM 和 HP 共同提出的 Web 服务资源框架（Web Service Resource Framework，WSRF），该框架于 2006 年被结构化信息标准促进组织所采纳。

5.5.1　五层沙漏结构

五层沙漏结构是一种具有代表性的网格体系结构，具有非常重要的影响力，其特点是非常简单，主要侧重于定性描述而不是定义某些具体协议，从整体上比较容易理解。五层沙漏结构的基本思想是以协议为中心，强调协议在网格资源共享和互操作中的地位。通过协议实现相关机制，使虚拟组织的用户与资源可以相互协商，建立起共享关系，并进一步管理和开发新的共享关系。

五层沙漏结构的设计原则是使参与开销最小化，即使用的基础核心协议比较少，方便移植，类似于操作系统的内核。此外，五层沙漏结构可以管辖多种资源，允许局部控制，构建高层的和面向特定领域的应用服务，具有广泛的适应性。

在五层沙漏结构中，根据组成部分与共享资源之间的距离，将操作、管理和使用共享资源的相关功能分散在五个不同的层次上，越向下越接近共享物理资源，越向上是抽象程度更高的逻辑共享资源，不需要关心与底层资源相关的具体实现细节。

五层沙漏结构由构造层、连接层、资源层、汇聚层和应用层组成，如图 5-12 所示。这种结构之所以称为沙漏，是因为各层协议数量分布不均匀。资源层和连接层共同组成瓶颈部分，形成核心层，促进资源共享。在五层沙漏结构中，要能实现上层协议向核心层协议的映射，同时实现核心层协议向下层协议的转换。在所有支持网格计算的地点，核心层协议都能够得到支持，因此，核心层协议的数量不应该太多，这样核心层协议就形成了协议层次结构中的一个瓶颈，便于实现核心层的移植和升级。

（1）构造层。构造层的基本功能是控制局部资源，包括查询资源的状态、发现资源的结构、控制服务质量和管理资源等，同时向上提供访问这些资源的接口。在构造层中，资源的种类是非常丰富的，如计算服务器、存储器、仪器设备、网络资源和传感器等。

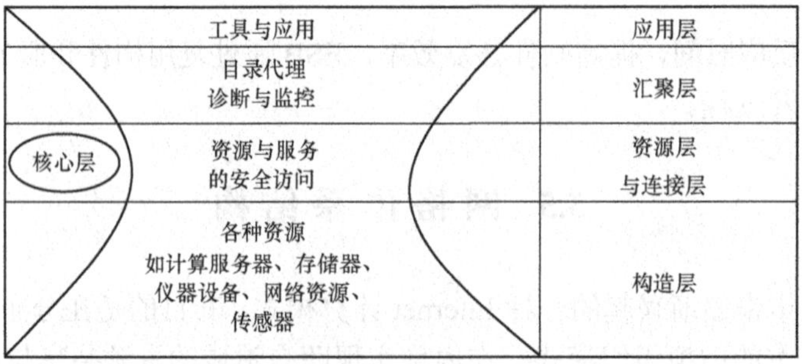

图 5-12　五层沙漏体系结构

（2）连接层。连接层的主要功能是实现各个孤立资源之间的安全通信，定义了核心层的通信协议和认证协议，用于处理网格中的事务。连接层是网格通信和授权控制的核心，各种资源之间的数据交换、授权验证和安全控制都是在这一层实现的。连接层的特点是要求安全便利的通信，通信协议允许构造层中的资源彼此之间进行数据交换，包括传输、路由和命名功能。实际上，这些协议都是从 TCP/IP 协议栈中抽取出来的。认证协议建立在通信服务基础之上，其主要功能包括单一登录、代理和信任机制。

（3）资源层。资源层的基本功能是实现资源共享。资源层建立在连接层的通信协议和认证协议基础之上，提供了安全初始化、监视、控制资源共享、审计和付费等功能，同时忽略了全局状态和跨分布式资源集合的原子操作。

（4）汇聚层。汇聚层的主要功能是协调多种共享资源，共同完成某项任务，包括目录服务、资源分配、进度安排、业务代理、资源监视、服务诊断、负载控制、服务发现、安全认证、服务协作、数据复制和计费等。在汇聚层中，协议与服务涉及资源的共性知识，说明了不同资源集合之间是如何相互作用的，但不涉及资源的具体特征。汇聚层的种类包括通用汇聚层和面向特定问题的汇聚层。

（5）应用层。应用层由用户的应用程序构成，应用程序调用下层提供的服务，再通过服务调用网格上的共享资源。

5.5.2 开放网格服务体系结构

开放网格服务体系结构旨在集成分布式异构环境中的各种独立资源，在动态的虚拟组织中实现资源共享和协同处理。OGSA 称为下一代的网格体系结构，是在原来的五层沙漏结构基础上，结合最新的 Web 服务技术提出来的。OGSA 是一种以服务为中心的框架结构，实现了网络服务共享。在 OGSA 中，计算资源、存储资源、带宽资源、应用系统、数据库和仪器设备都表示为遵循统一规范的网络服务。OGSA 吸纳了许多服务标准，如 WSDL、SOAP、轻目录访问协议（Lightweight Directory Access Protocol，LDAP）和服务探测（WS-Inspection）等，用于定位和调度网络资源并保证它们的安全性。OSGA 采用 SOA，使现有的服务开发技术和开发工具能够得到充分的利用。

OGSA 主要包括资源层、Web 服务层、基于架构的网格服务层和网格应用层。OGSA 是一种面向服务的体系结构模型，其框架如图 5-13 所示。资源层上面是 Web 服务和开放网格服务基础架构（Open Grid Service Infrastructure，OGSI），共同完成底层服务资源的建模任务。Web 服务层之上是基于 OGSA 架构的网格服务层。在 Web 服务和 OGSI 所提供的基础设施之上，定义各种面向网格架构的服务。最上面是应用层，是为了满足用户需求而开发的各种网格应用程序。

（1）资源层。OGSA 把网格中的所有资源都抽象为服务，以服务的形式提供给用户使用，这是共享网格资源的重要手段。网格资源可以分为物理资源和逻辑资源两种类型。其中，物理资源包括计算服务器、存储器和各种科学仪器设备，为网格提供了基础技术支持。物理资源之上是逻辑资源，通过虚拟化和聚合物理资源来提供相应的逻辑功能，如文件系统、数据库、目录、工作流管理、消息和安全认证等。

（2）Web 服务层。所有网格资源，无论是逻辑资源还是物理资源，在这一层都将被封装为服务。

在 OGSA 刚刚提出不久，人们便开始起草开放网格服务基础架构（Open Grid Services Infrastructure，OGSI）草案，并成立了 OGSI 工作小组。OSGA 是一个抽象的东西，是一个框架。OGSI 是作为 OGSA 核心规范提出来的，可以对 OGSA 的主要方面进行具体化和规范化。

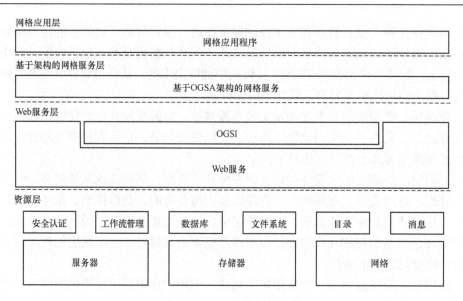

图 5-13　OGSA 的框架结构

OGSI 规定了向网格发送处理请求时所使用的接口，相当于 Web 服务中的 WSDL，在网格计算的相关标准中处于核心地位。OGSI 是 OGSA 的核心规范，通过扩展 Web 服务定义语言 WSDL 并使用 XML Schema 解决具有状态属性的 Web 服务问题。OGSI 提出了网格服务的概念，同时给出了一套标准化的接口，主要包括服务实例创建、命名和生命期管理、服务状态声明和查看、服务数据异步通信及服务调用错误处理等。OGSI 是 OGSA 的一种实现手段，该规范定义了建立在标准 Web 服务技术之上的网格服务。在 Web 服务层中，利用 OGSI 将所有的物理资源和逻辑资源都封装为网格服务。此外，OGSI 提供了动态的、有状态的和可管理的 Web 服务功能，在对网格资源进行建模时，这些都是必需的。

（3）基于架构的网格服务层。Web 服务和 OGSI 为基于架构的网格服务层提供了资源共享的技术基础。这一层主要包括网格核心服务、网格程序执行服务、网格数据服务和特定于领域的服务四种类型的网格服务。

（4）网格应用层。网格应用层由网格应用程序组成。在可视化工具和平台上，用户利用基于 OGSA 架构的网格服务来开发各种网格应用程序。

5.5.3　Web 服务资源描述框架

OGSI 将具有状态的资源建模为 Web 服务，这种做法与 Web 服务是没有状态和实例的观点相互矛盾。OGSI 规范的内容太多，所有接口和操作都与服务数据相关，缺乏通用性，同时 OGSI 也没有对资源和服务进行有效区分。OGSI 使 Web 服务和 XML 工具不能协调地工作，其原因是过多地采用了 XML 的 Schema。此外，由于 OGSI 过分地强调网格服务和 Web 服务之间的差别，二者之间不能很好地进行融合。

随着 Web 服务体系结构的不断发展，以及 WSDL 2.0 和 WS-Addressing 等新兴 Web 服务标准的公布，人们开始考虑如何利用这些新技术来改进 OGSI。很多学者和技术人员开始意识到应该将 OGSI 的功能进行重新划分。经过多方面的权衡和比较，OGSI 被划分为 Web 服务资源框架（Web Service Resource Framework，WSRF）和 Web 服务通知规范（WS-Notification）两大部分。

WSRF 作为 OGSA 的最新核心规范，提出了加速网格和 Web 服务融合的思想，促进科学研究和技术开发的接轨。目前，OGSA 和 WSRF 都处于发展变化之中。2004 年 6 月，发布了 OGSA 1.0 版本，阐述了 OGSA 与 Web 服务标准之间的关系，同时给出了不同的 OGSA 应用实例。WSRF 1.2 也于 2006 年 4 月 3 日被结构化信息标准促进组织 OASIS 所批准。

WSRF 在 OGSA 网格体系结构基础之上，继承了所有 OGSI 方法，包括资源创建、资源定位、资源观察和资源撤销，同时克服了 OGSI 的缺陷和不足。WSRF 提出了比较全面的解决方案，利用现存的 XML、Web 服务标准和 WSDL 规范，采用多方法—多资源手段，使用不同的结构模型管理网格资源。

基于 WSRF 的网格技术主要由 Web 服务和有状态的资源两部分组成。对于资源而言，WSRF 采用了与网格服务完全不同的定义。资源是有状态的，而服务是无状态的。有状态的资源是指具有一定生命周期、被一个或者多个 Web 服务访问的和能使用 XML 进行说明的状态数据。有状态的资源在创建之初，就被定义为完整的实体。为了充分兼容现有的 Web 服务，WSRF 使用 WSDL 来定义 OGSI 的各项功能，避免了对扩展工具的要求，使原有的网格服务演变成 Web 服务和资源文档两部分。WSRF 的目标是定义一个通用和开放的框架，利用 Web 服务来存取具有状态属性的资源，给出描述状态属性的相关机制，同时说明将该机制延伸到 Web 服务的方法。

WSRF 包括 WS-Addressing、Web 服务通知（WS-Notification）、Web 服务资源特性（WS-Resource Properties）、Web 服务资源生命周期（WS-Resource Lifetime）、Web 服务可更新引用（WS-Renewable References）、Web 服务基本错误（WS-Base Faults）和 Web 服务服务组（WS-Service Group）规范。虽然 Web 服务在交互过程中并不维持状态信息，但是在交互过程中必须经常地考虑状态操作。也就是说，通过使用 Web 服务，数据交互得以持久化，Web 服务交互的结果将被保存下来。Web 服务通知规范为 Web 服务提供了消息发布和消息预定功能。

（1）WS-Addressing：WS-Addressing 是一个用来标准化端点引用的结构。端点引用给出了部署在网络端点上的 Web 服务地址，可以使用 XML 序列化的形式来进行表示，由创建新资源的 Web 服务请求返回。

（2）Web 服务通知（WS-Notification）：定义了一般的和基于主题的 Web 服务系统，用于实现以 Web 服务资源框架为基础的信息交互。其采用的基本方法是机制和接口，允许客户端订阅感兴趣的主题，如 Web 服务资源的属性值变化。从 WS-Notification 的角度来看，Web 服务资源框架为表示通知提供了有用的材料。从 Web 服务资源框架的角度来看，WS-Notification 使请求者能够要求被异步地通报资源属性值变化的情况，以扩展 Web 服务资源的效用。

WS-Notification 规范包括 WS-BaseNotification、WS-Topics 和 WS-BrokeredNotifieation 三个子规范。

（3）Web 服务资源特性（WS-Resource Properties）：给出了 Web 服务资源的类型定义，说明了定义与 Web 服务接口描述之间的关联关系，提供了检索、更新和删除 Web 服务资源特性的相关机制。

（4）Web 服务资源生命周期（WS-Resource Lifetime）：定义了 Web 服务资源的析构机制，使请求者可以立即或使用基于时间调度的资源终止方法来销毁 Web 服务资源，是针对 Web 服务资源生命周期的三个重要方面而制订的，即 Creation、Identity 和 Destruction。

（5）Web 服务可更新引用（WS-Renewable References）：给出了通过某种通知策略来重新

获取新引用的相关机制。这些机制可应用于任何端点引用，对指向 Web 服务资源的端点引用是极其重要的，因为它能够提供持久、稳定的 Web 服务资源引用，允许同一状态随着时间的推移被重复访问。

（6）Web 服务基本错误（WS-Base Faults）：采用 XML Schema 来定义基本错误类型，给出 Web 服务使用这种错误类型的相关规则。Web 服务应用程序设计人员经常使用别人定义的接口。当每个接口使用不同的约定来表示错误消息时，管理这种应用程序中的错误就会变得非常困难。为了有效地管理错误，可以通过指定 Web 服务错误消息来实现。如果来自不同接口的错误信息都是一致的，请求者理解错误就变得更加容易了。与此同时，可以开发一种通用的工具来帮助处理错误。

（7）Web 服务服务组（WS-Service Group）：为了实现领域的特定目标，定义一种方法，使 Web 服务和 Web 服务资源聚集和组合在一起。为了让请求者能够根据服务组的内容来进行有意义的查询，必须以某种方式来限制组内成员的资格。通过使用分类机制来限制成员的资格，其他成员必须使用一组共同的信息来表达查询。WS-Service Group 规范定义了一种方法来表示和管理异构的、可引用的 Web 服务集合。这个规范可以被用来组织 Web 服务，例如，构建注册中心，创建 Web 服务资源的共同操作。

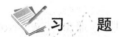

习　题

1．什么是 Web 服务？
2．什么是 Web 服务体系结构模型？
3．分析服务提供者、服务请求者和服务注册中心的作用，以及它们之间的工作流程。
4．试述 Web 服务协议栈。
5．如何实现异构服务的集成？
6．什么是面向服务的体系结构？
7．什么是企业服务总线？
8．试述五层沙漏结构。

第6章 软件演化技术

6.1 软件演化概述

演化是长久存在的一种自然现象，始终贯穿于不同的物种、社会、群体和概念的发展过程中。软件系统也不例外。软件是对现实世界中问题空间与解空间的具体描述，是客观世界的一种抽象表示。随着外界环境的变化，客观世界也在不断地发生演变。因此，和其所描述的客观事物一样，软件也应该是不断地变化着的，这主要表现为系统的问题域是在不断地发生改变的。由此可见，用户期望软件系统也应该能够很好地适应外界环境变化的要求。同时，演化过程会不断地促使技术向前发展，反过来，技术的不断发展也会促进软件系统的进一步升级。

软件的开发、发布和维护是一个渐进变化并要达到预期目标的过程，同样也是一种演化过程。在软件系统开发完毕正式投入使用之后，如果用户需求发生了改变，或者要将该系统移植到另一个运行环境中，或者在新环境中需求发生变化时，都需要对软件系统进行修改和完善。这个过程本身就是一个进化和完善的过程。软件系统进行渐进完善并达到所希望的目标的过程就是软件演化（Software Evolution）。软件演化过程是由一系列复杂的变化活动组成的，控制系统按照预期目标进行变化是开发者所追求的目标。

软件演化是指在软件生命周期内进行系统维护和系统更新的动态行为。在现代开发模式中，演化是一项贯穿于软件生命周期的系统化工程。经过多年的观察研究，人们发现引起软件变化的原因是多方面的，如系统需求的改变、基础设施的变化、功能需求的增加、新功能的引入、高性能算法的发现、技术环境因素的变化、系统框架的更改、软件缺陷的修复和运行环境的变更等，均要求软件系统具有较强的演化能力，能够快速地适应外界环境变化的需求，以减少软件维护的代价。引起软件演化的因素比较多而且比较复杂，因此，正确地理解和控制软件演化过程就显得十分困难。

19世纪70年代初，以Lehman为代表的众多科学家开始从事软件演化的研究工作，经过长时间的探索和积累，最终形成了一套关于系统演化的理论体系。他们认为软件演化是人们对现实世界的不断认识、不断抽象和不断积累的过程，最终将所得到的本质认识和抽象描述施加于软件系统，使之能够正确地反映现实世界并能够解决现存的客观问题。软件演化的具体过程如图6-1所示。按照Lehman的观点，软件是对现实世界的一种模拟，软件运行的结果为客观问题提供了一种解释。在开发过程中，对现实世界中的客观问题进行抽象，获取问题的规约描述，然后实现该问题的规约。当软件发生演化时，首先根据外部变化，对问题的规约进行修正，即规约演化，然后对软件系统进行演化。整个演化过程是一个系统工程，具有普遍性、持续性、

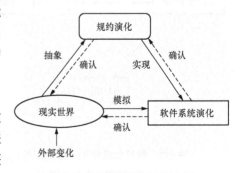

图6-1 软件演化的具体过程

自治性、质量递增性和反馈性。

随着系统的复杂性和规模日益增大，软件质量主要体现在系统的可维护性和系统应对外界环境变化的能力，即软件的演化性。目前，演化性已经逐步成为软件的主要属性。特别是在 Internet 成为主流软件运行环境之后，网络的开放性和动态性使得客户需求和硬件资源频繁地发生变化，由此导致了软件的复杂性也在逐步地增强。在这样的背景下，软件动态演化技术引起了人们的高度重视，许多学者对系统演化的理论依据和执行手段开始进行重点研究。众多研究成果表明，软件演化是一种粗粒度、高层次和结构化的形式改变，能够更容易地对系统进行更新和完善。演化允许系统更广泛地考虑新需求，并实现完整的新功能，不仅可以在指令级上修改软件，而且可以更改系统的整体框架。

软件演化的核心问题是如何使软件系统适应外界的改变。软件演化过程是软件演化和软件过程的统一。按照 ISO/IEC 12207 标准，软件过程是指生命期中若干活动的集合。活动又称为工作流程，工作流程又可以细分为子活动和任务。Lehman 认为软件演化是一个多层次、多循环和多用户的反馈过程。软件演化过程具有以下几个特征：

（1）迭代性。在软件演化过程中，必须不断地对系统进行变更，许多活动要比在传统模式中具有更高的重复执行频率。

（2）并行性。为了提高软件演化的效率，必须对软件演化过程进行并行处理。

（3）反馈性。用户需求和软件系统所处的工作环境总是在不断地发生改变，一旦环境发生变化后，就必须做出反馈，启动软件演化过程。

（4）多层次性。软件演化是一项多层次的工作，是多方面因素共同作用的结果。

（5）交错性。软件演化既具有连续性，又具有间断性，二者是交错进行的。

6.2　软件需求演化

软件演化是一个不断调节应用系统以满足用户需求的过程，是一个对已有系统不断进行修改、补充和完善，以适应外界环境变化的过程。软件演化是系统自身不断地更新和完善的过程，是软件的本质特征之一。软件作为现实世界的一种抽象，是对客观问题的一种描述，是领域知识的提炼、体现和固化。客观世界总是在不断地发展变化的，因此系统需求也不可能是一成不变的。随着新需求和新技术的不断涌现，几乎所有的系统都要不断地进行升级和更新，这种变化的起因更多地归结为软件需求的演化。在软件生命周期的各个阶段，软件需求都可能发生改变。记录和分析需求变化信息，能够有助于理解软件系统的本质，为更好地控制和预测未来的软件变化奠定坚实的基础。

系统需求主要包括非功能性需求和功能需求两部分。非功能性需求往往具有全局性，在框架结构级别上比较容易体现出来。软件体系结构、非功能性需求和功能需求之间的关系如图 6-2 所示。

首先，必须在功能需求中体现非功能性

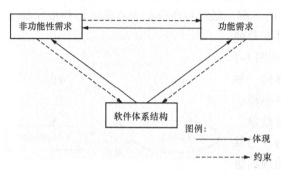

图 6-2　软件体系结构、非功能性需求
和功能需求之间的关系

需求，在软件体系结构中体现功能需求和非功能性需求；其次，非功能性需求对软件体系结构和功能需求具有约束；此外，软件体系结构进一步约束了功能需求。这个关系说明不能单独去考虑系统的功能需求、非功能性需求和框架结构。非功能性需求的变化可能导致软件体系结构的改变，或者某一给定的框架结构可能满足部分非功能性需求。

需求分析往往具有无法避免的不彻底性和不完备性，一些无法预料的外部条件变化也总是在所难免的。因此，无论是在开发阶段还是在运行阶段，经常需要修改系统的需求定义，这就是需求演化。软件需求演化主要分为三类，描述如下：

（1）需求增加。软件工程师检查用户提出的新需求是否与原有功能冲突，如果产生冲突则向开发小组报告，否则将新需求加入系统需求规格说明中，启动软件演化过程。

（2）需求删除。在开发和运行阶段，系统往往存在着某些不必要或重复的功能，必须删除这些功能所对应的需求描述。此时，必须考虑以下因素：处理与该功能相关的消息通信和与该功能有关的技术文档；当删除包含多个子功能的需求时，应该对每个子功能都做相应的删除处理。

（3）需求改写。经过与客户的商讨之后，软件工程师对功能定义、数据定义和实现方法进行修改，然后通知相关人员按照新需求重新启动软件演化过程。

在实施需求演化时，软件工程师应该对所涉及的多种相关因素进行慎重考虑，尽量缩小影响范围，保留现有的工作和投资。同时，还要保持软件系统的松耦合结构，制订周密完善的修改计划，然后设计对应的演化方案。在经过模拟验证和反复修改之后才能正式开始实施。

引起软件需求变化的原因是多方面的，例如，用户提出了新的功能要求，在实际运行过程中发现某些功能需要增强，运行环境的变化要求对系统进行修改，以及新技术的出现需求调整应用系统等。在软件需求演化过程中，应该注意以下几个问题：

（1）如何预先推导变更的结果和影响的范围。在软件发生变更之前，应该对变更之后的软件是否满足新需求和变更后的软件是否符合系统的约束等问题，采用合适的机制进行自动预测和评估，并决定是否启动软件演化过程。这一过程非常复杂，也很难实现，有时只能靠软件工程人员的经验来完成。

（2）在更替软件元素时，需要保证替换前后元素的外部行为是一致的。构成系统的软件元素之间是相互协作和相互通信的。一个软件元素的功能实现可能需要其他成员的配合，软件元素与和它进行协作的成员之间往往有一种期望的交互方式和行为约束。这就意味着在需求演化时，不仅要使它们的接口保持兼容，而且要保证它们的可观察的外部行为是一致性的。

（3）在软件需求演化过程中，应该具备控制变更过程的手段，以保持其完整性。例如，在需求演化过程中，如果发生了错误，需要采取相关的措施进行回滚，撤销最近的需求变更。

6.3 软件演化的分类

软件演化指系统进行变化并达到预期目标的过程，可以分为静态演化和动态演化两种类型。静态演化是指系统在停机状态下所进行的修改，动态演化则是指软件在运行期间所进行的更新。

在静态演化中，先对需求变化进行分析，锁定软件更新的范围，然后实施系统升级。在停机状态下，系统的维护和二次开发就是一种典型的软件静态演化。此外，在软件开发过程中，如果对当前结果不满意，则回退重复以前的步骤，这本身也是软件的一次静态演化。

在动态演化中，由于涉及状态迁移问题，因此，相对于静态演化而言，动态演化技术的实现细节更为复杂，难度也更大。但是，动态演化过程具有明显的持续可用优点。对于执行关键任务的一些软件系统而言，通过停止、更新和重启来实现维护演化任务将会导致不可接受的延迟、代价和危险，例如，当对航班调度系统和某些实时监控系统进行演化时，不能进行停机更新，而必须切换到备用系统上，以确保相关服务仍旧可用。此外，在外部条件发生改变时，移动计算系统需要调整对应的计算构件，以适应外界环境的变化，如交通控制软件、电信交换软件、Internet 服务应用软件及高可用性的公共信息软件。这些软件必须 24 小时运行，但是又需要经常升级以适应外部环境的变化和满足客户的需求更新，对于这些应用系统，只能在不停机甚至服务质量不能降低的前提下进行更新和维护。在系统停机过程中，银行、航空和金融等领域将会遭受重大损失。另外，对于一般的商业应用软件，如果其具有运行时动态修改的特性，则用户在不需要重新编译系统的前提下就可以定制和扩充功能，这将会大大地提高系统的自适应性和敏捷性，从而延长软件生命周期，加强企业的竞争能力。可见，软件的这种在运行时进行更新，即动态演化的能力是极其重要的。目前，软件动态演化得到了学术界和工业界的高度重视，正成为软件工程研究领域中的一个热点问题。软件动态演化可以分为预设的和非预设的两种类型。在 Web 环境中，软件系统常常需要处理多种类型的信息，因此它们常被设计成可动态下载并安装插件以处理当前所面临的新类型信息。在分布式 Web 应用系统中，也常常需要增减内部处理节点的数目以适应多变的负载。这些动态变化的因素是软件设计者能够预先设想到的，可实现为系统的固有功能，这就是预设的软件动态演化。此外，在某些情况下，对系统配置进行修改和调整是直到软件投入运行以后才能确定的，这就要求系统能够处理在原始设计中没有完全预料到的新需求。这就是非预设的软件动态演化。在这种情况下，一般需要关闭整个系统，重新开发、重新装入并重新启动系统。然而，为了进行局部的修改而关闭整个应用系统，在某些情况下是不允许的（如航空管制领域中的应用系统）或者代价太高。在处理非预设的动态演化时，往往事先对更新所涉及的构件的接口进行通用化处理以便于演化。同时，在演化过程中，需要人工介入。在不关闭整个系统的前提下，精心设计的动态演化技术可以修改系统的结构配置，并尽量使未受影响的部分继续工作以提高系统的可用度。

从实现方式和粒度上看，演化主要包括基于过程和函数的软件演化、面向对象的软件演化、基于构件的软件演化和基于体系结构的软件演化。虽然，这些演化方法的着眼点和基本假设各不相同，但都有着相同的目标。

6.3.1　基于过程和函数的软件演化

一般来说，早期的动态链接库 DLL 的动态加载就是以 DLL 为基础的函数层的软件演化。DLL 的调用方式可以分为加载时刻的隐含调用和运行时刻的显式调用。加载时的隐含调用由编译系统来完成对 DLL 的加载和卸载工作，属于软件静态演化。运行时的显式调用则由编程者使用 API 函数加载 DLL 和卸载 DLL 实现调用 DLL 的目的。相对于隐含调用而言，显式调用的实现方法较为复杂。在编制大型应用程序时，显式调用是一种被经常采用的较为灵活的 DLL 调用方法。在设计 DLL 时，应为软件系统提供一定的可扩展性，以实现软件的演化。

此外，Mark 给出了 PODUS（Procedure-Oriented Dynamic Updating System）的原型系统。在这个原型系统中，程序的更新是通过载入新版本的程序，用过程的新版本来替换旧版本，同时，在运行时将当前的捆绑改为新版本的捆绑来实现的。Hicks 利用动态补丁（Dynamic Patches）实现了一种类型安全的动态升级，动态补丁包含将被升级的代码和新版本的代码，补丁是自动生成的，使用了动态链接技术。Duggan 利用系统的反射特性，在运行时刻动态地增加或修改过程，从而实现软件的动态升级。其中，反射性是指软件系统推理和操作自身的能力。计算反射性是指在运行过程中，系统对自身进行的计算和控制行为。反射系统是一个特殊的计算系统，指以自身为目标系统的元系统。通常，一个反射系统具有两层结构，一层负责对系统的问题域建模并对其进行推理、计算和操纵，以解决该领域中的问题；另一层则负责对系统自身建模并进行推理、计算和操纵，从而能够自动地或在特定要求下改变系统的配置，使之适应外部环境的变化。

6.3.2　面向对象的软件演化

面向对象语言是从现实世界中客观存在的事物（即对象）出发来构造应用系统的，提高了人们表达客观世界的抽象层次，使开发的软件具有更好的构造性。在面向对象语言出现之后，许多研究者开始考虑利用面向对象技术来提高软件系统的演化能力。对象是某一功能的定义与实现体，封装了对象的所有属性和相关方法。类则是一类具有相似属性的对象的抽象。利用对象和类的相关特性，在软件升级时，可以将系统修改局限于某个或某几个类中，以提高演化的效率。

在面向对象的软件演化中，对象的动态演化是人们经常关注的一个话题。可动态演化的对象应该具备以下六个特征：

（1）在系统运行时，允许进行重新配置。

（2）动态调整不涉及实现代码，可直接在运行实例中修改应用系统。

（3）使用反射、元数据及元对象协议来实现对象的动态更新。

（4）参照透明，即被替换的对象无需告诉它的使用者，例如，在 C/S 模式中，服务器 Server 的更新对客户机 Client 保持透明。

（5）状态迁移。在对象动态演化中，被替换对象的相关状态信息（如属性和当前运行状态）应该迁移到新对象上，从而保持系统运行的持续性和稳定性。

（6）相互引用问题。对象之间往往存在着某种相互依赖的关系，在对象动态演化中，这种依赖关系可能导致其他对象的替换，同时还会影响对象替换的顺序。在设计时，应该分析所有可能发生的情况，进行相应的处理。

在面向对象技术中，类层次的动态演化是最具代表性的方法，其原理是在代理机制下，实现类的动态替换。在设计应用系统时，可以为对象提供一个代理对象，在运行软件时，任何访问该对象的操作都必须通过代理对象来完成。在调用实际对象之前或调用实际对象之后，可以使用代理来做一些调用预处理和收尾处理工作。调用预处理可以实现类版本的判别、对象的替换和执行对象的调用等操作。当一个对象调用另一个对象时，代理对象首先取得调用请求信息，然后识别被调用对象的类版本是否更新，若已更新则重新装载该类并替换被调用对象。在替换对象时，代理获取旧版本对象的状态并传递给新版本对象，以保障对象替换前后的状态一致性。最后完成新版本对象的行为调用，保证对象替换的引用一致性。类层次的动态演化是程序代码级的一种软件演化方法，可以为构件层次的演化提供技术支持。

通常，面向对象的演化技术与所使用的开发语言密切相关。Java 语言使用了动态类的概念，并通过修改标准 Java 虚拟机增加相应动态类载入器，在升级前先检查类型的正确性。这种方法需要用户安装修改过的 JVM，违背了 Java 语言的"编写一次、到处运行"的原则。Orso 给出了一种基于代理类的方法，提供了 DUSC（Dynamic Updating through Swapping of Classes）工具，以允许在运行时刻增加、替换和删除一个 Java 类，并且不需要改动 JVM。

6.3.3　基于构件的软件演化

从复用的粒度来讲，软件构件要比对象大得多，更易于复用，而且更易于演化。研究基于构件的软件演化方法，可以使人们更好地理解和处理软件的更新问题。

在基于构件的系统中，构件作为一个特定的功能单位，主要包括信息、行为和接口三个部分。信息保存在构件的内部，指明构件的内部状态，构件在实现其功能时将参照这些信息；行为是构件所能实现的功能；接口是构件对外的表现，包括构件的对外属性和方法调用。只有通过接口才能实现构件之间的交互。构件演化是在现有构件的基础上对其进行修改，以满足用户的新需求。从构件组成的角度来看，构件演化主要包括信息演化、行为演化和接口演化三种类型。信息演化是给构件增加新的内部状态。行为演化是在保持构件对外接口不变的情况下，修改构件的具体功能，重新实现构件的内部逻辑。接口演化是要对构件的接口进行修改，包括增加、减少和替换原构件的接口。简单的接口演化是在构件行为保持不变的情况下进行的。在大多数情况下，构件演化要复杂得多，通常是以上三种情况的两两组合或三种情况的联合。接口—信息演化是在构件中增加新信息，同时增加新接口，以便外部构件能够访问此信息。行为—信息演化是在构件中增加新信息，并按照新信息来修改构件的特定行为，例如，在构件中增加一个记录某接口被访问次数的信息，同时，按照被访问的次数来修改相应的功能。接口—行为演化由于修改了构件的内部实现，构件可以向外提供新的功能，因此要对接口进行相应的调整。

通常，基于构件的软件演化与系统框架有着十分密切的关系。Janssens 对生产者—消费者风格中的构件替换问题进行了深入研究，提出了构件安全状态机制，其含义是在重新配置构件时，应该尽量减少该构件与其他构件之间的冲突，同时要求在替换时尽量降低对编程者的约束。

反射式中间件（Reflective Middleware）是一种通过开放内部实现细节获取更高灵活性的中间件。通过引入反射技术以一种受限的方式来操纵中间件运行时的内部状态和行为，使系统具有反射性。系统的反射性是指系统能够提供对自身状态和行为的自我描述，并且系统的实际状态和行为始终与自我描述保持一致。自我描述的改变能够立即反映到系统的实际状态和行为中，而系统的实际状态和行为改变也能够立即在自我描述中得到反映。通常，反射系统定义了一个层次化的反射体系，包括一个基层和一个或多个元层。工作在基层中的实体执行系统正常的业务功能，而工作在元层中的实体负责建立和维护系统的自我描述。

通常，软件构件之间的交互是通过连接件中相关信息的变化来实现的，同时，这种信息的变化可以触发和驱动系统自身的调整。演化平台可以截获构件之间的调用请求和构件状态。当接收到演化命令时，演化平台将调用请求阻塞，根据体系结构配置信息对构件进行重新组装和部署。最后，完成连接件的重定向并释放构件的调用请求。基于构件的演化与面向对象的演化既有一定的区别，又有一定的联系。软件构件的实例是一种更为复杂的对象，在更新时仍然需要借助面向对象的演化方法。

6.3.4　基于体系结构的软件演化

近年来，软件体系结构已经成为软件工程研究领域中的一个热点问题。它作为软件的蓝图，为人们从宏观上把握软件的复杂性和整体变化性提供了一条有效的途径。其研究和实践旨在将一个系统的框架结构进行显式化表示，使软件开发者能够从更高的抽象层次上处理设计问题，如全局组织和控制结构、功能到计算元素的分配及计算元素之间的高层交互等。另外，软件体系结构能使开发者从软件的总体结构入手，将系统分解为构件和构件之间的交互关系，可以在较高的抽象层次上去指导和验证构件的组装过程，提供一种自顶向下和基于构件的开发方法，为构件组装提供了有力的支持，使软件的构造性和演化性进一步得到提高。软件体系结构是软件生命周期的早期产品，着重解决系统的结构和需求向实现平坦过渡的问题，是开发、集成、测试和维护阶段的基础。因此，要从宏观的角度来刻画软件演化问题，一种行之有效的手段就是从软件体系结构出发，把握整个系统的更新问题。

系统需求、技术、环境和分布等因素的变化，最终将导致系统框架按照一定的方式来变动，这就是软件体系结构演化。关于框架结构的演化，可以有多种分类方法。如果单纯从系统是否运行的角度出发，软件体系结构演化包括静态演化和动态演化。在非运行时刻，系统框架结构的修改和变更称为软件体系结构的静态演化。在运行时刻，系统框架结构的变更称为软件体系结构的动态演化。

（1）软件体系结构的静态演化。在停止运行的状态下，体系结构演化的基本活动包括删除构件、增加构件、修改构件、合并构件和分解构件。在体系结构的静态演化中，表面上看是对构件进行增加、替换和删除操作，但是，实质上这种变化蕴涵着一系列的连带和波及效应，更多地表现为变化的构件和连接件与其他相关联的构件和连接件的重新组合与调整。在静态演化阶段，对软件的任何扩充和修改都需要在体系结构的指导下来完成，以维持整体设计的合理性和性能的可分析性，为维护的复杂性和代价分析提供依据。以现有体系结构为基础，把握需要进行的系统变动，在系统范围内，进行综合考虑，将有助于确定系统维护的最佳方案，更好地控制软件质量和更新成本。

（2）软件体系结构的动态演化。在软件体系结构的动态演化中，要求框架结构模型不仅具有刻画静态结构特性的能力，而且应该具有描述构件状态变化和构件之间通过连接件的相互作用等动态特性的能力。因此，需要将构件之间的相互作用与约束细化为构件与连接件之间的相互作用与约束。软件体系结构的动态演化分析比静态演化分析要复杂得多，建立框架结构的动态演化过程模型是动态分析的关键。但是，从不动点转移的角度来看，软件体系结构的静态演化实质上是动态演化的一个子过程。

如果从系统框架发生变化的时间来进行划分，软件体系结构演化可以分为以下四个阶段：

（1）设计时的体系结构演化。在设计阶段，随着对系统理解的不断深入，系统的整体框架会越来越清晰，这本身就是一个体系结构设计方案不断完善的过程。在这一阶段，由于系统框架还没有与之相对应的实现代码，因此，这时候的演化是相对简单和易于理解的。

（2）运行前的体系结构演化。此时，框架各部分所对应的代码已经被编译到软件系统中，但系统还没有开始运行。由于系统没有开始运行，这个阶段的软件体系结构更新不需要考虑到系统的状态信息，因此演化过程比较简单，一般表现为重新编译框架中变化部分的代码和对构件元素进行重新配置。在开发过程中，这种演化是经常发生的。

（3）安全运行模式下的体系结构演化。这种演化方式又称受限运行演化。系统运行在安全模式下，即系统的运行要受到一定条件的约束和限制。在该状态下，软件体系结构的演化不会破坏系统的稳定性和一致性，但是演化的程度要受到限制。此外，还需要提供保存系统框架信息和动态演化的相关机制。构件动态增加和删除就是这种演化的一个典型示例。

（4）运行时刻的体系结构演化。在系统运行过程中，框架演化通常与构件演化密切相关。在演化过程中，需要检查系统的状态，包括系统的全局状态和演化构件的内部状态，以保证系统的完整性和约束性不被破坏，使演化后的系统能够正常地运行。相对于前面几种演化方式来说，运行时刻的体系结构演化是最为复杂的，除了要求系统提供保存当前的框架信息和动态演化机制之外，还要求具备演化一致性检查功能。

体系结构将开发人员的关注点从代码转移到粗粒度的构件和构件之间的互联关系上，使设计者可以从细粒度的编程细节中摆脱出来，从更高的层面上来关注架构视图，如系统的框架结构、构件之间的交互关系和构件的调度问题等。在设计系统的框架结构时，应将构件的计算功能从通信中分离出来，最大限度地减小构件之间的相互依赖关系，使得构件的计算逻辑与适配逻辑相分离，方便对系统的理解、分析和演化。体系结构演化可以保证软件演化的一致性、正确性和其他一些所期望的特性。软件体系结构对于系统演化的意义主要表现在以下五个方面：

（1）对系统的框架结构进行形式化表示，提高软件的可构造性，从而更加易于软件的演化。

（2）体系结构设计方案将有助于开发人员充分地考虑将来可能出现的各种演化问题、演化情况和演化环境。

（3）在应用系统中，软件体系结构以一类实体显式地被表示出来，被整个运行环境所共享，可以作为整个系统运行的基础。在运行时刻，体系结构相关信息的改变可以触发和驱动系统自身的动态调整，也就是说，系统自身的动态调整可以在体系结构的抽象层面上体现出来。

（4）体系结构对系统的整体框架进行了充分描述，说明了构件与构件之间的对应关系、构件与连接件之间的连接关系及系统架构的配置状况，在系统演化阶段可以充分地利用这些信息。

（5）在设计系统的框架结构时，通常将相关协同逻辑从计算部件中分离出来，进行显式地、集中地表示，同时解除系统部件之间的直接耦合，有助于系统的动态调整。

从软件更新的角度来看，软件演化和软件维护有着非常密切的联系。软件维护是对已交付的系统进行修改，使目标系统能够完成新任务，或是在新环境中完成同样的功能，主要指在维护期间对现有系统的修改活动。软件演化则着眼于整个软件生命周期，从功能行为角度来观察系统的变化，是软件的一种向前发展过程，主要体现在软件功能的不断完善。在软件维护期间，通过具体的维护活动可以使系统不断地向前演化。因此，软件维护和软件演化之间的关系可以归结为，软件维护是软件演化特定阶段中的活动，是软件演化的组成部分。

6.4 软件静态演化技术

静态演化是指在应用系统停止运行时对软件所做的修改和更新，即一般意义上的软件改进和升级。通常，静态演化可以是一种更正代码错误的简单变更，也可以是更正设计方案的重大调整，可以是对描述错误所作的较大范围的修改，还可以是针对新需求所作的重大完善。在演化时，首先根据用户的需求变动，开发新功能模块或更新已有的功能模块，然后编译链接生成新应用系统，最后部署更新后的软件系统。设计阶段的软件更新就是一种典型的静态演化。在需求分析结束之后，软件工程人员获得了系统需求规格说明书。针对需求规格说明书所列举的功能，设计人员通过分解数据流和分解系统功能，编制了概要设计说明书，进而撰写详细设计说明书。这个过程不是一次完成的，而是要经过多次迭代。当发现需求分析结果不正确时，需要和用户进行反复地交流来完善需求规格说明书，进而改进概要设计说明书和详细设计说明书，从而完成一次静态演化。静态演化技术的优点是在更新过程中，不需要考虑系统的状态迁移和活动线程问题，其缺点是停止应用程序意味着停止系统所提供的相关服务，也就是使软件暂时失效。在软件项目交付使用之后，静态演化就成为一般意义上的软件维护。目前，软件维护有三种不同的方法，即更正性维护、适应性维护和完善性维护。维护过程主要包括变更分析、版本规划、系统实现和系统交付等活动。

软件静态演化是在更新系统时所做的一系列活动，是正向工程和逆向工程的统一，是一个不断循环的过程。软件静态演化包括以下五个步骤：

（1）软件理解。查阅软件文档，分析系统内部结构，识别系统组成元素及其之间的相互关系，提取系统的抽象表示形式。

（2）需求变更分析。软件的静态演化往往是由于用户需求变化、系统运行出错和运行环境发生改变所导致的。必须对需求规格说明书进行分析和对比，找出其中的差异点。

（3）演化计划。对原系统进行分析，确定更新范围和所花费的代价，制订更新成本和演化计划。

（4）系统重构。根据演化计划对原软件系统进行重构，使之能够适应当前的需求。

（5）系统测试。对更新后的软件元素和整个系统进行测试，查出其中的错误和不足之处。

软件静态演化的过程模型如图 6-3 所示。经过一次循环迭代之后，原系统就更新为新系统。在某些情况下，循环迭代过程可能要持续多次，以获取满足用户需求和适应环境要求的新系统。

在面向对象编程技术中，经常使用子类型来扩展应用程序，这种方法非常适合软件静态演化。子类型化意味着保留其父类的属性和方法，并尽可能地增加新的属性和方法。对原有的某个类进行子类型化，在新类中定义新属性和新

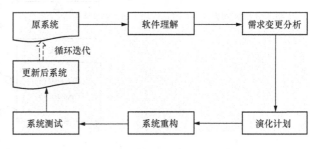

图 6-3　软件静态演化的过程模型

方法，为系统增加一项新功能。重载指的是在同一个类中，可以定义多个同名的方法，这些方法完成类似的功能，在调用时通过使用不同的参数来对它们进行区分。多态性是指对象的多种形态。重载和多态性可以作为重要的软件演化机制。实际上，在对系统功能进行更新时，最简单的机制就是创建相关类的子类，然后重载需要变更的方法，最后利用多态性来调用新创建的方法。

在开发构件时，通常采用接口和实现相分离的原则，构件之间只能通过接口来进行通信。具有兼容接口的不同构件实现部分可以相互取代，在静态演化过程中，已经成为一条非常有效的途径。但是，在实际开发过程中，相关技术人员经常会遗忘构件与其他构件之间的接口问题，可能出现构件之间的接口不一致。在基于构件的开发模式中，经常出现的构件接口与

系统设计接口不兼容的情况包括接口方法名称不一致和参数类型不一致。这就要求对原构件的接口进行修改，以方便软件演化过程中的构件添加操作。为了提高软件演化的效率，通常使用构件包装器（Component Wrapper）来修改原构件的接口，包装器对构件接口进行封装以适应新的需求环境。在构件包装器中，封装了原始构件，同时提供了系统所需要的接口，这

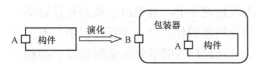

样就解决了构件接口不兼容的问题。如图 6-4 所示，使用包装器来封装构件，原接口 A 被屏蔽，呈现出来的是接口 B。

图 6-4　包装器将构件的接口 A 演化为接口 B

包装器的实质是一个筛选器，将对原构件的请求进行过滤并调用对应的方法。将一个或多个构件作为复合构件的组成部分，包装允许构件组合和聚集起来完成新的功能。该方法的优点是将原构件和构件的适配代码分离。包装器的使用范围从简单的接口转化到支持完全不同的操作集。包装器可以用于组合和聚集，在一定程度上解决了模块透明问题。在包装器中新加的代码是不能被重用的，因为它与被包装的构件之间存在着较高的耦合度。

包装器本身并不做任何实质的核心工作，它只是进行简单的处理，调用原始构件的相应方法，以响应用户请求。包装器不仅可以封装单个构件，而且可以同时封装多个构件。通过复合多个构件的功能，包装器可以提供更加强大的功能。此时，对于客户而言，包装器不再是简单的接口转换器，实际上已经成为一个构件。包装器封装两个构件的实现如图 6-5 所示。

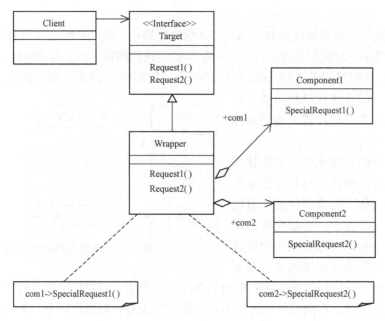

图 6-5　包装器封装构件 com1 和构件 com2

客户端（Client）可以利用包装器（Wrapper）来访问构件 Component1 和 Component2 的相关方法。当增加某项功能时，可以通过定义新构件并使用包装器来封装该构件的手段来实现，以完成软件的静态演化任务。

继承机制也可以实现构件演化。新创建的构件是通过继承原构件而获得的，是原构件的子类型。子类型化是通过加强原构件创建一个新构件，并复用其实现部分来完成的。面向对

象语言支持通过继承类来实现子类。继承可用于复用和代码共享。子类技术使得构件的客户不仅能够修改接口，而且可以通过函数重载和多态来实现其行为的变更。在设计构件时，将可能发生变化的部分定义为虚函数，并提供默认实现。在更新软件时，往往需要对原系统中的某些构件进行演化。此时，可以在原构件的基础上，使用继承机制来创建子构件，并按照需求重新实现相关的虚函数，就可以完成构件演化任务。例如，打印构件负责实现系统数据的输出，输出过程主要包括三个部分，即：

（1）PreparePrint( )：初始化打印机。

（2）PrintDocument( )：打印文档。

（3）AfterPrint( )：打印结束后期处理。

在不同的运行环境中，打印机的初始化和后期处理可能会有所不同。在设计打印构件时，将 PreparePrint 和 AfterPrint 定义为虚函数。以 PrintComponent 为基础，通过继承机制开发不同的子构件，以适应不同的应用环境，这就有效地实现了打印构件的演化。具体实现过程如图 6-6 所示。

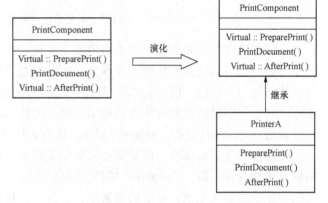

图 6-6 继承机制下的构件演化

在软件演化过程中，需要确定何时进行改动，确定哪种改动的风险最小，评估改动的后果，仲裁改动的顺序和优先级。所有这些行为都需要深入地洞察系统各部分之间的相互依存关系、性能和行为特性。软件体系结构给出了系统的整体框架，可以作为设计、实现和更新的基础，承担了"保证最经常发生的变动是最容易进行的"这一重担。在软件静态演化过程中，对系统任何部分所做的扩充和修改都需要在体系结构的指导下完成，从而维持整体设计的合理性和正确性，便于对演化方案的可行性进行分析。以软件体系结构为基础，对系统需求变化进行整体把握，将有助于确定系统更新的最佳方案，更好地控制软件质量和演化成本。软件体系结构演化基本上可以归结为三类，即局部更新、非局部更新和体系结构级更新。局部更新是指修改单个软件构件，包括构件删除、构件增加和构件修改。非局部更新则是指对几个软件构件进行修改，但不影响整个体系结构，包括构件合并、构件分解和若干个构件的修改。体系结构级更新则会影响系统各组成元素之间的相互关系，甚至要改动整个框架结构。在软件体系结构的静态演化中，表面上看是对构件的增加、替换、删除和更新，但实质上这种变动蕴涵着一系列的连锁反应和波及效应，更多地表现为变化的构件、连接件与其相关联的构件、连接件之间的重新组合与调整。显然，局部更新是最经常发生的，也是最容易实现的；在系统功能发生调整时，会出现非局部更新，其处理过程要相对复杂一些；当系统功能发生重大变化时，会发生体系结构级更新，此时，需要对系统框架进行重新设计。

对于复杂的应用系统，可以通过对功能进行分层和线索化，形成正交体系结构。正交软件体系结构的框架如图 6-7 所示，其中，ABDFH 和 ACEGH 各是一条线索。因为 BC 处于同一层中，所以不允许进行相互调用；DE 和 FG 也处于同一层中，也不允许相互调用。第一层是顶层，第二、三、四层是正交线索，第五层是物理数据库链接层。

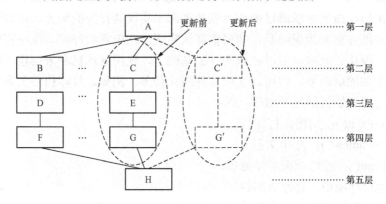

图 6-7　正交软件体系结构的框架

在演化过程中，系统需求会不断地发生变化。在正交体系结构中，因为线索是正交的，因此，每一个需求变动只影响一条线索，而不涉及其他线索。例如，在演化过程中，需要更改系统的某一子功能，该功能的实现对应于线索 ACEGH。首先标记线索 ACEGH，然后按需求定位线索中需要修改的构件为 C 和 E，删除构件 E，同时，将构件 C 更改为 C′并直接对 G 进行调用，完成演化过程，如图 6-7 所示。这样，软件需求变动就被局部化了，所产生的影响也被限制在一定的范围内。需求变动只对相关模块起作用，不会影响其他模块，从而使系统的修改更加容易实现。当应用程序发生演化时，可以在原软件结构的基础之上，通过新增、修改和删除线索来生成新系统的框架结构。整个演化过程是以原结构的线索和构件为基础，由左向右、自顶向下来进行的。正交软件体系结构的演化过程如下：

（1）需求变动归类。首先对用户的需求变化进行归类，使变化的需求与已有的构件和线索相对应。对于找不到对应的变动，应该做好标记，在后续的工作中，通过创建新构件和新线索，实现这些变化的需求。从正交体系结构的最左边一条线索开始，判断该线索是否可复用，如果可复用，则继续对下一条线索进行判断；如果只能部分复用，则进一步判断需求变动发生在哪几层，并绘制线索结构变动的情况图，对发生变动的构件和线索做出标记。

（2）制订体系结构演化计划。在改变原框架结构之前，开发组织必须制订一个高级的体系结构演化计划，作为后续演化工作的指南。

（3）修改、增加或删除构件。在演化计划的基础上，开发人员根据第（1）步得到的需求变动归类情况，决定是否修改或删除存在的构件、增加新构件。当新增某一子功能时，需要建立新线索和新构件；如果新增功能可以由多个原始构件来实现，则通过复制相关构件并进行组合来形成新线索。当删除某一子功能时，需要清除所对应的线索和相关构件。当修改某一子功能时，需要对相关线索中的构件进行修改，同时通过加入新构件来实现。

（4）更新构件之间的相互作用。随着构件的增加、删除和修改，构件之间的控制流必须得到更新。

（5）产生演化后的软件体系结构。对系统所做的修改必须集成到原来的体系结构中。这个体系结构将作为系统更新的详细设计方案和实现基础。

（6）迭代。如果第（5）步得到的体系结构不够详细，还不能实现变化的需求，可以对第（3）～（5）步进行多次迭代。

（7）对以上步骤进行确认，进行阶段性技术评审。

在对线索中的构件进行修改时，也应该按照自顶向下的原则来进行，即先修改处于较高层次的构件，然后修改被其调用的构件，以便于整个演化过程的顺利进行。

6.5 软件动态演化技术

动态演化是指在软件运行期间对其功能和框架所做的更新。动态演化已成为开放软件的关键特性。在许多重要的应用领域中，如金融、电力、电信及空中交通管制等，软件的持续可用性是一个关键性因素。对于长期运行并且具有特殊使命的软件系统，如航空航天导航系统、生命支持管理系统、金融信息服务系统和交通控制管理系统等，如果用户需求或支持环境发生变化，停止运行来修改系统的框架结构，将会导致高额的经济损失和巨大的风险代价，同时对系统的安全性也会产生很大的影响。然而，在目前主流的软件开发技术中，仍然采用比较封闭和静态的框架结构，无法构造一个充分利用各种资源的计算平台，这种静态演化技术已无法解决这一问题。随着 Internet 技术的快速发展，软件需求的动态性和多变性正在日益凸显。许多依托 Internet 的软件开发方法（如分布式系统、自治计算和网格计算等）都需要动态演化技术的支持。此外，越来越多的软件也提出了在运行时刻对系统进行更新的要求，即在不对软件进行重新编译和重载的前提下，为用户提供功能定制和扩展的能力。另外，在许多关键领域中，需要软件能够感知环境的变化，并根据环境变化来改变自身行为，采取合适的动作以适应资源的调整和用户需求的更改，同时需要对系统错误进行纠正。为了实现系统自管理的工作模式，人们提出了自治计算的概念。自治计算是指为了满足正在运行的应用需求，系统所做的自动调节。从自治计算的自我调整属性来看，其最终目标是要实现系统的动态演化。因此，追求动态演化是自治计算的本质目标，同时也是自治计算的根本出发点。由于运行时刻的系统演化可以减少因关机和重启所带来的损失与风险，因此，动态演化技术越来越受到学术界和企业界的关注。

目前，运行时系统扩展机制已经在操作系统中被广泛应用，如 UNIX 系统和 Windows 系统中的动态链接库。同时，在构件对象模型 CORBA 和 COM 的绑定过程中，这种动态演化技术也得到了广泛应用。通过允许在运行时刻动态定位、动态加载和动态执行新构件，系统可以在不需要重新编译的情况下进行更新。

为了支持软件的动态演化，人们在编程语言和工作机制方面做了大量探索性的研究工作，并已取得了一定的成果。

（1）基于硬件的动态演化。使用多个冗余的硬件设备，用于软件的动态升级服务。当主设备上的软件需要升级时，启动从设备上的系统替代主设备运行，主设备停止运行，升级后恢复。

（2）动态装载。在编程语言方面，引进相关机制来支持软件系统的动态演化，例如，动态装载允许将代码加到正在运行的程序中，在不进行重新编译的情况下，延迟绑定技术可以实现类和对象的绑定。Java Hotswap 允许在运行时改变方法，当一个方法被终止时，可以使用这个方法的新版本来替代旧版本。此外，Gilgul 语言允许更换运行时对象。

（3）动态类（Dynamic Class）。动态类是指在软件运行过程中，类的实现可以动态地变化。在类的层面上，引入新的功能，修改已有的程序错误。为了实现动态类，需要分离类的实现部分和接口部分。通常，实现部分是一个动态链接库或 Java 类，符合统一的接口。接口在编译时定义，作为和客户交流的媒介，在系统运行期间始终保持不变。

动态类的使用主要有两种情况：新实现一个类或者更新一个已存在的类，即引入了新类，给出了原类的新实现版本。新类必须从预定义的接口派生，新类的实现成为新类的第一个实现版本。在更新已存在的动态类时，关键问题是如何处理已经存在的旧类实例，因为在引入动态类的新版本时，系统中可能会存在一些旧版本的对象。目前，解决这一问题有三种策略。

1）"冻结"策略。系统等待已存在的旧版本的对象被客户释放。在释放所有旧版本的对象之前，禁止创建旧版本的新对象。在释放旧版本的对象之后，系统开始使用动态类的新版本来创建对象，同时撤销动态类的旧版本，以节省内存空间。

2）"重建"策略。系统使用动态类的新版本来创建相关对象，同时将旧版本的对象的状态信息复制到新对象中。

3）"共存"策略。动态类新、旧版本的对象共存，但是，以后对象的创建使用动态类的新版本。随着系统的运行，旧版本的对象将自行消失，当所有旧版本的对象被释放之后，动态类的旧版本将被删除。目前，在大多数情况下，"共存"策略可以满足实际应用需求，是一种最简单和最快捷的方法。

在实现动态类时，通常需要引入代理（Proxy）机制。代理负责维护动态类的所有实现版本和实现版本的外部存储。代理负责监控发送的功能请求，并将请求转发给动态类的最新实现版本。如果没有加载动态类的最新实现版本，则需要根据注册的外部存储位置来加载最新实现版本，其中，存储位置可以是本地文件系统，也可以是远程网络服务器。代理机制下的动态类实现如图 6-8 所示。

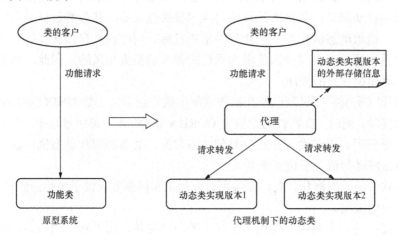

图 6-8　代理机制下的动态类实现

代理机制下的动态类是一种轻量级的动态演化技术，它不需要编译器和底层运行环境（如操作系统和虚拟机）的支持，比较容易实现。结合合适的实现技术，如 C++ Template，可以获得较好的性能。在连续运行和性能要求较高的系统更新过程中，动态类得到了广泛应用。

此外，代理机制还能为数据的安全性提供一定的保障。在信息管理系统中，经常需要一个类来对数据库进行直接访问，为了加强系统的安全性，要求所有对数据库的访问都要进行权限设置。在修改系统时，会涉及所有访问数据库的类。一个可行的方法是，在数据请求类与数据库访问类之间，增加一个权限检查的类作为数据库访问的代理。所有访问数据库的请求都将发送给代理，由代理进行权限检查之后，将合法的请求再发送给数据库访问类。

（4）中间件。编程语言层面上的动态演化仅局限于函数、类方法和对象等小粒度模块的替换，只支持预设的有限变更，变更主要由事件来触发。为了实现更大粒度模块的替换，可以对构件进行标准化处理，依靠中间件平台所提供的基础设施，使系统在构件层次上的动态演化成为可能。通常，中间件为运行构件的动态替换和升级提供了相关实现机制，主要包括命名服务、反射技术和动态适配等。

在命名服务机制中，给构件实例命名，以便客户使用名称来获取构件实例。引用工业化标准构件 EJB 和 CORBA 可以通过中间件平台的命名服务机制来实现。

反射技术是软件的一种自我描述和自我推理，它提供了系统关于自身行为表示的一种有效手段。这种表示可以被检查和调整，并且与它所描述的系统行为是因果相连的。此处的因果相连，就是对自我描述的改动将立即反映到系统的实际状态和行为中，反之亦然。将反射技术引入中间件能够以可控的方式来开放平台的内部实现，从而提高中间件的定制能力和运行时的适应能力。

在动态适配机制中，比较著名的是 CORBA 所给出的动态服务接口，主要包括动态调用接口（Dynamic Invocation Interface，DII）和动态骨架接口（Dynamic Skeleton Interface，DSI）。DII 支持客户请求的动态调用，DSI 支持将请求动态地指派给相对应的构件。构件化技术使软件具有良好的构造性，提高了演化粒度。中间件为基于构件的动态演化技术提供了坚实的基础设施和方便的操作界面。

（5）基于构件的动态演化。首先假设系统是由构件组成的，构件与构件之间是通过连接件进行通信的。构件经常被设计成动态框架结构，构件自身具有动态演化能力，即构件不仅提供服务，而且提供动态演化的方法。在演化过程中，构件的接口扮演着非常重要的角色。在动态框架结构中，除了一般的服务接口之外，还包括用于演化的特殊接口。按照功能划分，构件的接口分为两种：一种用于处理构件所提供的服务，即行为接口，每个行为接口与构件内部的一组方法相对应；另一种用于处理构件的演化，即演化接口，演化接口被设置成在特定的服务接口被调用时起作用。开发人员在合适的位置引入演化机制，开放构件的部分接口，用于动态演化过程。在构件的行为方法中，内置了一些必要的动态插入点，为这些动态插入点定义了相关的演化接口。在使用构件时，可以通过访问演化接口，为相关的动态插入点定义回调（CallBack）方法，增加或替换成用户需要的代码。当执行到内置插入点时，将检查用户在演化接口的设置信息。如果用户已经设置了插入点的相关操作，构件将直接调用用户设置的操作，在操作完成之后，根据操作的返回值决定是否继续执行构件的方法。这种方法的优点在于系统的演化主要通过构件来完成。

（6）基于过程的动态演化。形式化描述系统在运行过程中的状态，建立系统的状态机模型。在状态机模型中，系统的演化可以对应于状态的迁移。这种方法的优势在于形式化地描述动态演化过程，是一种适用于编程语言层面的演化方法。

（7）基于体系结构描述语言的动态演化。通常，体系结构描述语言可以对系统的拓扑结构进行描述，不涉及任何构件的自身信息。在体系结构描述语言中增加动态描述成分，通过语言来定义构件之间是如何进行互操作的，构件是如何被替换的，以实现动态演化。典型的动态体系结构描述语言包括 Dynamic Wright、DXADL、Rapide 和 Unicon 等。

（8）基于体系结构模型的动态演化。这类方法通过建立一个体系结构模型并使用这个模型来控制构件行为，控制结构改变和行为演化。通常，这类方法总是会选择一个领域，与领域建模方法相结合合来建立体系结构模型，典型的模型包括 CHEM 和 K-Components 等。在 K-Component 元模型中，使用类型的配置图来表示系统的框架结构，其中节点代表构件接口，类型标签表示构件，边代表连接件。根据软件工程的关注分离原则，应该尽量降低演化逻辑与计算逻辑之间的耦合度。在 K-Component 元模型中，对演化逻辑进行显式表示，不将其固化于程序语言和支撑平台中，从而可以对演化逻辑进行编程和动态修改。K-Component 元模型也存在着一些不足，虽然配置图很直观，但是其不能严格、全面地表达软件体系结构的行为语义和结构语义。

6.5.1 动态软件体系结构

目前，软件体系结构的研究主要集中在静态体系结构上，对系统设计方案和设计框架进行静态描述，这种描述在运行时是不能发生改变的。如果在系统更新过程中涉及框架的大幅修改，则必须重新设计该软件的体系结构。在对系统框架进行更新时，一般采用停机升级的方式。但是，对于航空通信系统、工业控制系统和医疗生命系统等执行关键任务的软件而言，这种升级方式往往是不可接受的，而且会威胁人的生命安全，造成巨大的经济损失。由于软件体系结构的静态描述方法缺乏动态更新机制，因此，很难用它来分析和描述实时、不间断运行的系统，更不能用它来指导系统的动态演化。随着网络的迅速崛起和新兴软件技术的快速发展，如 Agent、网格计算、普适计算和移动计算等，开发者开始对系统的框架结构提出更高的要求，如框架的扩展问题、框架的复用问题和框架的适应问题等。现在，软件体系结构静态描述方法已经不能适应越来越多的运行时所发生的系统需求变更，动态软件体系结构（Dynamic Software Architecture，DSA）应运而生。

1. 动态软件体系结构的概念

许多学者和技术实现人员提出了动态软件体系结构的概念。动态软件体系结构是指在运行时刻会发生变化的系统框架结构。与通常所说的软件体系结构相比，DSA 的特殊之处在于随着外界环境的变化，系统的框架结构可以进行动态调整。DSA 的动态性指的是在运行时刻，由于需求、技术、环境和分布等因素的变化，框架结构会发生改变。DSA 允许系统在运行过程中通过框架结构的动态演化实现对其体系结构进行修改。

根据所修改的内容不同，软件体系结构的动态演化主要包括以下四个方面。

（1）属性改变。目前，所有的体系结构描述语言（Architecture Description Language，ADL）都支持对非功能属性（Nonfunctional Properties）的分析和规约，如服务响应时间的限定和吞吐量的约束等。在运行过程中，用户可能会对这些指标进行重新定义，而这又将进一步触发系统结构或行为的调整。在运行过程中，通常这种属性的变化是驱动系统演化的一个主要因素。

（2）行为变化。在运行过程中，用户需求变化或系统自身服务质量（Quality of Service，QoS）的调节都将引发软件行为的变更，例如，为了提高安全级别，而更换加密算法；将 HTTP 协议改为 HTTPS 协议。此外，在软件体系结构中，行为变化往往是由构件或连接件的替换和重新配置引发的。

（3）拓扑结构改变。在运行时刻，为了适应当前的计算环境，软件系统往往需要对自身的结构进行调整，如增加构件、删除构件、增加连接件、删除连接件及改变构件与连接件之间的关联关系等，这些都将导致软件框架的拓扑结构发生改变。

（4）风格变化。体系结构风格代表了相似软件系统的基本结构和相关构造方法。一般来说，在软件演化后，其体系结构风格应该保持不变，除非用户需求发生重大调整或系统错误导致该软件不能正常使用。如果非要改变软件的框架结构，也只能是"受限"演化，即只允许体系结构风格变为其"衍生"风格。风格的"衍生"关系类似于面向对象中的继承关系，例如，将原有的两层 C/S 结构调整为三层或多层的 B/S（Browser/Server）结构；将"1 对 1"的请求响应结构改为"1 对 N"的请求响应结构，以实现负载的平衡。

在运行时刻，要全面地支持软件体系结构的演化，必须解决好以下六个问题。

（1）DSA 的形式语义规约。不仅要提供软件体系结构动态演化的描述方法，而且要给出描述方法的形式化语义定义，从而能够支持体系结构动态演化的分析和仿真。

（2）软件框架和模型的定义。在这样的框架和模型中，体系结构不仅在构造过程中起着主导作用，而且在最终的软件制品中也以显式实体形式存在。

（3）在运行时刻，软件体系结构必须作为有状态、有行为和可操作的实体形式存在，能够准确地描述目标系统的真实状态与行为。框架结构的改变应该能够直接导致运行系统的相应变化，这样的软件体系结构称为运行时软件体系结构（Run time Software Architecture，RSA）。

（4）灵活的演化计划和处理机制。综合考虑和协调动态演化过程中的诸多因素，给出系统动态配置的完整方案。不仅能表示和处理预设演化，而且能应对非预设演化。

（5）在替换构件时，不仅要使它们的接口保持兼容，而且要保证替换前后构件的外部行为也一致。

（6）良好的运行平台支持。在动态更新框架结构时，需要提供控制变更的有效手段，使整个更新过程都得到有效监视，保障演化的顺利执行，提供变更前后的状态切换机制，使运行期间的上下文保持一致。

目前，DSA 的研究主要集中在 DSA 的演化、DSA 的描述语言和支持 DSA 演化的执行工具三个方面。其中，DSA 的演化是研究的重点，主要包括演化需求、演化阶段和演化步骤等几个问题：

DSA 的演化需求是指引起软件框架在运行时刻发生改变的因素，通常可以分为内、外两种因素。内因即软件内部执行所导致的体系结构改变。例如，在客户请求到达时，服务器端软件会创建新构件以响应用户的需求。外因即系统的外部请求所引起的软件重新配置。例如，在升级操作系统时，无需重新启动计算机，在运行过程中就完成了操作系统的框架修改。

一般来说，DSA 的演化发生在四个时期，即设计时、预执行时、受约束运行时和运行时。设计时演化的对象是体系结构模型，发生在与之相关的代码编译之前；预执行时演化发生在编译之后和系统执行之前，此时，并未执行应用程序，修改可以不考虑系统的状态，但是需要考虑系统的框架结构，系统需要具有构件添加和删除机制；受约束运行演化只发生在某些特定的约束条件下，例如，软件运行受环境制约，需要进行相应的更改；运行时演化，即系统框架结构在运行时不能满足要求所做的修改，包括添加构件、删除构件、升级构件、替换构件和改变体系结构等，此时的演化是最难实现的。事实上，对 DSA 的演化研究应该重点放在后两个时期。

一般而言，实现软件动态演化的基本原理是在应用系统中，以一类有状态、有行为和可操作的实体来显式地表示框架结构，这些实体可以被整个运行环境所共享，作为系统运行的依据和基础。在运行时刻，体系结构相关信息的改变可以触发和驱动系统自身的动态调整。此外，系统自身所做的动态调整也可以反馈到体系结构这一抽象层面上来。在软件框架上，通过引入运行时体系结构信息，实现了体系结构的动态演化。使相关协同逻辑从计算部件中分离出来，进行显式、集中地表达，这也符合关注分离的原则。同时，解除了构件之间的直接耦合，有助于系统框架的动态调整。

相对于静态演化而言，动态演化的实现要复杂得多。系统应该提供实现框架动态演化的相关功能。首先，系统需要提供保存当前软件体系结构信息（如拓扑结构、构件状态和构件数目等）的功能。其次，为了实施动态演化，还需要设置监控管理机制，监视系统是否有需求变化，当发现有需求变化时，应该能够判断出可否实施演化、何时演化及演化的范围，同时生成演化策略。此外，还应该提供相关机制，以保证演化操作的原子性，即在动态变化过程中，如果其中的某一操作失败了，则整个操作集都要被撤销，从而避免系统出现不稳定的状态。DSA 实施动态演化有以下四个步骤：

（1）捕捉分析需求变化。

（2）生成体系结构演化策略。

（3）根据演化策略，实施软件体系结构的演化。

（4）演化后的评估与检测。

2. 动态更新的原则

运行时软件的演化过程应该不破坏体系结构的一致性、正确性和完整性。此外，一致性、正确性和完整性是软件体系结构能否实施动态更新的先决条件。同时，为了便于演化后的维护，还需要进一步考虑演化过程的可追溯性。

（1）一致性：在动态更新之后，原系统中正在执行的实例能够成功地转换到新系统中继续执行，并保证转换后的执行过程不会出现错误，这种特性就是一致性。一致性共有四层含义：体系结构规约与系统实现是一致的，即运行时对系统的修改应该及时地反映到规约中，以保证体系结构规约不会过时；系统内部状态是一致的，即正在修改的部分不应被其他用户和模块更改；系统行为是一致的，例如，在"管道—过滤器"体系结构风格中，如果增加一个过滤器，则需要保证该过滤器的输入和输出与相连的管道要求一致；体系结构风格是一致的，即演化前后的体系结构风格应该保持不变，或者演化为当前风格的衍生风格。

（2）正确性：更新后的系统仍然是稳定的。在更新后的系统中，开始执行的实例不会出错。更新前正在执行的实例转换到更新后的系统中也能保证一致。

（3）完整性：动态演化不破坏体系结构规约中的约束，例如，限制与某构件相连的构件数目为 1，在演化过程中，如果删除了与之相连的原有构件，或者为它增加一个相连的新构件，都会导致系统出错。同时，完整性还意味着演化前后的系统状态不会丢失，否则系统将变得不安全，甚至是不能正确运行。

（4）可追溯性：传统的 ADL 可以将一个抽象层次很高的 ADL 规约逐步精化为具体的可直接实现的 ADL 规约。在精化过程中，通过形式化的验证来保证每一步都是符合要求的，满足可追溯性。对于动态体系结构，这是远远不够的，可追溯性应该被延伸到运行时刻，保证系统的任何一次修改都会被验证。这样，既有利于软件的维护，又为进一步演化提供了分析依据。

为了保证动态演化过程是一致的、完整的、正确的和可追溯的，设计过程应该满足以下

要求:

(1) 系统结构描述语法的完整性。描述语法的完整性可以让设计者通过语法检测来发现更新后的框架结构中存在的一些问题。

(2) 数据的连贯性。删除一个构件,可能导致后续构件的输入不连贯。可以通过增加相关机制来提供后续构件的输入,或者删除那些输入数据不连贯的后续构件。

(3) 语义的正确性。在框架结构发生变化后,语义正确性可以保证系统仍然能够正确地执行。如果简单地将原系统中刚执行过的进程转换到更新后的系统中,则可能会导致错误。因此,更新时需要保证系统语义的正确性。

(4) 失败的原子性。如果一个动态更新操作执行失败或者被取消,则该更新不能继续执行。为了保证系统的正确性,必须撤销这个更新所执行的一切服务,并恢复该更新对数据所做的操作,以保证更新失败的原子性。

(5) 数据的正确性。为了实现数据恢复,每次更新数据都要保存数据日志。

3. 基于构件的动态体系结构模型

基于构件的动态体系结构模型(Component Based Dynamic Architecture,CBDA)是一种典型的动态更新框架,其结构如图 6-9 所示。CBDA 模型支持系统的动态更新,主要包括三层,即应用层、中间层和体系结构层。

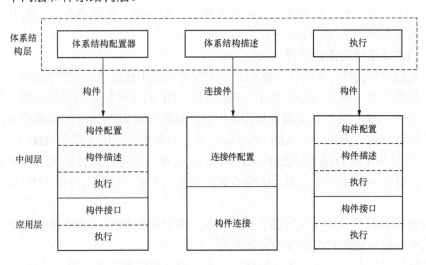

图 6-9 CBDA 的三层结构模型

应用层处于最底层,包括构件连接、构件接口和执行三个部分。构件连接定义了构件与连接件之间的关联关系;构件接口说明了构件所提供的相关服务,如消息、操作和变量等。在应用层中,可以添加新构件、删除或更新已有的构件。

中间层包括连接件配置、构件配置、构件描述及执行四个部分。连接件配置管理连接件和接口通信;构件配置管理构件的所有行为;构件描述说明构件的内部结构、行为、功能和版本信息。在中间层中,可以添加版本控制机制和不同的构件装载方法。

体系结构层位于最上层,用于控制和管理整个框架结构,包括体系结构配置器、体系结构描述和执行三个部分。体系结构描述说明了构件和它们所关联的连接件,阐述了体系结构层的功能行为;体系结构配置器控制整个分布式系统的执行,管理配置层。在体系结构层中,可以扩展更新机制，修改系统的拓扑结构，更新构件到处理元素之间的映射关系。

在每一层中都有一个执行部分，其功能是执行相应层次的功能操作。在更新 CBDA 模型时，需要孤立所涉及的软件元素。在更新执行之前，应该保证所涉及的构件停止发送功能请求；在开始更新之前，连接件的请求队列应该为空。

6.5.2 动态软件体系结构的意义

静态软件体系结构缺乏必要的动态更新机制，很难分析和处理长期运行并具有特殊使命的系统，如金融系统、航空航天系统、交通系统和通信系统等。动态体系结构主要研究软件由于特殊需要必须在连续运营情况下的体系结构变化与支撑平台，可以有效地解决上述问题。在第十六届世界计算机大会上，Perry 曾经提出软件体系结构的三个重要研究问题，即体系结构风格、体系结构连接件和 DSA，再次说明了研究 DSA 的重要性。目前，DSA 正受到学者和技术人员的广泛重视，部分成果已经在工程开发中得到应用。与静态体系结构相比，研究 DSA 的意义在于以下两点：

（1）减少系统开发的费用和风险。在以任务和安全性为主的系统中，如果使用动态软件体系结构，那么运行时改变框架结构可以减少由此所带来的成本开销。因为不需要离线更新，从而降低了风险代价。

（2）提供自定义功能和可扩展功能。动态软件体系结构为用户提供了更新服务，以实现系统属性的动态修改。通过定制来在线扩展系统的框架结构，具有动态演化能力的软件能够即时地改变系统与用户之间的交互方式。

6.5.3 动态体系结构描述语言

通常，人们使用构件、连接件及它们之间的配置关系来描述系统的框架结构。说明构件、连接件及其配置关系的语言，就是 ADL。人们使用 ADL 对系统的架构进行建模。在体系结构的研究和应用中，ADL 发挥着重要的作用。但是，ADL 无法刻画系统的动态行为，也不能描述运行时的框架结构。为此，在 ADL 的基础之上，许多学者提出了动态 ADL 的概念。动态 ADL 正成为设计和实现 DSA 的关键技术。动态 ADL 可以分为形式化描述语言和非形式化描述语言两种，目前的研究主要以形式化描述语言为主。通常，形式化动态 ADL 具有以下三点特性：

（1）能够描述构件和连接件等独立实体。在软件体系结构中，能够说明构件和连接件的属性，如构件的抽象层次和连接件的通用性等。

（2）能够描述构件与连接件之间的交互关系，检查构件和连接件的一致性。

（3）在运行时刻，能够描述软件体系结构的演化过程。

目前，DSA 的形式化描述语言是通过扩展现有 ADL 而获得的，主要包括基于图的方法、基于进程代数的方法、基于图和进程代数的方法和逻辑重写方法。

（1）基于图的方法。在该方法中，使用图节点来描述构件，利用边来表示连接件。引入了协调管理机制，使用图重写（Graph Rewriting）规则来描述框架结构的动态特征。比较典型的语言包括 CHAM 语言、Le Metayer 语言和 Dynamic Wright 语言。在 CHAM 语言中，引入转换规则和项重写机制，能够描述和分析框架结构的动态行为，支持体系结构的配置演化。在 Le Metayer 语言中，使用 HR（Hyperedge Replacement）图文法和图重构机制，对体系结构的动态行为进行定义和规约。

1978 年，Hoare 提出了通信顺序进程（Communicating Sequential Processes，CSP）的概念，

这是一种并发分布式的程序设计语言。它以进程代数为基础，能够严格地表述系统或进程执行的时序，有效地处理系统之间和系统内部的通信问题，用严密的代数演算方法对协议进行验证，很好地表述事件发生的次序和进程之间的关系。CSP 通过进程事件集合来描述进程的行为。CSP 不仅能够描述复杂系统的结构，而且也能支持系统框架的变化。CSP 往往拥有一套复杂的概念和符号，包括谓词、进程、集合、函数、迹、事件和代数等。

Allen 以通信顺序进程为基础，开发了 Wright 语言，这是一种静态 ADL，能够完成软件体系结构的静态分析。Dynamic Wright 使用标签事件（Tagged Events）对 Wright 语言进行扩展，从而支持对动态框架结构的建模和分析。虽然，Dynamic Wright 能够进行死锁检测和模型一致性验证，但动态行为的表达能力有些不足。同时，由于 CSP 自身的特点，Dynamic Wright 难以完成行为模拟和等价判定工作。

（2）基于进程代数的方法。通常，该方法可用于并发系统的设计，主要涉及代数和微分知识，包括通信交互系统演算（Calculus of Communicating Systems，CCS）、通信顺序进程（Communicating Sequential Processes，CSP）及 π 演算。比较典型的语言有 Darwin 语言、π-ADL 语言和 D-ADL 语言。

20 世纪 90 年代，π 演算是计算机并行理论领域中最重要的并发计算模型，是由 Milner 等人对 CCS（Calculus of Communicating Systems）进行扩展而得到的。π 演算主要包括即进程（Process）、名（Name）和抽象（Abstraction）三个基本实体。进程是并发运行实体的基本单位，用对象名来统一地标识通道（Channel）和通道中所传送的对象（Object）。每个进程都有若干个与其他进程相联系的通道，进程通过共享的通道来进行交互。在一阶 π 演算的基础上，Sangiorgi 定义了高阶多型 π 演算，旨在描述结构和行为不断发生变化的并发系统。高阶多型 π 演算与一阶 π 演算的不同之处在于，对象名本身可以是进程，这使得交互中通信的数据也可以是进程，即进程可以被传递。在进程的基础上，可以建立抽象，抽象是带参数的进程。对抽象的参数进行具体化，可以得到一般的进程。在高阶多型 π 演算中，参数和通道中所传送的对象都是具有类型的，对抽象参数进行具体化，以及进程之间进行交互时要注意类型兼容问题。

Darwin 语言是 Magee 和 Kramer 开发的动态 ADL，提供了延迟实例化（Lazy Instantiation）和直接动态实例化（Direct Dynamic Instantiation）两种技术，能够支持动态软件体系结构的建模，允许复制、删除和重新绑定事先规划好的运行时构件。在 Darwin 语言中，使用了一阶 π 演算，给出体系结构的语义，能够对基于消息的分布式系统进行描述和动态配置，支持预设的动态演化。虽然，Darwin 运用一阶 π 演算来定义构件的计算行为和交互规约，但其动态机制并不能提供任何 π 演算语义，因此，Darwin 不具备动态行为形式化分析的能力。

欧盟的 Archware 项目旨在以体系结构模型为中心构造可演化的软件系统。Archware 项目中定义了一种动态体系结构描述语言 π-ADL。π-ADL 是一种基于高阶 π 演算的形式化描述语言，支持动态体系结构的建模和验证。

李长云在高阶多型 π 演算的基础上，提出了动态体系结构描述语言（Dynamic ADL，D-ADL）。在 D-ADL 中，构件、连接件和体系结构风格被模型化为高阶多型 π 演算中的抽象，系统行为被模型化为进程，构件和连接件的交互点被模型化为通道。为了方便编写、修改和理解系统的变更逻辑，D-ADL 将动态行为从计算行为中分离出来，进行显式、集中地表达。由于动态行为可形式化为高阶 π 演算中的进程，因此其结果可能被预先推导。在 D-ADL

的规约框架下，定义了将 π 演算的行为模拟和等价理论应用于运行演化和体系结构求精的相关规则。

D-ADL 借鉴了 π-ADL 的基本思想，与 π-ADL 相比有如下不同：D-ADL 显式地定义了体系结构的动态行为操作符 New 和 Delete，而 π-ADL 则借助 π 进程的输入/输出动作间接地实现动态行为。虽然 D-ADL 的动态行为操作符的语义解释也归于 π 进程的输入/输出动作，但是，从语用学的角度来看，使用 D-ADL 更便于动态行为的描述和理解。D-ADL 将动态行为与计算行为分离，使动态体系结构的行为视图更加清晰。由于动态行为具备高阶 π 演算语义，能够预先推导出动态行为的结果，因此，可以采取相关措施使这种分离不影响计算行为的正确性。π-ADL 直接支持体系结构的演化，规约发生变化，通过 Composition 和 Decomposition 算子来实现，而 D-ADL 本身仅描述了体系结构的动态行为，规约不发生变化，对体系结构的演化有间接的支持。

（3）基于图和进程代数的方法。该方法融合了图论和进程代数的相关优点，比较典型的语言有 SAAM 模型描述语言和 JB/SADL 语言。在 SAAM 模型描述语言中，使用了面向对象的 Petri 网和 π 演算两种互补手段，能够描述基于构件的系统的动态演化，支持动态体系结构的建模、分析与验证。在 JB/SADL 语言中，给出了构件接口、构件结构和构件实现的伪代码，采用 Mealy 机来描述构件的行为，其中，Mealy 机包含一组有穷的状态集合。在相关工具的支持下，能够分析系统的性质和模拟系统的运行，实现动态演化和代码框架的自动生成。

（4）逻辑重写方法。比较典型的语言包括 C2SADL 语言和 Rapide 语言。在 C2SADL 语言中，使用了偏序事件集，主要用来描述 C2 风格的框架结构，支持体系结构的演化与动态配置。Rapide 是 Luchham 等人开发的体系结构描述语言，使用了偏序事件集（Partially Ordered Event Sets）来对构件的计算行为和交互行为进行建模，允许在 Where 语句中通过 Link 和 Unlink 操作来重建结构关联。Medividovic 将它称为嵌入配置 ADL（in-Line Configuration ADL）。但是，使用 Rapide 语言只能对被实现系统进行运行仿真。Rapide 不允许对连接件进行单独描述和分析，也没有提供相关机制捆绑多个连接件，形成更复杂的交互模式。因此，在描述构件交互模式方面，Rapide 存在着严重的不足。

非形式化动态 ADL 主要采用 XML 技术来实现。比较典型的语言是 ABC/ADL。在 ABC/ADL 中，使用 XML 作为元语言。这是一种通用的 ADL，能够支持基于体系结构和构件的软件开发方法。

此外，Walter Cazzola 提出了由拓扑元对象和策略元对象所形成的软件体系结构反射模型，但是该模型仅能够支持预设的演化。C2 是一种基于构件和消息的软件体系结构风格，为系统框架的演化提供了支持。在 C2 的动态管理机制中，使用了专门的体系结构变更语言（Architecture Modification Language，AML）。在 AML 中，定义了一组在运行时可插入、可删除和可重新关联体系结构元素的操作，如 AddComponent 和 Weld 等。由于 C2 没有严密的形式化基础，因此不能对体系结构的动态行为进行严格的分析和推演。

形式化动态 ADL 和非形式化动态 ADL 各有优缺点。图形化方法能够很直观地表示系统的动态结构和风格，但是在描述动态行为上有着一定的限制。进程代数方法能够形式化地刻画系统的动态行为。在描述体系结构风格方面，逻辑重写方法的灵活性稍微差一些。此外，相对于形式化描述方法而言，非形式化方法具有表达直观和易以理解的特点，但是在精确性方面远不及形式化方法，而且也不能支持各种特性的分析与验证工作。现有的动态 ADL 基本上是在某种特殊应用的开发中设计和发展起来的，有各自不同的侧重点。虽然在某些方面存在着共性的内容，但是在适用范围上有着一定的差异。

6.5.4 动态演化工具

目前，各个不同的演化层面上都存在着极具代表性的软件演化平台，如基于类的演化工具 mChaRM、基于构件的演化工具 StarDRP、基于 J2EE 的演化工具 PKUAS 和青鸟软件构架动态模拟运行工具。这些演化平台在设计上基本上都考虑了框架结构的演化问题。

意大利学者 Cazzola 设计了 mChaRM 工具，利用多信道元模型来完成实体之间的调用。在多信道元模型中，实体之间的一次方法调用是使用消息来实现的。多信道是在请求服务的实体和提供服务的实体之间建立的。

StarDRP 是由国防科技大学研制和开发的，这是一种基于 CORBA 构件的动态配置模型。该模型由系统信息库（System Information Library）、动态配置算法库（Reconfiguration Algorithm Library）、动态配置算法生成器（Reconfiguration Algorithm Generator）、动态配置管理器（Dynamic Reconfiguration Manager）、容器和部署六个部分组成。在系统信息库中，存放了框架结构和相关的语义信息。系统信息库是通过解析部署描述文件，收集应用组成构件、构件物理位置和构件之间的连接关系等静态框架结构而获得的。配置者通过 GUI 来提交动态配置意图，从动态配置算法库中提取动态配置算法模板，利用动态配置算法生成器来创建对应的动态配置算法，提交给动态配置管理器，以实现动态配置算法的解析和执行。根据动态配置管理器的指令，利用基于 CORBA 的基础设施来完成请求截获和重定向等功能，记录构件响应请求的状态信息，检测构件状态，实施请求的阻塞、释放和重定向。动态配置管理器作为中心控制器，将根据动态配置算法的执行进度，在适当的时机调用构件所实现的方法，完成相应的控制任务。

PKUAS 是一种基于 J2EE 的构件演化工具，由北京大学自主研发，主要应用于电力部门。借鉴操作系统微内核的思想，PKUAS 将一组最基本的功能视为一个内核，将平台内部的其他功能封装在各个相对独立的模块内。PKUAS 被划分为容器、服务、工具集和内核四个部分。容器是构件运行时所处的空间，负责构件的生命周期管理和构件运行所需要的上下文管理；通过内核动态地增加、更换和删除服务，结合元编程机制来实现服务的动态调用，元编程机制作为一种有效的解决方案被引入中间件，该机制能够将松散的系统行为与资源进行紧密的耦合，提高了系统的适应能力；工具集将辅助用户使用和管理 PKUAS，包括部署工具、配置工具和实时监控工具，允许用户实时地观察系统的运行状态并做出相应的调整；PKUAS 继承了 JMX，抽象出平台内核，其主要功能是有效地管理容器、服务和工具集等系统构件。

青鸟软件构架动态模拟运行工具能够支持系统的动态模拟和动态演化。该工具提供了青鸟软件构架命令控制语言（Jade Bird Software Architecture Command Control Language，JB/SACCL），用户可以通过 JB/SACCL 命令与工具进行交互。在接收到交互命令之后，工具负责 JB/SACCL 命令的解释和执行，完成系统的动态模拟和动态演化。

加州大学 Irwine 分校实现了基于软件体系结构的开发和运行环境——ArchStudio。该环境包含 Argo、ArchShell 和扩展向导（Extension Wizard）三种体系结构变更源（Sources of Architectural Modification）工具。Argo 提供了体系结构的图形化描述和操作手段；ArchShell 给出了文本和命令式的体系结构变更语言；扩展向导提供了一种可执行的脚本更改语言，用以完成体系结构的连续演化。ArchStudio 是体系结构层面动态调整得以实施的一个典型代表。

该工具支持交互式图形化描述和 C2 体系结构风格的动态演化，其框架如图 6-10 所示。运行系统的变更主要是通过一系列的工具来反映到体系结构模型（Architectural Model）上的，如 Argo、ArchShell 和扩展向导。体系结构的修改包括添加、删除和更新构件、连接件，以及改变系统的拓扑结构。体系结构演化管理（Architecture Evolution Manager，AEM）将通报这些变化，有权利撤销破坏系统整体性能的演化请求。如果演化没有破坏系统的整体性能，AEM 就对系统的执行（Implementation）做出相应的调整。

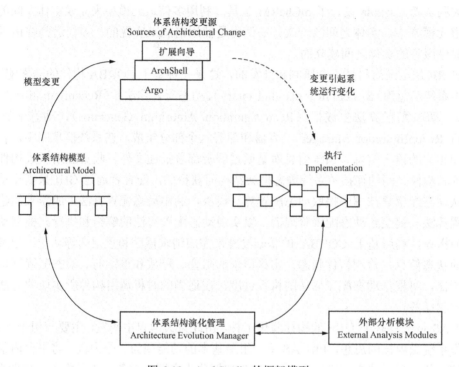

图 6-10   ArchStudio 的框架模型

软件体系结构助理（Software Architect's Assistant，SAA）是动态框架支持工具。SAA 由伦敦皇家学院设计，是一个交互式图形化工作环境，可以用来描述、分析和构建动态体系结构。在 SAA 的图形化环境中，体系结构设计人员可以描述 Darwin 系统的结构模型，使用外部工具来分析其结构，并生成框架代码。尽管 SAA 提供了智能化图形设计界面，但是它不能监控和操纵运行系统。

Plasil 提出了一种构件模型 SOFA，SOFA 构件模型及其扩展 DCUP（Dynamic Component Updating）能够支持构件的动态升级。Griss 将软件代理视为下一代的灵活构件，支持动态演化，具有自我管理的能力。此外，研究者还考虑了构件动态升级在不同领域中的应用，如电子商务、网络应用、嵌入式系统和分布式系统等。Gardler 提出了一种构件半自动升级的电子商务支持系统，通过商务过程和软件模式之间的映射，将商务策略和架构结构联系起来。Vandewoude 开发了 SEESCA 工具，解决了嵌入式系统的构件演化问题，所采用的方法是重定向构件端口消息，载入包含版本信息的构件，然后替换需要升级的构件实例。

目前，UML 是面向对象技术中广泛使用的建模语言，许多分析和设计层次的重构工具都是针对 UML 所描述的模型。例如：Sun 开发了一个演化工具，可以支持类图、状态图和活动图的重构；Van 扩展了 UML，使用 OCL 语言来描述重构操作；Boger 开发了一个支持 UML 的 CASE 工具，包括重构浏览工具，能够自动地执行系统定义的重构操作；Astels 提出了设计模式的重构技术；Gorp 扩展了 UML 元模型，能够自动地保持模型和代码之间的一致；Tichelaar 提出了一种支持语言独立的重构技术，在 Smalltalk 和 Java 程序重构中得到了广泛的应用。Philipps 使用图来表示软件的框架结构，运用重构规则来保证构件之间的行为属性不发生变化。

几乎每种体系结构都有相应的动态演化工具，例如，C2 的支持环境 ArchStudio，主动连接件的支持工具 Tracer 等。另外，每种体系结构都有自己的分析工具，包括静态分析工具、类型检查工具、体系结构层次依赖分析工具、体系结构动态特性仿真工具和体系结构性能仿真工具等。分析工具与演化环境相配合，共同实现系统框架的动态调整。然而，与其他成熟的软件工程辅助环境相比，动态体系结构的支持工具还很不成熟，由于复杂性的限制，还难以实用化。

6.6 可演化软件的设计

如何使软件模型具有更强的表达能力和环境变化适应能力，从一定意义上讲，整个设计过程都应该紧紧地围绕着演化特性展开。今后，软件质量更为重要的方面将体现在可维护性和不断应对外界环境变化的能力。为了使软件具有演化能力和应对外界环境变化的能力，具有较强的灵活性和适应性。在设计可演化软件时，应该遵循以下五个原则：

（1）系统具有较强的结构性。客观世界本身是有结构的，软件是一个知识产品，因此，软件应该具有更加严谨的结构。要使软件能够正确地描述客观世界的活动，就必须把活动的具体结构提炼出来。一般来说，演化性高的软件系统都会具有良好的构造性、强有力的模型表示和更高的抽象层次。

（2）开发初期应考虑软件的演化能力。在需求分析阶段，就开始对系统的可变性因素进行考虑，这对于创建具有高度演化能力的软件来说是十分重要的。通过领域内的横向考虑和纵向比较，能够提炼出系统的通用性成分和将来可能出现的需求变化。在设计系统时，对可变部分进行参数化处理，使系统具有更强的稳定性，以及演化自身以适应需求变化的能力。

（3）采用面向对象和构件技术。传统的开发方法主要以算法为主，开发过程需要进行功能分析和功能分解。框架结构严重依赖于所要完成的功能，一旦需求发生变化，将导致系统必须做出重大调整。功能需求的变化是最容易发生的，因此，传统的开发方法是不利于软件演化的。一般来说，面向对象技术和构件技术都使用现实世界的抽象概念来描述问题，使问题空间和解空间在结构上尽可能地保持一致。虽然需求发生了变化，但是问题空间的实体未发生改变，从而使系统具有较好的稳定性。

（4）分离构件与连接件。在大型系统开发中，软件体系结构起着非常重要的作用。连接件定义了构件之间的交互规则和相关实现机制。从本质上讲，语句是最小的构件单位，顺序、条件和循环三种控制结构能够把若干语句组织起来完成某一特定的功能。其中，控制结构主要指语句连接的方式就是语句连接件。不同的控制方式实现了不同的模块功能。同样，连接件定义了构件之间相互关联的方式，也决定了连接件所实现的复合构件的功能。从构件中有效地分离连接件，对于实现具有高度演化能力的构件来说是十分重要的。

（5）分离代码和数据。使用元数据和数据字典，尽可能地把系统的数据部分和程序代码分离开来，减少数据和代码之间的耦合度。在不修改程序代码的前提下，通过修改字典中的数据来调节系统的部分功能。

1. 软件演化过程应该具有哪些特征？
2. 试述软件静态演化技术及其演化步骤。
3. 试述动态演化对不允许停机更新的软件系统的作用。
4. 什么是动态软件体系结构？
5. 软件体系结构的动态演化包括哪些方面？
6. 举例说明常用的动态体系结构描述语言。

第7章 软件产品线

7.1 软件产品线的起源

产品线不是一个全新的概念。早在 19 世纪 80 年代初期，为了完成美国政府枪支订单的生产任务，伊莱·惠特尼为步枪制造工艺设计了可互换的标准零部件。原因是在康涅狄格州中，当时仅有几位熟练机械加工的技术工人，利用可互换的标准零部件加速了各种枪支的组装速度，提高了枪支生产的质量，这就是产品线加工的雏形。几十年后，亨利·福特完善了 T 型汽车装配线，使每一位工人仅负责生产过程中的一道工序，大大提高了汽车生产的效率，从而能够以相对低廉的价格来向公众提供一个复杂的产品。

在软件开发行业，经过长期的开发和积累，人们已经逐渐意识到软件复用可以小到代码、对象和构件的复用，大到体系结构、系统结构框架、过程、测试实例和产品规划的复用，因此，软件开发可以像制造业一样，在产品线上采用标准的软件构件来进行组装生产。软件产品线的起源可以追溯到 1976 年 Parnas 对程序族的研究。瑞典的 CelsiusTech 公司在为军方开发两个轮船应用系统时，首次尝试了软件产品线方法，大幅度地缩减了开发成本和开发周期。美国空军电子系统中心（ESC）、波音公司和飞利浦公司也成功地实践了软件产品线方法，实现了系统化的、大规模的软件复用。他们的成功吸引了卡耐基梅隆大学、得克萨斯大学、恺泽斯劳腾大学和 Southern California 大学等组织也投入到软件产品线的理论研究活动中。

卡耐基梅隆大学的软件工程研究所（SEI）是从事软件产品线研究的最活跃学术团体，在软件体系结构和软件工程这两个领域中开展了大量的研究工作。由于 SEI 在这两个基础学科中始终处于领先地位，因此奠定了它在软件产品线领域中的基础性地位。自从 1996 年 11 月开始，SEI 每年召开一次软件产品线实践学术讨论会，邀请工业界和政府从事软件产品线开发的主要团体来共享该领域的理论与实践成果，挖掘相关的技术性和非技术性因素，同时对 SEI 所制定的产品线实践框架进行修改和完善。从 1998 年开始，每年召开一次美国国防部软件产品线实践学术讨论会。从 2000 年起，每年召开一次国际软件产品线学术会议。SEI 以产品线实践为主要研究方向，其目的是以软件工程实践的研究为基础来推动和促进软件产品线方法的转化。此外，还涉及产品线商业指南、产品线分析、领域工程、再工程和基于体系结构的软件开发实践研究等。

Don Batory 领导的得克萨斯大学产品线体系结构组的主要研究方向为产品线体系结构、即插即用的软件组件、面向对象设计模式的自动化应用、软件生成器和领域建模等。Batory 认为未来的软件技术发展方向是产品线体系结构、组件细化、组件实现的分离和软件无代码编程。所以，该小组特别注重软件产品线体系结构的设计和形式化表达以及产品线应用的自动生成方面的研究工作。

恺泽斯劳腾大学的 Fraunhofer 实验软件研究所致力于推动软件开发技术、方法和工具向工业实践的转化，以帮助公司建立适合其需求的集成开发平台。它的软件产品线组主要研究产品线方法、产品线体系结构、系统化的范围划分和建模等。同时，该研究所还提出了进行再工程的软件产品线体系结构创建和进化方法，能够在一个框架中完成产品线工程活动和再工程活动。

Southern California 大学的软件工程中心（Center for Software Engineering，CSE）在软件工程、软件复用和软件体系结构方面取得了很多成果。CSE 与产品线相关的研究工作包括领域工程、产品线需求分析、软件体系结构细化和进化及过程模型等。CSE 于 1995 年提出的 DSSA 生命周期模型实际上就是软件产品线开发的双周期模型，包含领域工程和应用工程两大部分。CSE 除了对领域工程的基础概念进行研究之外，还对领域体系结构接口的定义和特定领域复用方法进行了探索。

此外，美国的 DARPA 组织启动了可靠的自适应系统软件技术（Software Technology for Adaptable Reliable Systems，STARS）项目，目的是推动应用领域开发模式向软件产品线和基于体系结构的软件工程方法过渡，提高开发效率和软件系统的质量。STARS 以特定领域的软件复用、软件过程（定义、评估、调整和提高）和软件工程环境三个技术领域为研究重点，重视项目的技术转化和实例示范作用。STARS 因其参与者众多、影响力巨大而极大地推动了软件产品线研究的快速进展。主要参与者包括 Boeing 公司、Loral 联合系统公司、Unisys 公司、Loekheed Martin 公司、IBM 公司、Irvine 加利福尼亚大学和卡耐基梅隆大学的 SEI 等。

软件产品线是软件复用的一种重要方法，是一种预先规划的和系统化的软件复用技术。软件产品线的基本思想是：大部分的软件需求并不是全新的，而是已有系统需求的变体。大部分组织只关注某一具体应用领域，他们不断地重复开发该领域已有的软件变体，这些变体之间通常存在着大量的相似性，而这又为系统化和大规模软件复用奠定了基础。

在创建软件产品线时，应该始终保持一个清醒的头脑，制造业的产品线是不能完全照搬到软件开发活动中的，而只能借鉴其建造的原理和经验。这是因为，在制造业中，可以很容易地测试产品的属性，使用定量评估的结果对不同的设计方案进行比较，可以测量实际系统并且运用定量的方法来对其性能进行客观的测试，例如，根据汽车的重心和轴距可以很容易地计算出翻车的概率，四个轮子汽车的性能要比两个轮子的汽车好。然而，在开发软件项目时，却无法找到一个普遍接受的定量度量方法，例如，无法找到普遍接受的定量度量方法来说明，在功能和性能方面，四个接口的构件要比两个接口的构件好；源代码模块不应该超过 1000 行，模块应该具有松耦合和高内聚的特性，但是耦合和内聚的程度到底应该达到什么程度，这些都无法进行量化。

在软件开发过程中，不能采用统计数据进行定量化的度量，而只能通过文字描述和图表显示来进行定性化的度量。定性化度量要求在分析和评判过程中，需要对有意义和可观察的模式或主题进行对比和解释。因此，在借鉴制造业产品线创建软件产品线时，需要注意以下几个问题：

（1）与生产一个具体的产品相比，软件开发过程是难以预测的，其可变的因素太多。

（2）软件不能像具体产品一样进行大规模的生产。

（3）不是所有的软件错误都会引发系统失败。

（4）软件产品不会磨损。

（5）软件系统不受自然界规律的限制。

迄今为止，在软件产品的生产过程中，几乎没有普遍适用于各个领域的软件产品线或集成化的软件开发环境。这就如同现代工业自动化产品线生产方式一样，没有一个通用的产品线可以用来制造各种不同的工业产品。整个工业体系的形成及其工业产品的大规模生产都需要按照行业和领域进行划分，通过定制特定领域专用产品线来实施加工生产。因此，软件产品线只能适用于某一个特定的应用领域，而且仅能适用于特定领域中具有相似需求的一类应用问题。

在软件产品线工程中，主要讨论如何确定领域范围和软件资源。在建立软件产品线和识别领域潜在资源时，需要考虑不同的实现技术、各种领域信息、相关的经济收益和由此所引发的风险。综合考虑组织机构的经济效益，确定可复用的软件基础设施。实质上，软件产品线是最高级别的软件复用技术。软件产品线对当前密集型项目管理工作提出了新的挑战，它需要管理者有超越单一产品的战略考虑，需要有组织的预见、调查、规划和指导。一直以来，软件过程管理与改进的指导思想是在软件产品开发和管理实践中，应用软件度量技术，通过分析软件过程和产品的相关属性，为管理决策提供客观的数据支持，为实现软件资源的高效利用和软件产品的批量生产提供帮助，这正是创建软件产品线的最终目标。

软件产品线是一种面向特定领域的、大规模和大粒度的复用技术，在软件复用领域中，已经受到了越来越广泛的重视。软件产品线是一组具有共同体系构架和可复用构件的应用系统，构建了一个支持特定领域产品开发的软件平台。在软件产品线中，根据产品线架构对用户需求对进行定制，通过继承可复用成分和应用中的独特部分来创建应用系统。

现在，软件产品线已经发展为一个新兴的、多学科交叉的研究领域。它涉及软件工程、管理技术和商业规划等多个方面，几乎涵盖了软件工程的所有方向，是软件工程领域的理论与实践前沿。目前，软件产品线方法已成为学术界研究的一个热点问题，在软件开发行业中得到了初步的应用。开发实践证明：应用软件产品线方法，能够大幅度地减少开发成本，缩短开发周期，同时提高软件产品的质量。在国际上，软件产品线工程实践已取得了一定的成功，理论研究正处于一个迅速发展时期。在国内，对软件产品线技术的理论研究工作刚刚开始。

7.2 软件产品线定义

软件产品线（Software Product Line，SPL）是指一组可管理的，具有公共特性的软件应用系统的集合，这些系统满足特定的市场需求和任务需求，可以按照预定的开发方式从一个公共的核心资源集中得到。在利用软件产品线方法构建一个应用系统时，主要的工作是组装和繁衍，而不是创造，重要的活动是集成而不是编程。在软件产品线上，按照预先定义的方式从公共的核心资产集中提取相关的构件来组装应用系统，与独立开发、从零开发和随机开发方式相较，具有较高的经济效益，同时缩短了开发周期，提高了软件产品的质量。在成熟的软件产品线中，每个软件项目都是核心资产的一个简单定制，唯有核心资源才是被认真设计和演化的对象，唯有核心资源才是开发组织的智力财富。核心资源是软件产品线的实现基础，通常包括产品线体系结构、可复用软件构件、领域模型、需求陈述、文档技术资料、规格说明书、性能模型、进度表、预算、测试计划、测试用例、工作计划和过程描述等，其中产品线体系结构是核心资源中的最关键部分。

目前，关于软件产品线的定义主要包括以下九种：

（1）早在 20 世纪 70 年代，研究者已开始注意到大量应用系统之间存在着相似的共性。

Parnas 提出了程序家族的概念，认为"软件产品线是具有广泛公共属性的一组程序，在分析单个程序属性前，值得先研究这些公共属性"。这应该是软件产品线的最原始定义。

（2）Weiss 和 Lai 认为"从项目之间的公共方面出发，预期考虑可变性等因素所设计的程序族就是软件产品线。"

（3）Lee 认为"软件产品线工程是一种新兴的软件工程范型，指导软件开发组织利用核心资源完成软件项目开发任务，而不是从零开始。"Lee 的定义强调了核心资源的开发，提倡利用核心资源来实施软件项目的开发活动。

（4）Bosch 认为"软件产品线由一个产品线体系结构，一组可复用构件和由共享的核心资源派生的产品集合构成。"这个观点是从产品线构成的角度给出的。

（5）Kruege 认为"软件产品线是一种工程技术，利用通用的产品构建方法和一组共享的软件资源来开发功能相似的应用系统。"这个定义强调了软件产品线的工业化生产模式。

（6）Pohl 给出的定义是"软件产品线工程是使用公用平台、大规模定制技术来开发功能密集型系统和软件产品的范型。"该定义关注公用平台的搭建和产品个性化信息的定制。

（7）Margaret Davis 认为"软件产品线是，在组成和功能方面具有共性（Commonalities）和个性（Variabilities）的多个相似系统所形成的一个系统族。"

（8）Bass、Clements 和 Kazman 认为"软件产品线是在一个公共的软件资源集合基础上建立起来的，共享同一个特性集合的应用系统集。"

（9）卡耐基梅隆大学的软件工程研究所给出了软件产品线的经典定义。软件产品线是一个应用系统的集合，这些产品共享一个公共的、可管理的特征集，这个特征集能够满足选定的市场或任务领域的特定需求。这些系统是遵循预描述方案，在公共的核心资源（Core Assets）基础之上开发实现的。软件产品线的主要组成部分包括核心资源和软件项目集合。核心资源是领域工程所获得的成果的集合，是软件产品线中应用系统构造的前提基础，也有组织将核心资源称为集成开发平台。核心资源包含了软件产品线中所有系统共享的产品线体系结构，以及新设计开发的或者通过对现有系统再工程得到的、需要在整个产品线中进行系统化复用的构件。此外，与产品线体系结构相关的实时性能模型、体系结构评估结果、与软件构件相关的测试计划、测试实例、设计文档、需求说明书、领域模型、领域范围定义都属于核心资源。其中，产品线体系结构和构件是软件产品线的最核心部分。

总而言之，产品线的定义强调了以下三点：

（1）预先定义的生产方式。

（2）共享的软件核心资源。

（3）以核心资源为基础的软件开发。

目前，软件产品线是复用研究领域中的热点问题，它彻底改变了传统的一次创建一个项目的软件开发模式，实现了面向特定领域的最大化软件复用。

事实上，软件产品线是最高级别的软件复用，区别于算法、模式、对象和构件等小粒度复用。在开发实践中，小粒度复用的适应性较差，复用成功具有很大的偶然性。软件产品线的复用是全面的、有计划的和有经济效益的。软件产品线中的资源都是为了复用而设计的，为能在多个系统中复用进行了优化。基于构件的开发方法常常因为缺乏技术、组织和管理方面的支持，而未能获得较好的效果。软件产品线的成功则恰恰是因为在实践过程中，将技术、过程、组织和业务等进行了综合考虑。在软件产品线中，管理层必须指导、跟踪和强制核心资源的使用。软件产品线对业务实践的重视程度不亚于技术实践，它需要管理者有超越单一产品的战略考虑，需要有组织性的预见、调查、规划和指导能力。对于技术人员来说，软件产品线具有预测能力，因为组织已经建立了开发活动的通用进度和估算，有了使用预定过程和核心资源来创建应用系统的跟踪记录。在软件产品线中，团队成员的角色和责任非常明确，开发人员可以按照预先定义的和有效的方式来进行交流。在有效的核心资源基础之上，开发人员按照已经测试过的方式来创建软件项目，就能获得日益提高的、可预测的和高质量的应用系统，从而不断地提高用户的满意程度。

7.3　软件产品线的基本活动

从本质上讲，软件产品线包括核心资源开发、利用核心资源的软件项目开发，以及在这两部分中所需要的技术协调和组织管理。软件产品线的三大基本活动及其相互关系如图 7-1 所示。

通常，核心资源开发称为领域工程，利用核心资源的软件项目开发称为应用工程。软件产品线总是针对某一特定领域而创建的，在创建之后，又要为该领域的应用开发服务。在核心资源开发和软件项目开发之间存在着反馈循环，核心资源促进了应用系统的快速创建，核心资源随着新应用系统的开发而不断地被更新，从应用系统个性中所总结出来的共性知识又将丰富产品线的核心资源。通过跟踪核心资源的使用情况，将结果反馈到核心资源的开发活动中，从而创建更多有利于复用的基础设施。核心资源的价值是通过产品线所开发出来的应用系统来进行体现的。核心资源开发和软件项目开发

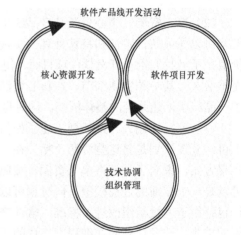

图 7-1　软件产品线的三大基本活动及其相互关系

都需要人力、物力和财力的投入，因此需要持久的、强有力的和卓有远见的组织管理。管理必须促进企业文化的交流，将新项目的开发放到可用资源环境下进行考虑。同时，还需要对相关实现技术进行协调，促使开发过程可以利用多种环境和集成工具，以提高产品线开发的效率。在产品线开发过程中，核心资源开发、软件项目开发和技术协调、组织管理三大活动不断迭代循环，促进产品线的基础设施不断完善，使所开发的应用系统的质量不断地提高，提高了领域开发的效率。因此，迭代是软件产品线活动所固有的特性，循环存在于核心开发中，循环存在于软件项目开发中，同时，循环也存在于两者的技术协调和组织管理中。

核心资源开发的目标是创建软件项目批量生产和大粒度复用的基础设施。核心资源开发是软件产品线领域工程中的重要活动，其过程如图 7-2 所示。根据产品约束条件，风格、模式和框架，开发约束条件，开发策略和已有资源清单，经过多次核心资源开发迭代，不断地获取新的核心资源。核心资源开发活动的输出包括以下三点：

（1）产品线范围。产品线范围是关于产品线所能包含的产品描述，列举出所有产品的共性和彼此之间存在的个性差异，如产品所提供的特征和操作、产品所表现的性能和品质属性，以及产品所运行的硬件平台和软件环境等。

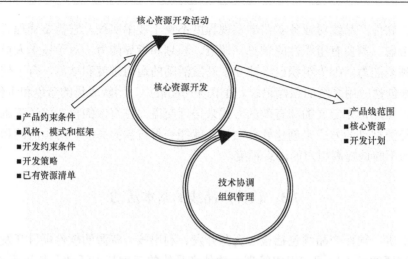

图 7-2　核心资源开发

（2）核心资源。核心资源是产品线中应用系统创建的基础设施。在核心资源中，产品线架构可以保证共性特征和特殊处理的实现。所有架构都是对大量实例进行抽象的结果，它的价值在于当我们批量开发软件项目时，使我们能够集中精力从全局角度出发去考虑设计问题，而不必关心其中的实现细节。在核心资源中，产品线体系结构扮演着非常重要的角色，描述了产品线所创建系统的整体框架，同时也提供了软件构件的接口范围。

（3）开发计划。开发计划描述了如何利用产品线中的核心资源去开发软件项目。从本质上讲，开发计划是将这些资源"粘"在一起形成应用系统的清单。开发计划描述了整体设计实现方案，说明了如何将单个资源，按照预定的方式装配在一起来创建应用系统。开发计划可以是一个详细的过程模型，同时也可以是包含更多指导信息的手册。此外，开发计划还应该包括用于度量组织改进的标准、软件产品线实践的结果，以及为满足这些标准进行数据收集的措施。开发计划的详细程度将依赖于开发者的背景知识、组织结构、企业文化和系统的适用范围。

在很大程度上，项目开发的产品线化程度取决于核心资源的建设水平。软件项目开发是产品线应用工程中的重要活动，其过程如图 7-3 所示。

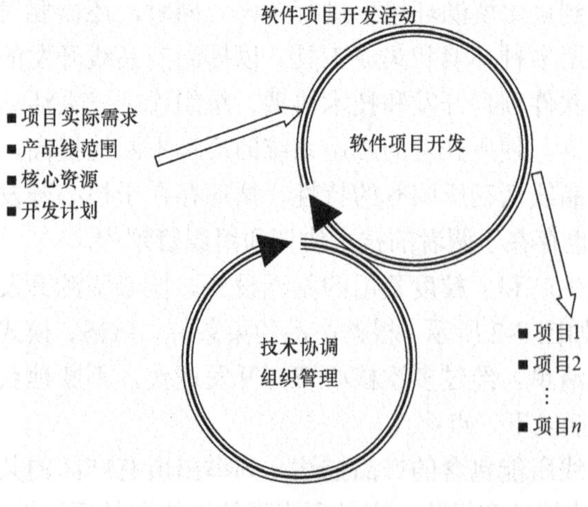

在产品线领域工程中，领域工程人员的主要任务是对该领域中的一组系统进行抽象以总结出通用的设计解决方案，而不仅仅局限于个别的应用系统。但是在产品线应用工程中，软件开发人员的行为和该行为所产生的结果基本上是针对当前所要实现的单个特定系统的。产品线体系结构描述了领域中应用的一般性解决方案。当开发特定领域应用系统时，可以依据系统的实际需求，对产品线体系结构进行裁剪和实例化，得到特定应用的系统框架。在该系统框架下进行特定应

图 7-3　软件项目开发

用的设计，结合核心资源中的软件构件最终完成新系统的集成和实现。

软件项目开发活动依赖于核心资源开发活动的输出结果，即产品线范围、核心资源和开发计划，同时还依赖于各个项目的实际需求，其关系如图 7-3 所示。

软件项目开发活动的输入包括以下四点：

（1）项目实际需求。项目实际需求通常被表示为领域中一些通用产品描述的变化或增量，也可表示为产品线需求集合的一个增量，通过比较应用需求与产品线需求模型来获得。

（2）产品线范围。产品线范围指出当前所要开发的软件项目是否可由产品线来实现，指明该项目可由产品线实现的模块，同时还应该说明应用系统开发依赖于产品线的程度。

（3）用于创建该项目的核心资源。

（4）开发计划。开发计划详细描述了如何利用核心资源来设计实现该软件项目。

从软件项目开发的角度来看，软件产品线就是一组相关的应用系统，但是它们如何存在取决于具体的核心资源、开发计划、作用范围和组织环境。简单地说，接受了产品线范围中的一个项目的实际需求，采用了相应的开发计划，就可以综合利用核心资源来创建该应用系统了。

技术协调和组织管理对软件产品线的成功是至关重要的。实际上，产品线工程是在核心资源的基础上，遵循用户的实际需求所开展的一种监督和协调工作。管理必须在技术和组织上为软件产品线提供服务。管理活动的有效性可以通过产品线工作情况和保持产品线的健壮性来进行验证。技术协调负责监视核心资源开发活动和软件项目开发活动，其工作方式是：确保核心资源开发人员和软件项目开发人员遵循产品线所定义的标准来开展工作，收集足够的案例来验证领域开发和应用开发的有效性，跟踪进度以保证计划的顺利完成。组织管理必须建立合适的组织机构，确保各组织单位得到充足的资源，如配备核心资源开发所需的相关技术人员、组织核心资源开发活动、协调软件项目开发中的技术活动、处理好核心资源开发和软件项目开发之间的迭代关系、保证产品线运行通信的畅通及从组织方面降低产品线失败的风险等。此外，还需要建立一个实时性的调整计划，以描述应该在何种状态下实施状态变更动作和所对应的相关策略。对于开发活动中所涉及的档案，也应该实施有效的管理，尤其是开发进度和预算计划。

目前，软件产品线是一种正在成熟的软件工程范型，用于开发同一领域中具有相似需求的应用系统。在软件产品线中，使用基于构件的架构来描述产品线的核心资源并说明其变化点。一个产品线可以为多个软件项目服务，使其共享一个基础架构。在一个特定领域中，基础架构是支持一组具有相似应用需求的领域模型和参考架构，这一基础架构经常称为产品线体系结构（Product Line Architecture，PLA）。描述产品线体系结构的最好手段就是框架。框架是一个可复用的和已经部分实现的软件制品。框架能够被扩展实例化，以生成特定的应用系统。在产品线体系结构中，框架是最大粒度的复用单元。一个 PLA 可以包含一个框架，也可以包括多个框架。框架由构件、构件之间的连接、约束、设计模式和扩展点组成。框架封装了复杂的业务流程、约束条件、触发动作、通用构件及连接件，能够降低软件产品线的复杂性。框架可以被运用到软件产品线生命周期的各个阶段，例如，早期的体系结构高层抽象和后期的通用构件代码实现都能够使用框架。在软件产品线中，框架能够被复用，是一种很好的复用方式。同时，框架也促进了产品线的推广应用，克服了现有产品线方法所存在的抽象有余和实现不足的缺点。软件产品线工程与其他复用技术相比，主要存在以下两方面的差异：

（1）软件产品线工程涉及一系列具有相似应用需求的软件产品。一个软件产品线一般支持多个软件项目的开发工作，每个项目都有自己的版本和生命周期。软件产品的演化要放在产品线上下文中去考虑，软件产品线的演化会影响所有的公用架构和可复用构件。

（2）软件项目开发是以公共核心资源为基础来进行的，产品线中每一个产品的创建都充分地利用了其他项目在分析阶段、设计阶段、编码阶段、计划阶段和培训阶段所取得的相关成果。和仅复用程序代码不同，复用对象的范围和粒度都大大地扩大了。

7.4 软件产品线需求分析

软件产品线是一组具有相似系统架构和可复用构件资源的应用系统，它们创建了一个支持特定领域的项目开发集成平台。在软件产品线中，根据用户的基本需求来完成产品线架构的定制任务，集成可复用资源和系统独有部分来实现应用系统。软件产品线方法集中体现了大规模和大粒度的软件复用实践。目前，软件产品线方法已成为学术界研究的热点，并且在工业界中得到了初步的应用。实践证明，应用软件产品线方法能够减少开发成本、缩短开发周期、提高开发质量。软件产品线需求建模是产品线开发过程中的关键性活动，其质量将直接决定整个产品线的成败。需求是对系统要做什么、系统如何工作、系统要表现的特性、系统必须具备的质量及系统开发过程所必须满足的约束条件的一种叙述。在软件产品线需求建模过程中，需要对产品线内所有产品的公共特性和变化特性进行描述。分析公共特性和变化特性是产品线工程的一个显著特征。公共特性是指隶属于软件产品线的所有成员产品都必须具备的公有功能和共同特征。公共特性集合是创建软件产品线的基础，是建立产品线体系结构的依据。变化特性是指只存在于软件产品线中某些成员产品的独有功能和个性特征，使其区别于产品线内的其他成员产品，约束和限定产品线体系架构的预期变化。在整个产品线开发活动中，公共特性和变化特性始终扮演着非常重要的角色。在产品线工程中，每个阶段所识别出来的公共特性和变化特性都是相对的，在不同的抽象层次上可能会有所不同，不能认为它们是绝对不变的。低层次中的公共特性可能是高层次中的抽象变化特性；反之，高层次中的变化特性也可能成为低层次中的抽象公共特性。但是，高层次中的抽象公共特性必须与低层次中的抽象变化特性相对应。

软件产品线包括领域工程和应用工程两部分。相应地，软件产品线需求建模可以划分为面向产品线的需求过程（领域需求）和面向产品线中某个具体应用的需求过程（应用需求）。

领域需求过程确定了产品需求的范围，在产品线范围内建立面向产品线的需求模型，找出产品线中所有产品的公共特性和变化特性，形成整个产品线的核心需求资源。领域需求是产品线需求的核心。领域需求过程应对领域内的所有产品进行分析，包括已有的应用系统和潜在的应用系统。一般而言，领域需求的来源包括已有的系统功能、潜在的用户需求以及竞争对手的需求。尽可能地获得完整的领域需求，这将有利于区分领域的公共特性和变化特性。领域需求过程的输出结果是核心需求资源。在领域需求过程中，正确地识别公共特性和变化特性是成功创建软件产品线的关键。正确地识别出产品线中的共性需求能为产品线工程提供高效的、可复用的核心需求资源，最大限度地降低产品线开发活动中的不必要的重复劳动。可变性需求的正确描述能为产品创建提供灵活的机制，使软件项目开发过程得以顺利地进行。更重要的是，产品线需求的正确描述能为产品线体系结构设计提供可靠的信息。如果不能对共性需求和可变性需求进行正确描述，将给产品线的创建工作带来灾难性后果，使后续开发过程陷入混乱，可能导致一个错误的体系结构设计架构，偏离了最初的创建规划，使整个软件产品线处于瘫痪状态。因此，在领域需求过程中，必须正确地识别公共特性和变化特性。

应用需求过程根据具体产品的定义和要求，参照可复用的核心需求资源建立系统的需求模型，获得需求规格说明书。在对具体应用进行需求分析时，往往会发现领域需求过程中未曾注意到的新特性。此时，应当把这些新特性反馈给领域需求过程，考虑其他软件项目是否也会具有相似的特性，从而抽象出新核心需求资源。领域需求过程的成果促进了应用需求过程的进展，同时，应用需求过程的反馈又有利于领域需求过程的完善。

软件产品线需求定义了产品线中的产品及其相关特性，涵盖了一系列应用系统的共同特性。产品线需求分析对产品线开发有着重要的指导作用。在产品线开发活动中，需求分析结果被认为是第一阶段的产品，包括需求收集、需求分析、需求建模及需求规格说明。传统的需求分析方法不能适应软件产品线需求分析任务，因为它没有考虑到产品线中不同产品之间的共性特征和个性差异。产品线需求分析确定了产品线需求与特定产品需求之间的差异和变化点，这种差异和变化点为业务用例的建立提供了基础，从而可以更加严格地评估是否可以利用产品线来开发某个软件项目。在软件产品线需求建模过程中，除了要捕获功能需求之外，还应该捕获与质量属性相关的需求，如性能需求、可靠性需求和安全性需求等。产品线需求分析为产品线架构的设计奠定了坚实的基础，产品线架构必须同时满足需求中的确定性因素和可变性因素，此外，还应该确保核心资源能够支持所有的预期变化。

7.4.1 软件产品线需求建模

在特定应用领域中，软件产品线领域需求建模过程主要包括产品线领域范围定义、产品线领域需求收集、产品线领域需求分析、产品线领域需求层次划分和产品线领域需求规格说明五个阶段，如图7-4所示。根据实际需要可对整个需求建模过程进行裁剪，例如，对一些规模较小的软件产品线可以省略其中的产品线领域需求层次划分阶段。

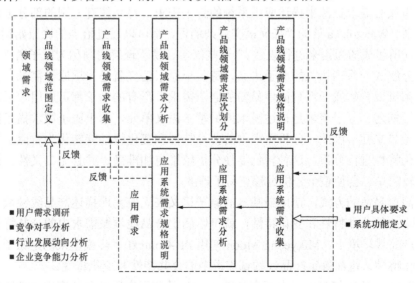

图7-4 软件产品线需求建模过程

（1）产品线领域范围定义。产品线领域范围定义是一项重要的活动，确定了产品线的共性特征和变化因素。产品线领域范围定义的参照信息主要包括以下四个部分：

1）用户需求调研，了解用户需求的基本情况。

2）分析竞争对手，了解市场上有哪些类似的产品，存在着什么样的问题，解决这些问题能给自己带来怎样的收益。

3）分析行业发展动向，预测未来的发展趋势，思考新技术的出现可能会带来的机遇和风险。

4）分析企业竞争能力，了解公司已有的类似产品、客户群、公司需求的状况和公司的技术实力。

在确定了产品线领域范围之后，需在一定程度上明确了核心资源的开发需求。产品线领域范围不是一成不变的，一个新项目、一次技术变革、一个重要的用户需求和竞争对手的新特性都可能引发产品线领域范围定义的变更，但这种变化需要经过一定时间的调整。

（2）产品线领域需求收集。需求收集的主要任务是在产品线领域范围内收集应用的原始需求，可以借鉴传统的需求获取方法，但是必须做适当的修改，使其面向整个软件产品线。首先，根据产品线领域范围定义确定目标用户，对目标用户的需求进行整理；然后，分析同类应用系统的功能，对相关技术资料进行加工提取，获取共性的领域知识。通过以上两种方法，可以得到产品线领域需求描述。通常，产品线领域需求描述很详细，并且存在着大量重复和相似的内容。根据产品线领域范围定义和领域知识，去掉需求描述中重复和相似的内容，使其保持唯一性。去重的原则是，使其覆盖更多的领域问题和优先考虑高频出现的应用问题。

（3）产品线领域需求分析。产品线领域需求收集为产品线领域需求分析过程提供了原始资料。产品线领域需求分析的任务是寻找产品线领域需求描述中的公共特性和变化特性，这往往依赖于领域专家的知识与经验，因此存在着一定的主观性。为此，Mikyeong Moon 提出了原子需求（Primitive Requirement，PR）——上下文（PR-Context）矩阵模型，以客观地分析产品线领域需求描述中的公共特性和变化特性。在软件产品线中，领域需求是被复用的通用需求，作为核心需求资源来描述应用系统的骨干需求，对系统有差别的部分进行抽象以形成不同的类别。Wierzbicka 认为"任何语义复杂的词，都可以通过恰当的比原始词更简单、更容易理解的词所组成的短语来进行表达。"这些简单、易于理解的词称为原子语义。同理，需求也可以被分解成一系列相关的原子语义，每一个原子语义就是一项原子需求。换而言之，所有的需求都可以分解成一系列简单易懂的原子需求，所有的需求都可以用一系列相关的原子需求来进行描述。原子需求是描述需求的最基本语义单元，基于原子需求描述的需求更加准确，并且无二义性。因此，分析需求中的公共特性和变化特性就转化为对原子需求中的公共特性和变化特性进行分析，这种转化能使分析结果更加准确，并且无二义性。此外，原子需求通常比较简单，会使整个分析过程更易于理解。

以一种简单易懂的方式，使用最基本的原子语义来无偏差地描述产品线领域需求。通过考查原子需求中的公共特性和变化特性，就可以确定产品线领域需求中的公共特性和变化特性。在软件产品线环境下，Mikyeong Moon 使用 PR-Context 矩阵模型来确定原子需求中的公共特性和变化特性，进而确定产品线领域需求中的公共特性和变化特性。

在 PR-Context 矩阵模型中，上下文（Context）是若干应用场景和应用系统所组成集合的抽象，构成原子需求的语义环境。一个 Context 可以是一个应用系统，也可以是一个遗留系统，还可以是若干个应用系统的集合，它给出原子需求的生存环境。Context 必须满足以下条件：

任意一个原子需求必须在一个 Context 中完整地出现或不出现；如果一个原子需求不能被一个 Context 完整地描述出来，可能是由于 Context 残缺不完整，原子需求发生语义缺失，需要重新考虑 Context 的划分，也有可能是由于原子需求分解不正确，需要进一步对其分解。建立 PR-Context 矩阵有以下三个步骤：

1）原子需求 PR 作为行，Context 作为列，建立 PR-Context 矩阵。

2）行列交汇点上标记该行原子需求 PR 是否出现在该列 Context 中。

3）统计原子需求在各 Context 中出现的比例，根据比例确定其公共特性和变化特性，获得公共特性和变化特性集合。

PR-Context 矩阵是由一致的原子需求和应用场景交叉所形成的矩阵。

（4）产品线领域需求层次划分。产品线领域需求层次划分是针对变化特性所做的进一步分析处理过程，根据实际情况，可对该阶段进行取舍。如果产品线领域范围定义较广，那么就要求进一步明确该范围的共性需求和可变需求，这主要通过对需求进行层次划分来实现。

软件产品线的层次体现在其公共特性和变化特性具有一定的层次关系。高抽象层次产品线中的变化特性可能在低抽象层次产品线中被定义为公共特性。高抽象层次产品线中的公共特性是低抽象层次产品线中的公共特性，而在低抽象层次产品线中，可能会拥有高抽象层次产品线中所未有的额外共性，它可能是来自高抽象层次产品线中的变化特性，也可能来自高抽象层次无关的新抽象。

软件产品线具有一定的层次关系，这种层次性决定了产品线需求应该具有对应的层次结构。高抽象层次产品线具有较大粒度的可复用核心资源，拥有的核心资源可以被复用到所有成员产品中。低抽象层次产品线有更多的可复用核心资源，具有更强的实例化能力。

从纵向上看，需求层次表现为软件产品线的结构组织。分析产品线领域需求，获取所需的核心资源，使用共性原子需求集合来进行表示。在产品线的某个具体范围内，除了拥有共同的核心资源之外，还可能具有额外的公共特性，必须在自己的范围内做进一步的分析，提取这些额外的公共特性。这些额外的公共特性将作为产品线核心资源中的变化成分，在具体的应用环境中通过实例化来定制系统框架。

运用集合理论，可以把软件产品线的原子需求划分到不同的层次中。在每一个层次中，分别识别其公共特性和变化特性，减少了分析对象的数量，降低了分析复杂度。如果已经创建了几个小范围的软件产品线，随着业务的不断发展，可以对这些产品线进行抽象，得到一个范围更大的产品线。

产品线领域需求层次划分降低了产品线领域需求分析的复杂度。但是，在完成每个层次的分析任务时，可能会遇到成千上万的属性特征。要从成千上万的属性特征中识别出公共特性和变化特性，就必须在横向上将需求划分为若干个基本的维度，以进一步降低分析的复杂性。

通常，软件产品线是多维的，产品线领域需求也应该是多维的。对于多维产品线需求，需要从每个维度上去识别公共特性和变化特性，最后从不同的维度出发，描述整体需求的共性和可变性。例如，ERP 中的销售管理可以从信用管理和价格管理两个维度出发来描述产品线的领域需求。通常，维度划分应该遵循以下几个基本原则：

1）完整性。综合所有维度中的需求，能够形成领域需求全集。

2）相关性。同一维度上的需求是逻辑内聚的，都面向同一类主题。

3）全覆盖性。任意一需求能够被划分到某个维度上。

4）唯一性。不同维度之间的需求不存在交集，即若领域需求 a 隶属于维度 A，则不能再隶属于维度 B。

5）大纲性。维度划分应体现领域的基本需求，不应划分太细。

（5）产品线领域需求规格说明。分析产品线领域需求之后，可以得到产品线的共性需求。产品线的共性需求将使用原子需求集合来进行表示，这有利于降低分析任务的难度。为了提高软件产品线的工作效率，需要按照设计人员可以理解的形式将原子需求组织成需求规格说明文档。一般来说，产品线领域需求规格说明文档可以按照系统构成方式来进行组织，把分属不同维度的原子需求按其服务的系统或构件进行划分，以形成需求规格说明书。

（6）应用系统需求收集。应用需求分析人员通过与客户进行多次的交流提取用户的实际需要，比较同类应用系统来定义所要开发的具体功能。此外，应用需求分析人员查阅产品线领域需求规格说明文档，从中找到与本项目相关的、匹配的产品线领域需求描述作为应用系统需求分析的参考框架。

（7）应用系统需求分析。应用需求分析人员参照产品线领域需求规格说明，分析用户的具体要求和系统功能定义，将系统需求分解为一系列的原子需求。在这些原子需求中，一部分已经包含在产品线领域需求规格说明中，其余的则要进行开发和设计。系统需求分解的原则是，尽量使更多原子需求落入产品线领域需求规格说明文档中，同时应该保持原子需求的逻辑独立性和简单性。

（8）应用系统需求规格说明。收集分解得到的原子需求，按照系统构成方式来进行组织，形成应用系统的需求规格说明文档，为设计、实现和测试过程提供依据。

7.4.2　软件产品线需求分析的特点

软件产品线需求主要包括两部分，即产品族级的领域需求和产品级的应用需求。领域需求描述领域内一组产品的共性需求，通过领域专家、产品线需求分析人员、产品线设计人员及技术实现人员对市场需求和遗留系统进行抽象归纳而获得。在软件产品线中，领域需求是核心资源中重要的、可复用的资源。应用需求描述了单个软件系统的具体需要，通过对领域需求进行参数化和实例化而得到。产品线领域需求应该与产品线应用需求分开来进行描述。产品线需求建模过程必须能同时支持这两个级别的需求，即领域需求建模和应用需求建模。在软件产品线中，领域需求通常由很多变化点组成，参数化和实例化这些变化点可以创建具体的应用需求。虽然领域需求中的变化点很小，但是其作用却非常大。软件产品线需求分析的特点主要表现在以下六个方面：

（1）产品线领域需求包括固定部分和变化成分。固定部分包含产品线中所有产品的共有功能和共性特征。固定部分不需要修改，直接进行复用来描述应用系统的具体需求。变化成分表示应用系统的独有特性。产品线的变化成分包括两种类型，即可选特征和互斥特征。可选特征是指该特征可以被集成也可以不被集成，即在一组可选特征中，可以选择任意数量的特征，其中包括不选或全部选择。在一组互斥特征中，只能选择一个特征。在产品线需求建模过程中，必须能够支持这两种类型的变化成分以及它们之间的多种组合。在领域需求建模中，应该能够同时描述产品线的公共部分和变化成分。

（2）需求模型是客户、领域专家和系统分析师之间进行沟通的有效手段。因此，产品线领域需求模型必须能够清楚、准确地表达软件产品线的真实需要，并且应该是易于理解的。

通常，采用自然语言和图形混合的方式来进行需求建模。自然语言具有较强的概括能力，是人类智慧凝结的产物，可以用于描述多种应用的具体需求。相对于自然语言而言，图形描述则更容易识别和确认，可以作为自然语言描述的有效补充来共同说明产品线的领域需求。由于市场需求变更和新产品的不断出现，领域需求将随着时间的推移而不断地发生演化。在演化过程中，需要增加新的需求和特征，同时对原有需求和特征进行修改。因此，产品线领域需求模型必须易于修改，以支持领域需求和软件需求的演化。

（3）需求抽取是一个发现、评审、文档化、理解用户需求和阐明系统约束的过程。在整个生命周期中，应该捕获产品线的所有可能变化。在这一过程中，所涉及的人员将比单个产品需求抽取过程要多，主要包括领域专家、市场调研人员、产品线需求分析人员、体系结构设计人员、软件构件设计人员及技术实现人员。让这么多人参加这项工作的目的就是让需求抽取更准确，有利于产品线的设计与维护。产品线需求抽取的重点在于明确产品线的作用范围。通过使用领域分析技术，集成现有的领域分析模型，综合生命周期中的预期变化用例来描述产品线的真实需求。

（4）需求分析是一个提炼用户需求和系统约束的过程。软件产品线的上下文描述了产品线所有成员产品的公共特性和变化特性。公共特性包含了所有产品的共同功能和共有特征，通过直接复用来描述应用系统的需求；变化特性表示了不同产品的独有特征。在产品线领域需求分析过程中，必须找出共性特征和个性差异。应用系统之间的个性差异主要体现为功能行为、质量属性、运行平台、中间件技术、网络环境、物理配置和系统规模等。例如，一个软件系统的安全性要求较高，但其运算速度要求较低，另一个系统的运算速度要求较高，但对安全性没有更多的考虑。在产品线领域需求分析过程中，应该提供所有需求的组合来支持这两个应用系统。在分析产品线领域需求时，应该对抽取的领域需求进行泛化处理，确定最大粒度复用的可能性。此外，还应该提供一个强大的分析反馈系统，以表明如果使用更多的通用需求而减少特定需求，应用系统会从何处获得收益，获取的收益是多少。

（5）需求规格说明是一个清晰地文档化用户需求和严格地阐明系统约束的过程。产品线需求规格说明文档应该包括产品线领域需求描述和特定应用系统需求说明。在开发软件项目时，我们可以将应用需求与产品线领域需求规格说明文档进行比较，以确定该系统是否符合产品线开发的条件。也就是说，这个系统是否可以通过对产品线领域需求规格说明中所提到的公共特性和变化特性进行组合来实现。

（6）需求确认是一个保证系统需求完整、正确、一致和清晰的过程。产品线需求确认是分阶段来进行的。首先，必须确认产品线领域需求；然后，随着应用系统的开发与完善，需要对其中的新需求进行确认，此时，产品线领域需求必须被再次确认，以保证它对系统是有用的。

7.4.3 利用扩展的 UML 描述产品线需求

目前，UML 用例（Use Case）图已经被广泛地应用于软件开发过程。用例描述了系统中要发生的事件流，包括具体事件和事件的先后次序。在角色触发下，系统执行相关的事务操作，以完成某个特定的功能。在 UML 中，角色是与系统进行交互的外部对象。通常，某个人或某个事物可以充当角色。角色可以是与系统进行交互的人或事物，同一个人或事物可以充当多个角色。角色也可以是类、系统、子系统或另一个用例。此外，一个用例可以与多个角色进行交互。

在 UML 中，定义了用例之间的相互关系，其主要包括以下两种关系：

（1）扩展（Extended）关系。A、B 是不同的用例，用例 A 扩展用例 B 的含义是，在 B 的一个扩展点上并且扩展点条件为真时，B 的执行可以引发 A 中定义的相关行为。一个用例可以有多个扩展点，可以被多个用例所扩展。

（2）包含（Included）关系。A、B 是不同的用例，用例 A 包含用例 B 的含义是，A 可以使用 B 定义的行为，即 A 的执行必定会包括 B 所定义的相关行为。一个用例可以包含多个用例。

UML 用例图是一种被广泛使用的软件需求建模手段。在软件产品线中，可以使用 UML 用例图来建立产品线需求模型，以描述领域需求的公共特性。但是，在描述产品线变化特性时，用例和角色都可能是变化的，例如，产品线的部分产品可能不支持某些角色或用例。由于 UML 仅能提供静态描述，缺乏对产品线变化特性的动态支持，因此必须对其进行扩展，以满足产品线需求建模的要求。

为了支持角色的变化特性，在角色中增加了"Selected"属性。在软件产品线中，仅有部分产品的用例图可以带有"Selected"属性的角色。具备"Selected"属性的角色是否出现取决于产品的使用环境。为了支持用例的变化特性，在 UML 用例图中，必须扩充两种新类型的用例关系，即可选（Optional）关系和互斥（Alternative）关系。如果基本用例 A 有可选关系的角色，则 A.Selected＝optional。如果基本用例 A 有互斥关系的角色，则 A.Selected＝alternative。如果用例 B 可选的，则用例 B 的行为可能被执行，也可能不被执行。与扩展关系不同，是否执行用例 B 取决于所开发的产品是否提供相应的功能，而与系统条件或角色无关。在一组具有互斥关系的用例 A_1，$A_2 \cdots A_n$ 中，有且只有一个用例 A_i 被执行。

网络商品销售产品线的 UML 用例图如图 7-5 所示。其中"浏览商品"和"发表浏览订购要求"两个用例是可选用例。"汇款付费"和"银行转账"是基本用例"用户付费"的一对互斥用例。"银行卡服务器"角色属于可选角色。

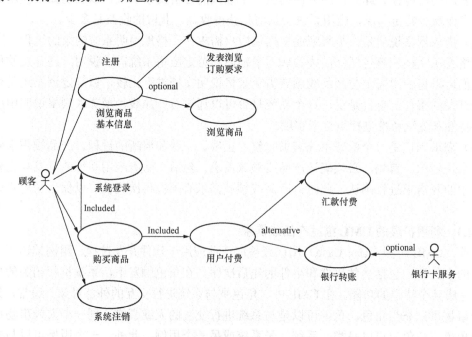

图 7-5　网络商品销售产品线的 UML 用例图

使用该软件产品线，可以定制一个网络电器销售系统，其用例图如图 7-6 所示。在该应用系统中，付费方式采用"汇款付费"，由于没有选择"银行转账"用例，因此不需要可选角色"银行卡服务器"。该应用系统实现了可选用例"浏览商品"，而没有实现可选用例"发表浏览订购要求"。

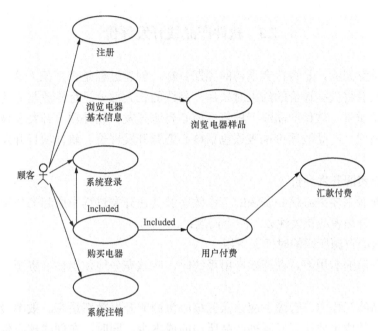

图 7-6　网络电器销售系统用例图

7.4.4　软件产品线需求分析中潜藏的风险

产品线需求分析奠定了软件产品线构架设计的基础，是体系结构设计师和构件开发人员参考的依据。在整个生命周期中，产品线需求分析的准确性直接影响产品线的质量，决定着产品线开发的成败。因此，在产品线需求建模中，应该综合利用多种方法和手段来消除其中的错误。但是，无论采用何种方法，建模分析过程都不可避免地存在着各种风险和错误。在产品线需求分析过程中，潜藏的风险主要表现在以下三个方面：

（1）文档的不充分描述或错误描述。为了确保设计和开发的质量，产品线需求分析过程必须被文档化。产品线需求分析文档应该包括公共部分描述、可变部分说明、假设限定和与业务相关的决策阐述。不充分的文档说明将会使所设计的产品线体系结构出现二义性，错误的文档描述将使构件开发过程出现错误。详细、充分和准确的需求分析文档不但为产品线创建的后续工作奠定坚实的基础，而且是降低产品线相关技术实现风险和系统开发风险的有力措施。

（2）需求通用性不足或泛化过度。在分析软件产品线需求时，通用性不足会导致设计方案过于僵化，不能处理产品线生命周期中出现的变更。同时，过度泛化的需求描述又会给核心资源开发和应用系统开发增加额外的工作量。

（3）需求变化点不确定性。需求变化点的不确定性会造成判断过程出现失误，使应用系统开发出错，并且无力快速响应用户需求变化和市场转移。

软件产品线是非常适合专业组织所使用的一种项目开发方法，是目前为止最大粒度的软件复用技术。通过系统的推理分析、集成功能性需求和非功能性需求来实现产品线需求建模任务。准确地捕获产品线需求，将有助于确定其创建的可行性，明确应用范围和业务用例，提高核心资源的复用效率，是软件产品线开发中的关键性步骤。成功的软件产品线可以明显地提高开发效率、降低开发成本，同时能有效地预测应用系统的质量。

7.5 软件产品线开发评价

产品线的质量如何，是否符合当初的预期目标，创建过程是否规范，这一切都需要对其进行评价。管理者将根据评价的结果对软件产品线的相关部分进行修改与完善，以提高系统开发效率和开发质量。软件产品线工程包括核心资源开发、软件项目开发及技术协调和组织管理三部分。因此，产品线评价也应该包括核心资源开发评价、软件项目开发评价和产品线管理评价。

7.5.1 核心资源开发评价

产品线管理者主要关心核心资源的工作效率及其在开发过程中所起的作用。在度量核心资源的作用时，管理者应该关注以下两个问题：

（1）开发核心资源所需的时间和费用。

（2）核心资源的利用率。在开发应用系统时，应该充分地使用核心资源，避免不必要的重复劳动。

在软件产品线工程中，管理者应该保证核心资源的开发效率最高。效率最高意味着开发核心资源所投入的成本要比开发系列产品所需的成本少，同时，在创建核心资源之后，能够很快地应用于产品的开发活动中。在评价核心资源的利用率时，应该说明：

（1）核心资源将用于产品开发的哪一阶段，重用的粒度如何。

（2）在应用开发过程中，核心资源暴露出多少缺陷。

（3）查询、调整和集成核心资源的工作量。

（4）在利用核心资源的过程中，指出最耗时的工作。

7.5.2 软件项目开发评价

在软件产品线上，收集相关应用工程活动的信息，主要包括所开发系统的质量、客户满意度以及开发所消耗的时间和费用等。根据这些信息，可以判断出产品线开发是否实现了预期目标，产品线的创建是否合理，以及产品线是否适合本领域的开发任务。

7.5.3 产品线管理评价

管理工作也需要评价，以衡量技术协调和组织管理是否到位。产品线管理评价的结果将用于指导决策方案的制订，以保证开发活动的正常进行。首先，管理者需要设置具体的工作目标。根据具体的工作目标，管理者还需要提供相应的工作计划和对应的资源基础。在软件产品线中，管理者收集与开发活动相关的、可测量的属性，形成一个视窗来观察产品线朝着目标进展的情况。当软件产品线的运转与预期目标存在偏差时，管理者可以检测到相关的偏离信息。此时，管理者将通过修改工作计划和调整资源配置来矫正这种偏离。

产品线管理者关心的是领域工程和应用工程是否能够顺利地进行，产品线活动是否能够沿着预期的计划进行，以及领域工程开发和应用工程开发是否能够相互配合、互相补充。核心资源管理者关心的是基础设施的质量和可用性以及所带来的收益。软件项目管理者关心的则是开发人员的工作效率和应用系统的质量。在软件产品线中，不同层面的管理者有着不同的利益，他们观察同一个问题的角度和视点也不相同。

1. 产品线整体管理评价

在软件产品线中，经常使用以下指标来衡量产品线工程的效率。

（1）项目开发总成本：描述了使用产品线开发软件项目的成本，主要包括开发小组实现应用系统的直接成本两部分内容，采用工作量来记录实际的支出，其中包括购买商用组件（COTS）的费用、核心资源开发的成本在本项目中的摊派。在创建软件产品线之初，产品线开发的成本可能要高于传统的开发模式，其主要原因是基础设施的开发费用将被分摊到为数不多的几个应用系统中，造成了每个项目的总支出增大。随着产品线核心资源的日趋完善，在每个项目中所需要分摊的核心资源的成本会逐渐地降低，项目开发总成本也就相应地下降了。随着软件产品线的不断成熟，高效地复用核心资源将会使项目开发总成本进一步大幅度地减少。随着复用粒度的增大，核心资源投资所产生的经济效益将会逐渐地扩散到越来越多的软件项目中去。

（2）产品线生产效率：用于度量产品线开发的效率。管理者能够借此判断开发人员是否可以使用同样或更少的资源来实现更多的应用系统。通常，将产品线生产效率定义为完成的软件项目总数与开发所消耗资源总数的比值。为了计算产品线生产效率，管理人员需要统计自从产品线启用所发布的应用系统数量。消耗的资源包括两部分，即软件项目开发的工作量和核心资源开发的工作量。随着时间的流逝，产品线生产效率将会不断地发生变化，需要定期地对其进行统计。一般而言，频度统计应该与系统发布数量相匹配，过于频繁的统计不能真实地反映出实际情况。

（3）过程依从性：在软件产品线中，项目开发需要遵照预订的方式来进行，否则就不能产生实际的效果。过程依从性反映了项目开发是否遵从产品线流程，管理者和软件质量保证人员对此给予了高度的关注。过程依从性描述了核心资源与项目开发之间的偏差，以及影响软件生命周期的各种因素。产品线管理人员可以使用预期目标的偏差和偏差解决的数量来定义过程依从性。参照过程依从性，开发人员可以不断地对软件产品线进行修改与完善。

使用以上指标来定期地对软件产品线进行评价，考察整个产品线管理工作的实际效果，以查找管理环节中所存在的问题。通过提高管理水平，进一步推进产品线领域工程和应用工程的完善。

2. 核心资源开发管理评价

核心资源是产品线开发中最重要的基础设施。通常，度量核心资源开发效果的指标包括以下两点：

（1）核心资源利用率：描述核心资源为项目开发所提供的价值。通常，将其定义为项目开发所利用核心资源的累积。根据核心资源利用率，管理者可以判断核心资源是否有利于产品线开发活动的顺利进行，核心资源是否就是产品线开发所实际需要的。核心资产利用率反映了核心资源在产品开发过程中所发挥的作用，主要通过软件开发的生命周期、项目开发总成本和应用系统的质量来体现。

（2）核心资源使用成本：为了有效地将基础设施应用到项目开发过程中，需要计算核心资源复用的成本。如果复用成本过大，软件项目开发将寻求其他的方式来解决。从系统开发角度来看，核心资源复用包括识别适用于该问题的资源，理解怎样将这些资源用于项目开发过程中，以及在必要时对这些资源所做的调整、集成和测试工作。核心资源使用成本主要表现为开发人员寻找、理解、裁减和利用核心资源的工作量。

使用以上指标来定期地对核心资源开发活动进行评价，考察核心资源开发管理工作的实际效果，查找管理环节中所存在的问题。通过提高管理水平，进一步完善核心资源和基础设施的建设工作。

3. 软件项目开发管理评价

在软件产品线中，项目开发应该充分地利用已有的基础设施，以提高应用开发效率和系统质量。产品线项目开发的评价指标不包括以下两个：

（1）项目直接开发成本：与传统的开发成本相类似，主要包括使用产品线开发应用系统的直接劳动，即分析、设计、实现和测试的支出，此外，还应该包括对核心资源做适度的裁剪、扩充、实例化及集成到产品中的成本。

（2）核心资源复用率：管理者应该定期地统计被复用的核心资源和资源复用的情况，可以通过产品线配置管理系统来获得这些信息。通常，将核心资源复用率定义为

$$核心资源复用率 = \frac{被复用核心资源的规模}{被复用资源的规模 + 新开发应用系统的规模} \times 100\%$$

在软件产品线中，不仅仅对代码资源进行统计，对其他非代码资源也需要进行定期追踪，如分析模型、设计方案和技术文档等。

管理者需要定期度量项目开发使用核心资源的情况，同时，根据评价结果完善基础设施的建设工作，以提高项目开发效率和应用系统质量。使用以上指标定期地对软件项目开发活动进行评价，考察项目开发管理工作的实际效果，以查找管理环节中所存在的问题。通过提高管理水平进一步完善产品线应用工程。

在考察产品线管理水平时，往往需要采用多种方法和指标来对其进行评价，力求多种角度、多层次和全方位地反映出产品线监管的实际情况和所存在的具体问题。

7.6 软件产品线的建立

一般来说，不同的开发机构将根据自身的组织特点来创建软件产品线，以完成一系列具有相似需求的应用系统的批量开发任务。在建立软件产品线时，企业将根据已有的资源情况来选择产品线的创建方式。通常，软件产品线的创建方式包括以下四种：

（1）产品进化为产品线。参照现有应用问题的解决方案，通过分析、比较、裁剪、扩充和泛化系统框架，设计软件产品线的体系结构；在产品线体系结构的基础上，逐步地将特定应用系统中的构件转化为产品线的构件。该方法的优点是实施的风险比较小，缺点是产品线核心资源创建的周期和投资太大。

（2）软件产品线替代现有产品集。基本停止现有的项目开发活动，将所有力量都投入到软件产品线的建设工作中。这种方法的目标是建立一个全新的开发平台，不受现有产品集所存在问题的制约和限制。创建产品线的周期和投资较进化方法要少，但是，需求变化所引起的初始投资报废的风险将增大。此外，使用核心资源开发出来的第一个产品的面世时间将被推后。

（3）全新软件产品线的进化。当进入新领域并要进行一系列应用系统的开发工作时，采用进化方法来创建产品线，其风险和代价要小一些。该方法协调应用需求与核心资源建设任

务，在此基础上实施开发活动，以促进应用开发和产品线创建同步进行。这种方法的好处是先期投入比较少，风险比较小，第一个产品面世的时间也比较早。此外，因为是首次进入这一新领域，进化方法可以减少因经验不足而造成的错误修正的代价。这种方法的缺点是已有核心资源会影响新应用需求的分析过程，可能会造成系统设计的不合理，加大了开发过程所需要的成本。

（4）全新的软件产品线开发。体系结构分析人员、设计人员和领域专家进行多次反复的交流，获得产品线的所有可能需求。分析产品线需求描述来设计产品线的体系结构框架，开发产品线的核心资源和基础设施。在产品线核心资源全部创建完成之后，才开始第一个软件项目的开发工作。这种方法的优点是，一旦基础设施创建完成之后，应用开发的速度将非常快，开发成本也将大大地降低。这种方法的缺点是产品线领域需求建模很难做到全面和准确，这使得在此基础之上所开发的基础设施不适应产品线的开发工作。

7.7 软件产品线开发模型

软件产品线开发的核心思想是：采用特定领域体系结构和构件复用技术来解决一类具有相似需求的领域应用问题，实质上，借鉴了现代工业产品的流水线自动化制造模式，以最大限度地提高软件项目的开发效率和开发质量。由此可见，软件产品线是特定领域体系结构设计和基于体系结构开发的有机结合体，其目标是提高软件生产的自动化程度。对开发阶段实施不同的划分，可以形成不同的软件产品线模型。

7.7.1 软件产品线的双生命周期模型

软件产品线是一种基于架构的软件复用技术，其理论基础是，特定领域的应用问题应该具有大量的相似功能和公共特征，通过识别和描述这些相似功能和公共特征来创建公共的、可复用的资源，如需求规范、测试用例、软件构件、通用架构和解决方案等，以达到降低开发成本和提高开发质量的目的。这些公共的、可复用的资源能够被直接应用于系统的开发过程中，也可以经过适当的调整再集成到应用系统中，从而使开发过程不必每次都从零开始。因此，典型的产品线开发活动包括两个关键性部分，即领域工程和应用工程。

图 7-7 描述了软件产品线的双生命周期模型，它是一个简单的基于领域体系结构的软件开发过程模型。整个模型由两个重叠的软件生命周期复合而成，即领域工程生命周期和应用工程生命周期。在领域工程和应用工程中，又分别有各自的分析过程、设计过程和实现过程。

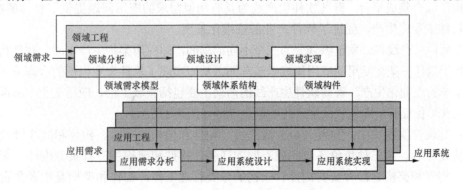

图 7-7 软件产品线的双生命周期模型

　　产品线领域工程的主要任务是，针对特定领域应用需求，创建可共享的公共软件体系结构、构件和开发模型。产品线领域工程主要包括领域分析、领域设计和领域实现三个阶段。领域分析是建立领域模型的过程，参照遗留系统、相关技术实现资料、领域专家知识和领域开发规范，对领域共性需求进行识别、收集、组织和描述，综合利用多个领域分析方法来建立领域模型。通常，使用领域问题空间的对象、功能和动态模型来描述产品线领域分析结果。领域设计是根据领域模型所描述的需求，即领域应用问题的共性需求，为软件产品线设计体系结构和基础设施的过程。同时，还要满足领域的非功能性需求，如运行速度、有效负荷、安全性和可靠性等；规划实现需求，如实现决策、开发平台和运行环境等。领域实现是依据领域设计结果来开发产品线核心资源的过程，包括产品线体系结构、软件构件和连接件等。

　　应用工程是在领域工程的基础上开发软件项目的过程。在软件产品线中，应用工程包括应用需求分析、应用系统设计和应用系统实现三个阶段。在应用需求分析阶段，参照领域需求模型，将实际应用需求划分为领域公共需求和应用特殊需求两部分，同时给出系统需求规格说明书。在应用系统设计阶段，参考领域体系结构，依据系统需求规格说明书设计应用系统的整体框架。在应用系统实现阶段，按照应用系统的整体框架，直接使用领域可复用资源，如产品线框架和构件等，实现其中的领域公共需求，同时用定制的构件来实现其中的应用特殊需求。显而易见，应用系统实现阶段是一个复用软件产品线体系结构和构件来自动装配的过程，而不是传统意义上的"数据结构＋算法"的人工编程模式。

　　如图 7-7 所示，在领域工程和应用工程的相应阶段之间存在着纵向连接线，其含义是产品线领域工程指导应用工程的实施。应用工程的结果可以反馈给领域工程，促进核心资源的建设，因此，整个软件产品线是一个互相迭代和相互完善的过程。领域工程是一个在较高抽象层次上，从领域遗留系统中抽取公共的、可复用的核心资源，创建软件产品线以支持应用开发的过程。应用工程使用领域工程所创建的产品线体系结构和构件资源来开发应用系统，此外，还要根据应用的特殊需求来定制新构件。若新定制的构件具有领域可复用特性，则需要进行泛化处理，将其加入产品线核心资源中。

　　北京大学开发的青鸟生产线是国内第一条具有代表性的软件产品线。青鸟工程是针对我国软件产业基础建设的现状而开展实施的，其目标是研发具有自主版权的软件工程环境，为软件产业提供相关的基础设施、软件工具、开发平台和集成环境，完善软件工业化生产的基本手段，促进手工作坊式开发向计算机辅助开发的转变，以提高系统开发效率。实质上，青鸟软件生产线是一套软件工业化生产系统，是一种基于构件—体系结构的软件开发技术，也是一个构件综合集成平台。青鸟软件生产线为具有相似需求的应用问题提供了整体解决方案，推进了软件工业化生产，促进了软件产业的规模化发展。

　　青鸟软件生产线将开发组织划分为三个不同的车间，即应用架构生产车间、软件构件生产车间及基于构件—架构复用的应用集成组装车间，从而实现了软件企业内部的合理分工，促进了应用系统的工业化生产。青鸟软件生产线的活动主要包括领域工程、应用工程、标准与规范的制定及质量保证等。青鸟软件生产线的概念模型如图 7-8 所示。

　　在青鸟软件生产线中，开发人员分成三类，构件和架构生产者、构件和架构管理者及构件和架构复用者。这三种角色各自完成不同的任务，构件和架构生产者负责构件、架构的开发设计；构件和架构管理者负责构件、架构的分类管理工作；构件和架构复用者负责进行基于构件—架构的软件开发过程，包括构件查询、构件理解、对构件进行适应性修改、架构查询、架构理解、对架构进行适应性修改及根据应用架构来组装构件等。前两种角色进行领域工程开发活动，后一种角色进行应用工程开发活动。

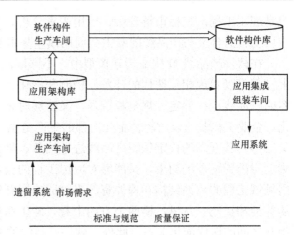

图 7-8　青鸟软件生产线的概念模型

7.7.2 软件产品线的 N 生命周期模型

双生命周期模型将软件产品线划分为两部分，即领域工程和应用工程。虽然双生命周期模型比较直观明了，但在描述多企业、多领域、多产品线开发及其生命周期时会显得力不从心，其主要原因是，在现有软件工业体系中，双生命周期模型无法涵盖所有领域产品线的组织体系、开发过程和演化空间。此时，需要采用软件产品线 N 生命周期模型来进行描述，如图 7-9 所示。

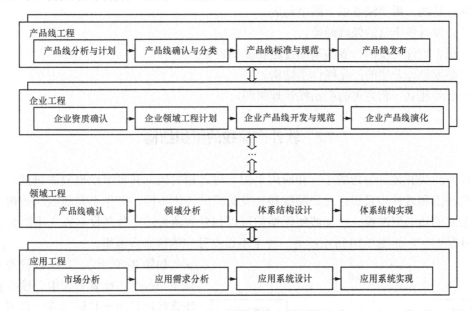

图 7-9　软件产品线 N 生命周期模型

从纵、横两个方向上看，N 生命周期模型定义了软件工业体系所包容的产品线组成结构，描述了开发和演化的全过程。从纵向上来看，N 生命周期模型包括产品线工程、企业工程、领域工程和应用工程等 N 个层次，描述了以产品线为生产模式的软件工业体系及其总体架构。从横向上来看，每层都描述了各自工程的开发过程和生命周期。

如图 7-9 所示，第一层是产品线工程。产品线工程主要包括产品线分析与计划、产品线确认与分类、产品线标准与规范和产品线发布。第一层对应着最高管理机构和行业标准化组织，完成软件产品线的分析、规划、认证、管理、发布和实施等任务。第二层是企业工程，描述了使用产品线来开发应用系统的软件企业的内部组织结构、生产过程控制和发展模式。企业工程包括企业资质确认、企业领域工程计划、企业产品线开发与规范和企业产品线演化等活动。第三层是领域工程，包括产品线确认、领域分析、体系结构设计和体系结构实现。第四层是应用工程，包括市场分析、应用需求分析、应用系统设计和应用系统实现。领域工程和应用工程的含义与产品线的双生命周期模型基本类似。

在软件产品线 N 生命周期模型中，不同层次之间使用了双向箭头，表示在不同抽象层次上模型可以实现相互迭代的开发、控制和演化。产品线工程既可以对整个软件工业体系所包容的产品线进行界定、规范和管理，又能够对来自软件企业的产品线进行抽象、分类和标准化。企业工程既可以对软件企业内部的生产范围、生产计划、生产过程和管理活动进行描述，又能够对其下属的特定领域产品线进行抽象、创建、升级和规范。领域工程中的产品线既受到上层配置管理的约束，又能够对应用工程的公共资源进行抽象和建模。应用工程既可以利用领域工程的体系结构和构件资源来完成应用开发任务，又能够为领域工程产品线提供资源的补给和扩充。从纵、横两个方向上看，N 生命周期模型反映了不同层次的独立开发过程和相互之间的迭代演化关系。此外，软件产品线的 N 生命周期模型及其演化过程具有很好的开放性。

经过长时间的探索和积累，人们在不断地总结软件产品线的实践经验。要想创建一条成功的软件产品线，需要注意以下四个问题：

（1）必须具备丰富的领域经验。

（2）积累软件开发的有效的基础设施和基础资源。

（3）必须设计合理的产品线体系结构。

（4）必须建立一套完善的产品线管理机制。

7.8　软件产品线的组织结构

软件产品线开发分为领域工程和应用工程。与之相对应，开发组织也应该包括两部分，即核心资源组和软件项目组。对产品线和开发背景的认识不同，产生不同的组织结构。根据是否有独立的核心资源组，产品线组织结构可以划分为两种：一种是设立独立小组负责核心资源的开发工作，如图 7-10 所示；另一种是不设立独立的核心资源组。

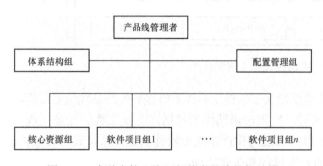

图 7-10　有独立核心资源组的产品线组织结构

如图 7-10 所示，产品线管理者协调体系结构组、配置管理组、核心资源组和软件项目组来共同完成一系列具有相似需求的应用开发任务。其中，体系结构组负责监控核心资源组和软件项目组，保证核心资源建设和应用系统开发能够遵循预先定义的架构，同时要完成构架的演化工作。配置管理组要负责基础资源的更新，维护软件项目的版本。体系结构组、核心资源组和软件项目组之间是互相独立的。

在充分考虑市场调研作用的基础上，SEI 将软件产品线组织划分为以下四个部分：

（1）市场分析人员：产品线、应用系统和客户需求之间的沟通桥梁。

（2）核心资源组：负责软件产品线体系结构和构件资源的开发工作。

（3）软件项目组：负责完成应用系统的开发工作。

（4）产品线管理者：负责开发过程的协调和计划。

通常，设有独立核心资源组的结构适用于 50～100 人的大型软件开发企业。这种结构可以使小组成员将精力都集中在核心资源的设计和开发工作上，得到更加通用的产品线基础设施。然而，独立核心资源组很容易迷失于建立更好的、高度抽象的和复用效率高的核心资源上，忽视了资源对应用工程需求的满足程度。这种结构容易抑制应用工程的反馈，所开发的核心资源无法适用于整个软件产品线。

另一种典型的组织结构是不设立独立的核心资源组，核心资源的开发任务由各个软件项目组来完成，只是设立专人来监管核心资源的开发工作。这种结构的重点不放在核心资源的开发上，比较适合于产品线成员产品的共性需求相对较少，开发独立产品所需的工作量较大的情况，同时也是小型软件组织向软件产品线开发模式过渡的一种有效手段。

7.9　软件产品线测试

同软件测试一样，产品线测试覆盖了产品线工程的整个生命周期。它以产品线核心资源为测试对象，以构件测试技术为支撑，实施测试工作。由于测试要考虑产品线的所有成员产品，因此产品线测试比单独的产品测试要复杂得多。软件产品线工程的成功为我们展示了复用技术的有效性，同时也为产品线的有效测试提供了新的解决思路，即在测试产品线时，应该拓展复用对象的范围，使其涵盖所有的测试配置，如测试用例、测试脚本和测试计划等。在应用工程中，通过复用领域工程中的测试资源来实现有效测试的目标。因此，产品线测试的关键在于复用测试用例，而不是测试产品线中的每一个应用系统。

在测试软件产品线时，测试的主要对象是产品线的核心资源，包括构件测试和架构测试。构件测试为产品线测试提供了技术支持，同时也为架构测试提供了可集成的软件单元。通常，构件具有数量大、内部信息屏蔽、演化速度快和松散耦合等特点，这给构件测试带来了很大的困难。因此，在测试构件时，验证构件的可变点就成为测试工作的重点。利用面向对象测试技术及其自动化测试工具可以对构件进行有效的测试。在绝大多数情况下，构件采用面向对象技术来描述和实现。传统的面向对象测试技术经过改造之后，就可以直接用来测试产品线的构件资源。架构测试的任务是检验产品线体系结构设计的合理性。由于体系结构描述总是概括、抽象的，因此，架构测试需要通过阅读校验体系结构说明书来实现。需求分析人员、系统设计人员、体系结构设计师和相关技术实现人员通过阅读产品线体系结构说明书，经过反复的讨论来寻找设计方案中的缺陷，并对其进行修改和完善。从这一角度上看，软件产品线的开发活动和测试活动应该是彼此重合的。架构测试结果可以作为反馈，启动新一轮的产品线开发活动，以完善产品线体系结构。此外，根据产品线体系结构来组装构件，开发原型系统。通过测试原型系统，评价产品线体系结构的合理性。

虽然已经有很多成熟的软件测试工具，但是产品线和架构测试缺乏有效的工具支持。通常，软件测试工具可以用于测试产品线，但它们只适用于单元测试这样低级别的测试工作。在测试软件产品线时，需要精确的和完备的测试工具。测试工具应该对可复用的测试资源进行有效的管理。工具支持应该从测试执行和测试结果分析扩展到集成产品线测试的全过程。目前，赫尔辛基大学已经开发出一套软件产品线测试工具 RITA。RITA 的目标是建立一个覆盖所有领域的产品线测试支持工具，但是目前仅实现了部分功能。

7.10　软件产品线的优点

基于产品线的软件开发可以为我们带来很多好处。软件产品线能够降低开发费用，缩短新产品上市的时间。软件产品线会使开发人员具有更强的适应能力，这是因为项目和项目之间的架构是相似的。因为架构在多个项目中经受住了考验，因此软件产品线能够降低开发风险，提高开发质量。具体来说，软件产品线的优点表现为以下八个方面：

（1）降低开发费用。正如伊莱·惠特尼和亨利·福特所展示的，采用软件产品线来进行应用系统的开发可以大大降低费用，其主要原因是，开发任务是通过角色的专业化和核心资源的复用来实现的。如果没有产品线，就需要为每个应用系统分别开发、设计、实现、购置和维护软件资源。核心资源在多个不同的应用中进行复用，无形中降低了每个系统的开发成本。

（2）缩短上市时间。对于许多组织来说，降低费用不是采用产品线开发的最主要推动力。开发成功与否的一个重要因素是上市时间。单个产品的上市时间几乎是固定的，但产品线开发的时间是变化的。在产品线开发初期，产品上市的时间比较晚，这是因为必须实现共性需求。当共性需求被实现之后，产品的上市时间就会提前。可复用的构件和架构能够缩短应用系统的开发时间。

（3）灵活的人员配备。在软件产品线组织内部，所有人都熟悉共享的工具、构件和产品线流程。当人员在组织内进行调配时，就具有更多的灵活性。应用系统可以受益于熟悉产品线的核心资源开发人员。工作人员熟悉共享资源，当他们开发新项目时，只需要很短的学习适应时间。

（4）更高的可预测性。在软件产品线中，项目开发过程可以共享同一套核心资源、同一体系结构框架、同一个生产计划，以及同一批拥有产品线开发经验的技术人员。核心资源和基础设施已经在多个产品开发过程中得到了验证。有了这些经过反复验证的核心资源和富有产品线开发经验的技术人员，项目负责人将对新产品的成功上市具有更大的信心。

（5）更高的质量。核心资源将被应用于多个软件项目的开发过程中，这些项目会从不同的角度来考验这些共享资源。如果软件项目出现问题，将会通过调试来纠正共享资源中的错误。经过长时间的验证，产品线核心资源的错误会越来越少，软件产品线也将拥有更高的品质。此外，产品线体系结构将被应用于多个项目的集成过程中。如果应用系统出现问题，将会以此为反馈来重新完善通用的解决方案。通过复用技术，如果产品线基础设施经过了多个软件项目的考验，则意味着它们出错的概率比较小，产品线所有成员产品的质量将被大大地提高。

（6）降低维护成本。在基于体系结构的软件开发中，构件是复用的基本单元。当构件被修改和更新之后，维护人员可以直接使用新版本的构件来替换旧版本的构件，而不必了解构件的内部实现细节和应用系统的组成情况，减少了维护的工作量。同时，在更新软件产品线时，复用测试资源也能够降低维护成本。

（7）减少系统设计复杂度。在软件产品线中，共性需求将被广泛地复用，减少了出错的概率，降低了系统设计复杂度。

（8）便于估计开发成本。在利用产品线开发软件项目时，对应用系统成本的估计比较简单，比较固定，而且出错的风险比较小。因此，产品线开发机构可以把工作重心放在市场推广和产品维护上。

7.11 软件产品线开发所面临的问题

到目前为止，软件产品线仍然是最大粒度的软件复用技术，有希望成为新世纪的主流软件生产方式。它既能满足特定市场和特定任务的定制需求，又能利用系列产品所具有的共性来获得经济效益。软件产品线能够为软件企业提供可复用的资源，使用这种方法可以明显地提高应用系统的开发效率，降低开发费用，保证软件产品的质量。

但是，目前软件产品线开发仍然面临着很多问题，主要包括以下九点：

（1）产品线既要满足领域共性需求，又要设计满足特定产品变化的软件体系结构，同时还要支持产品线体系结构和核心资源的演化，因此难以找到有效的设计方法和实现技术。

（2）产品线的前期投资比较大，投资回报的周期比较长，而且失败的风险也比较大。

（3）难以制定遗留系统向软件产品线迁移的有效策略。

（4）软件产品线理论还缺少策略化的复用模型和支持系统化复用的发展策略。

（5）领域范围和技术基础的变更将会导致软件产品线的更新，甚至完全抛弃已有的产品线，进一步增加了产品线开发的风险。

（6）软件产品线涉及一个软件企业的多个项目，选择了软件产品线就意味着开发过程要承担由此所带来的诸多风险。在收益和风险之间难以进行权衡。

（7）核心资源设计的通用性要求可能会导致其质量下降，适用范围缩小。

（8）企业的软件产品线实践经验严重不足。

（9）可能需要对软件开发企业的组织结构和方针政策进行相应的调整。

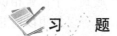 习　题

1．什么是软件产品线？
2．试述软件产品线的三大基本活动及其之间的相互关系。
3．试述软件产品线的领域工程和应用工程及其之间的关系。
4．试述软件产品线创建的四种方式。
5．画图说明软件产品线的双生命周期模型。
6．试述具有独立核心资源组的产品线组织结构。
7．试述软件产品线的优点。

第8章 设 计 模 式

8.1 设 计 模 式 概 述

随着系统复杂度的增加，软件工程师一直在探索应用程序的自动开发技术，寻找改善软件质量、提高软件可靠性、减少开发成本和缩短发布时间的技术。在软件设计过程中，人们所面临的已不再是系统的功能问题，而是难以处理的非功能性需求，这给整个软件开发行业提出了一个新的课题。近几年来，在用于解决以上问题的革新方法和技术中，设计模式引起了人们的广泛关注，已经成为软件工程领域的一个非常热门的研究课题。

使用面向对象技术开发软件系统是比较困难的，而设计可复用的面向对象的软件系统则更加困难。设计者必须找到相关的对象，以适当的粒度将它们归类，定义类的接口和继承层次，建立对象之间的基本关系。设计方案不仅要对该问题有一定的针对性，而且要对将来变化的需求有足够的通用性。有经验的面向对象设计者知道，设计出复用性高和灵活性好的软件系统通常是十分困难的。在系统最终完成之前，一个设计方案经常要被复用若干遍，而且每一次都会有所修改。

有经验的面向对象设计者能够做出良好的设计，而新手面对众多的选择方案无从下手，总是会求助于非面向对象技术。新手需要花费较长的时间领会什么是良好的面向对象设计方案。专业的设计者知道，解决问题并不一定都要从零开始。他们更愿意复用使用过的成功的解决方案，这体现了开发经验的复用。当遇到一个似曾相识的问题时，如果能记起以前问题的需求描述，并且知道它是如何解决的，就可以复用以前的经验而不需要重新去设计。在许多面向对象的系统中有很多类之间相互通信的重复模式，这些模式可以用于解决特定的问题。这使面向对象设计过程更加灵活、复用性更好。这些模式可以帮助设计者在以往的工作基础上开始新的设计过程，复用以往成功的设计方案。一个熟悉这些模式的设计者不需要再去设计它们，而仅需要将它们应用于问题的解决过程。

设计模式是成功的软件实践经验的总结，是软件实践的一种高度抽象。在收集熟练的设计者和软件工程师的经验方面，设计模式起到了根基的作用。对于反复出现的设计问题，高水平的开发人员往往会有比较成型的解决方案。设计模式以容易获取的方式和良好的书写格式捕获了这些已证实的解决方案。一般来说，一个成功的设计模式描述了在软件设计和实现过程中频繁出现的一个问题，并通过一种可被复用的方式描述该问题的解决方案。设计模式有助于开发人员解决开发过程中反复遇到的问题，可以提高软件的开发效率和可维护性。设计模式是不再从零开始设计应用程序，而是复用那些频繁出现问题的解决方案。这些解决方案已经在其他问题中得到应用和测试。

运用设计模式的目标是在软件开发过程中创建一个文化主体，以帮助人们解决在开发活动中遇到的重复出现的问题；为开发人员提供一种共享的语言，以便于交流问题和解决问题。通过描述问题、解决方案及其他重要因素之间的关系，设计模式成功地捕获了软件开发过程中的知识经验，奠定了建立优秀软件系统的基础。

规范化的设计知识可以追溯到建筑大师 Alexander 的关于城市设计与建筑结构的模式理论。Alexander 的研究小组花费近 20 年的时间开发了一种利用模式进行建筑设计的方法。可以说,"模式"这个术语起源于 Alexander 的研究工作。在 Alexander 的著作 *The Timeless Way of Building* 中,给出了超过 250 种具有各种不同抽象层次的模式。这些模式详细说明了如何将模式应用到房屋构建及相关领域。Alexander 建立了模式的一种基础描述模板形式,主要包括上下文、问题和解决方案。在软件工程行业和建筑行业之间存在着惊人的相似之处,这使 Alexander 的模式理论在整个软件开发领域得以生根发芽。在 1987 年,Kent 把模式思想引入软件开发行业。他给出了一些常用且基本的设计模式,这些模式与用户接口设计紧密相关。Kent 关注于 Smalltalk 语言的惯用方法,捕获了它的业务系统开发经验。*Using Pattern Languages of Object-Oriented Programs* 一书详细描述了这些设计模式的应用方法和应用结果。在 1992 年,Jim 编写了一组 C++惯用方法。尽管不是以模式的形式出现,但是在某种程度上,它们体现了对频繁出现问题的解决方案进行文档化的思想。在 1991 年,Erich Gamma 在他的博士论文中第一次对设计模式进行了系统化研究。他已经意识到,重复出现的设计模式是非常重要的。设计模式研究的关键是如何对它进行获取和描述。Anderson 是设计模式研究领域的知名专家。在 1991 年和 1992 年,他主持召开了关于设计模式的多次研讨会,学术界的许多著名的专家都参与了这些会议的研讨。在 1993 年,Kent 在美国科罗拉多州发起了讨论设计模式的专题论坛,逐渐成为模式团体的非官方指导委员会。这个团体是一个非营利组织,宗旨是深入探索设计模式的思想,促进设计模式在软件开发行业的应用。该团体对软件工程学科中的年轻研究者给予了很大的支持。

在 1992 年,Peter 发表了一篇描述一些面向对象分析和设计的简单模式的文章。他主要研究用于分析具体应用领域的设计模式,并使用面向对象技术来构造应用系统。James 提出了惯用法,尤其是 C++惯用法。他的设计模式主要针对软件开发项目的构建和开发人员在其中的配置。Douglas 是设计模式研究领域中一位值得注意的人物,他所提出的模式主要与电信系统和分布应用相关。Wolfgang 提出了框架开发模式,将结构化原则描述为元模式,并通过这些模式来开发框架。

在 1996 年,Frank 出版了一部关于设计模式的经典著作 *Patterns Oriented Software Architecture*:*A System of Patterns*。该书覆盖了面向对象开发过程中的抽象层,将模式划分为体系结构模式、设计模式和语言特定的惯用法。该书的研究成果在软件体系结构和设计模式方面做出了巨大的贡献,已经成为设计模式新手入门的经典指导之作。

目前,程序设计模式语言(Pattern Language of Programming,PLoP)年会是设计模式评估和分类的主要研讨论坛。国外软件工程领域的开发者和研究者都积极地参与这个论坛,力求将设计模式引入软件生命周期的各个阶段,如需求分析、概要设计、详细设计、编码、测试、发布、维护、项目计划、开发组织、项目管理和资源配置等。

8.2 设计模式的概念

目前,学术界关于设计模式的定义有很多种,比较典型的定义主要有以下几种:

(1)Alexander 是这样描述设计模式的:一个模式是一个特定的上下文、问题和解决方案所构成的三元组。

（2）Richard 认为：一个模式是一个三元组，包括特定的上下文、一系列驱动力（经常在该上下文中重复出现）和一个特定的软件设置（使得这些驱动力得以自我解决）。

（3）Pree 认为：设计模式给出了一套规则，用以描述如何在软件开发的各个阶段来完成相关的任务。

（4）Coplien 提出：设计模式更加注重重复出现的体系结构设计的复用，而框架侧重于详细的设计和实现。

（5）GoF 认为：在特定的场景下，设计模式是用来解决一般性设计问题的类和相互通信的对象的描述。

（6）Buschmann 提出：设计模式描述了在特定环境下重复出现的设计问题及对应的解决方案。

（7）Alpert 认为：设计模式是重复出现的设计问题的解决方案。

在以上各种设计模式的定义中，有一个共同关注的主题，即在特定上下文环境下，问题与解决方案的重复出现。一般而言，一个设计模式应该具有四个基本要素，即模式名称、问题、解决方案和解决效果。

（1）模式名称：助记名，使用一、两个词来描述模式的问题、解决方案和效果。命名一个新的模式增加了设计词汇。设计模式允许在较高的抽象层次上进行设计。以设计模式词汇表为基础，同事之间可以讨论模式。在编写程序时使用模式名称，可以帮助我们思考，便于与其他人交流设计思想及设计结果。寻找恰当的模式名称是设计模式组织工作的难点之一。

（2）问题：描述了应该在何时使用设计模式，解释了设计问题和问题存在的前因后果；描述了特定的设计问题，例如，怎样使用对象来表示算法等；也可能描述了导致不灵活设计的类或对象结构。在这里，问题部分包括使用设计模式必须满足的一系列先决条件。

（3）解决方案：描述了设计的组成成分，给出了组成成分之间的相互关系、各自职责及协作方式。因为设计模式像模板一样可以应用于多种不同的场合，所以解决方案并不是用来描述具体的设计和实现的。它只提供了设计问题的抽象描述和如何利用一般意义的元素来解决这个问题，如类和对象组合。

（4）解决效果：描述了模式应用的效果及使用该模式时应该权衡的问题。在描述设计决策时，不一定要提到解决效果，但是它对于评价设计选择和理解使用模式的代价而言是极其重要的。软件系统的效果大多关注于时间和空间的衡量，主要表达了语言和实现问题。因为复用是面向对象设计的主要因素，所以解决效果包括它对系统的灵活性、可扩充性和可移植性的影响。显式地列出这些效果对理解和评价设计模式是很有帮助的。

Erich Gamma 采用了一种统一的格式来描述设计模式。

（1）模式名称和分类：模式名称简洁地描述了模式的本质。一个好的名称非常重要，因为它是设计词汇表中的一部分。

（2）模式目标：描述这个模式是做什么的，它的基本原理和意图是什么，可用于解决什么样的问题。

（3）别名：描述设计模式的其他易于被人理解的名称。

（4）动机：通过给出设计问题的实例描述这个设计问题，同时阐述了运用设计模式中的类和对象来解决该问题的特定情景。动机可以帮助理解模式的抽象描述和模式要解决的问题。

（5）适用性：在什么情况下，可以使用该设计模式；该设计模式可用来改进哪些不良的设计方案；怎样识别这些情况。

（6）结构：使用图形表示模式中的类及它们之间的关系。

（7）参与者：设计模式中的类、对象及它们各自的职责。

（8）协作：设计模式中的参与者之间如何通过协作来实现各自的职责。

（9）效果：设计模式是如何支持它的目标的，使用模式的效果和所需要做出的权衡取舍，可以独立地改变系统结构的哪些方面。

（10）实现：在实现模式时，需要给出提示、技术要点、避免的缺陷及是否存在某些特定于实现语言的问题。

（11）代码示例：针对每一种设计模式，给出相应的代码实例。

（12）已知应用：在实际系统中所发现的设计模式的相关例子。每个设计模式至少给出两个不同领域的应用实例。

（13）相关模式：与这个模式紧密相关的设计模式。给出二者之间的不同之处，列出与这个模式一起使用的其他模式。

设计模式关注的是特定的设计问题及其解决方案。每一种模式描述了一个设计问题，给出了一个经过验证的、通用的解决方案。在软件开发过程中，这个解决方案代表在特定场景下解决重复发生的问题的方法。通常，该解决方案包含了多个对象。每一个设计模式都集中在一个特定的面向对象的设计问题和设计要点上，描述了在什么条件下使用它，以及使用的效果和如何取舍等问题，代表了软件设计过程中的设计经验，可以应用于任何系统。

设计模式的出现并不是偶然的，它是软件工程开发技术发展到一定阶段的产物，其原因如下：

（1）用户需求的不断变化。做过需求分析的人都有体会：用户的需求是最难把握和预知的，往往会不断变化。需求的多变性和误导性使程序开发人员陷入极其尴尬的境地。例如，当一个功能开发到中途时，需要重新对其进行设计甚至完全废弃；在未来几年之内，系统可能需要增加新功能。这些给整个系统的设计和实现造成了极大的困难。

如何给出一个合理的系统构建方案，如何在现有功能要求的基础上做好修改和扩充的准备，这些是备受关注的问题，利用设计模式可以有效解决上述问题。

（2）系统对平台的依赖性。在不同的软硬件平台上，操作系统的接口和 API 是不同的。依赖于特定平台的软件难以移植到其他平台上，甚至很难跟上本地平台的更新，因此需要提供一种能够使系统尽可能方便地从一个平台移植到另一个平台的方法，而不必重新编写具体功能的实现代码，而设计模式可以实现这一功能。

（3）修改更换系统中用到的算法。在开发和复用时，常常需要扩展、优化和替换算法。在修改算法时，依赖于特定算法的对象不得不发生改变。因此，需要利用设计模式把有可能发生变化的算法独立出来，以便随时修改甚至在运行时刻进行替换。

（4）类之间有着紧密的耦合性。在很多情况下，系统的类之间需要进行复杂的通信，这就使通信双方或多方产生一种紧密的耦合关系，即当一方发生变化时，与之相关的各个类都需要随之改变，这种变化又会导致更多的类发生调整。如同滚雪球一样，变化波及的个体越来越多，最终造成系统整体或局部瘫痪。为了避免这种情况的发生，软件开发人员必须采用抽象耦合和分层技术来降低系统的耦合性，为系统建立一种松散而有效的新秩序。此时，设计模式是一种较好的解决方案。

软件复用的关键是：在新需求和已有需求发生变化时，需要有较强的预见性，要求系统设计能够灵活地适应这种变化。设计模式可以确保系统能够以特定的方式进行改变，从而避免重新设计软件系统。设计模式允许系统结构中的每一部分的变化独立于其他部分，这样构建的系统更加健壮。

从本质上讲，设计模式支持可变性。对于对象的创建、行为和结构，设计模式能够显式地支持其变化。在领域设计中，将系统的可变部分与固定部分分离开来，以支持各种变化性因素。针对不同的问题，设计模式提供了分离可变部分的方案，可以实现其可变性。

设计模式是重复出现问题的解决方案的经验总结。仅仅使用设计模式未必能够解决软件的设计问题，也未必能够提高软件的可维护性和可复用性。如果不恰当地使用设计模式，将可能降低软件的运行效率。

好的设计模式应该具有以下特点：

（1）封装性和抽象性。设计模式封装了特定领域中明确定义的问题及其解决方案。设计模式应该提供清晰的边界，把问题空间和解空间分解成不相连的片段，使它们变得明确。作为体现领域知识和经验的一种抽象，设计模式应该出现在不同的概念粒度层次上。

（2）开放性和变化性。设计模式可以被其他模式扩展和参数化。它们可以协同工作形成一个更大的系统。设计模式不应该过分地依赖具体的开发工具，可以使用不同的方式实现。

（3）生成和组装。一旦应用设计模式，就能够产生与其他模式初始上下文相匹配的结果上下文。可以逐一地应用设计模式来形成整个问题的解决方案。通过递增方式使用设计模式，一个模式的应用提供了另一个模式的初始上下文。设计模式不是简单地进行线形叠加，而是在不同层次上以网状结构交织在一起。

（4）平衡性。设计模式必须在其约束中被平衡，其原因是，存在多个用于消除最小化解空间冲突的不变量。不变量代表特定领域的潜在问题的求解原则，描述了设计模式的步骤。

设计模式在软件开发中有以下几个重要的用途：

（1）解决常见的设计问题：设计模式提供了经验丰富的解决方案，可以应对软件开发中常见的设计问题，例如：对象的创建与管理、对象之间的协作关系、算法的封装等。通过使用设计模式，可以提高代码的可理解性、复用性和可维护性。

（2）提供标准化的设计思路：设计模式提供了一套标准化的设计思路和设计方法，可以使开发人员共享和掌握一致的设计术语和设计形式，提高了团队合作效率。使用设计模式可以帮助开发人员更加系统地思考和组织代码结构，减少设计上的混乱和不一致性。

（3）降低变更的影响范围：设计模式通过解耦和封装的方式，将变化的部分和稳定的部分分离开来。当系统需求发生变化时，只需要修改相应的模块而不会影响到整个软件系统。设计模式可以使系统更加灵活，具有一定的可扩展性，减少了变更时的风险和工作量。

（4）提高代码的可测试性：设计模式强调松耦合和高内聚的原则，能够在模块和类之间建立清晰的接口和依赖关系。可以更容易地对代码进行单元测试、集成测试和自动化测试，从而提高了代码的质量和可靠性。

（5）促进领域知识的传承和普及：设计模式是在长期实践中总结出来的一些最佳实践方案和实践经验。通过学习和应用设计模式，开发人员可以更好地理解和应用领域知识，并将这些知识传承给后续的开发人员，提高了整个行业的水平和软件开发效率。

（6）开发人员的共同平台：设计模式提供了一个标准的术语系统，且具体到特定的情景。例如：单例设计模式意味着使用单个对象，这样所有熟悉单例设计模式的开发人员都能使用单个对象，并且可以通过这种方式告诉对方，程序使用的是单例设计模式。

（7）最佳的实践：设计模式已经经历了很长一段时间的发展，它们提供了软件开发过程中一般问题的最佳解决方案。学习这些设计模式有助于经验不足的开发人员通过一种简单快捷的方式来学习软件设计与开发。

总的来说，设计模式在软件开发中的用途主要包括：解决常见的设计问题、提供标准化的设计思路、降低变更的影响范围、提高代码的可测试性，促进领域知识的传承和普及。设计模式是开发人员在实践中积累的宝贵经验，可以帮助我们更高效地进行软件设计与开发。

8.3 设计模式的分类

在 1994 年之后，设计模式开始进入良性发展阶段。*Design Patterns: Elements of Reusable Object–Oriented Software* 为介绍设计模式的经典之作，它的出版引起了软件开发人员的广泛关注。从那时起，设计模式开始被广泛地接受和采纳。该书提供了用于面向对象编程的设计模式目录，对那些经过证实并为众人所知的设计解决方案进行了分类，形成 23 种设计模式。

根据模式类型的不同，设计模式分为创建型设计模式、结构型设计模式和行为型设计模式。这是一种比较通用的分类方法。创建型设计模式与对象的创建有关，用以描述如何创建一个对象。创建型设计模式将对象的创建工作延迟到子类，主要包括工厂方法模式、抽象工厂模式、原型模式、单例模式和建造模式。结构型设计模式处理了类之间的组合，描述了类之间如何组织起来形成更大的结构，从而实现新的功能。结构型设计模式使用继承机制来组合类，主要包括合成模式、装饰模式、代理模式、享元模式、门面模式、桥梁模式和适配器模式。行为型设计模式描述算法及对象之间的职责分配。行为型设计模式使用继承机制来描述算法和控制流，主要包括模板方法模式、观察者模式、迭代子模式、责任链模式、备忘录模式、命令模式、状态模式、访问者模式、中介者模式、策略模式和解释器模式。23 种经典设计模式的类型、中文名称和英文名称如表 8-1 所示。

表 8-1 　　　　　　　　　　设计模式的类型、中文名称和英文名称

模式类型	模式的中文名称	模式的英文名称
创建型设计模式	工厂方法模式	Factory Method
	抽象工厂模式	Abstract Factory
	原型模式	Prototype
	单例模式	Singleton
	建造模式	Builder
结构型设计模式	合成模式	Composite
	装饰模式	Decorator
	代理模式	Proxy
	享元模式	Flyweight

模式类型	模式的中文名称	模式的英文名称
结构型设计模式	门面模式	Facade
	桥梁模式	Bridge
	适配器模式	Adapter
行为型设计模式	模板方法模式	Template Method
	观察者模式	Observer
	迭代子模式	Iterator
	责任链模式	Chain of Responsibility
	备忘录模式	Memento
	命令模式	Command
	状态模式	State
	访问者模式	Visitor
	中介者模式	Mediator
	策略模式	Strategy
	解释器模式	Interpreter

23 种经典设计模式的具体功能如下：

工厂方法模式：定义了一个用于创建对象的接口或者抽象类，让实现该接口的类或者抽象类的子类具体决定实例化哪一个产品类。

抽象工厂模式：提供了创建一系列相关或者相互依赖对象的接口，不用指定它们的具体类。

原型模式：使用原型实例来指定创建对象的种类。通过复制这个原型创建新的对象。

单例模式：保证一个类仅有一个实例，并提供一个访问它的全局访问点。

建造模式：将一个复杂对象的构建与它的表示分离。利用同样的构建过程可以创建不同的表示。

合成模式：将对象组合成树形结构以表示部分与整体之间的层次关系。该模式使客户对单个对象和复合对象的使用具有一致性。

装饰模式：动态地给对象添加额外的职责。对于扩展功能而言，该模式比生成子类的方式更为灵活。

代理模式：为其他对象提供一个代理以控制对这个对象的访问。

享元模式：运用共享技术有效地支持大量细粒度的对象。

门面模式：为子系统中的一组接口提供一致的界面。该模式定义了一个高层接口，使子系统更加容易重用。

桥梁模式：将抽象部分与它的实现部分分离，使它们可以独立地变化。

适配器模式：将类的接口转换成客户希望的另外一种形式。该模式使原本由于接口不兼容而不能一起工作的类可以协同工作。

模板方法模式：定义操作中的算法骨架，将一些步骤延迟到子类中。在不改变算法结构的前提条件下，该模式可以重新定义算法的步骤。

观察者模式：定义对象之间的一对多依赖关系。当对象的状态发生改变时，所有依赖它的对象都能得到通知并自动刷新。

迭代子模式：提供一种方法来聚合对象中的各个元素，不需要暴露该对象的内部表示。

责任链模式：解除请求的发送者和接收者之间的耦合关系，使多个对象都有机会处理这个请求，直到有一个对象对它进行处理为止；将所有的对象连成一条链，沿着这条链传递请求。

备忘录模式：在不破坏封装性的前提条件下，捕获一个对象的内部状态。同时，在该对象之外保存这个状态，以后可以将该对象恢复到保存的状态。

命令模式：将请求封装为一个对象。使用不同的请求对客户端进行参数化。对请求排队或记录请求日志，以支持可取消的操作。

状态模式：允许对象在其内部状态发生变化时改变其行为。对象看起来似乎修改了它所属的类。

访问者模式：表示作用于对象结构中的各个元素的操作。在不改变各个元素的类的前提下，定义作用于这些元素的新操作。

中介者模式：用中介对象来封装一系列的对象交互。各个对象不必显式地相互引用，不仅降低了模块之间的耦合性，而且可以独立地改变它们之间的交互。

策略模式：定义一系列的算法，把它们逐一封装起来，使其可以相互替换。该模式可以使算法的变化独立于使用它的客户类。

解释器模式：属于行为型设计模式。对于一个语言，可以定义它的文法和解释器，这个解释器使用该表示来解释语言中的句子。

目前，软件的规模和复杂度已经变得越来越大。为了应对这种变化，应该使系统具有良好的可复用性和可扩展性。设计模式可以支持软件框架结构的这种变化。

设计模式对于变化的支持在于：自身支持系统结构中某些方面的独立变化，而不影响其他方面。不同设计模式的独立变化部分是不同的。在进行系统设计时，需要考虑未来变化的方向，以便应用相应的设计模式来支持系统的扩展。

设计模式对于可变性的支持：

（1）松耦合。减少类之间的联系，提高类的可复用性。支持松耦合的设计模式包括抽象工厂模式、命令模式、中介者模式、观察者模式和责任链模式。

（2）返回抽象类。以抽象类为基类，可以扩展具体功能的子类。用户只需要知道接口，而不需要知道具体的子类，有利于通过扩展子类来增加新的功能。支持返回抽象类的设计模式有桥梁模式、责任链模式、组合模式、迭代子模式、观察者模式和策略模式。

（3）算法替换。在开发和复用时，算法经常需要被扩展、优化和替代。算法的具体实现对应于类中的方法，因此需要方法的替换与改变。支持算法替换的设计模式有迭代子模式、策略模式、模板模式和访问者模式。

（4）分层独立变化。实现层和抽象层可以相互独立。在层次范围内，可以独立地扩展和改变，而不影响其他层次。支持分层独立变化的设计模式有桥梁模式和抽象工厂模式。

（5）使用组合方式来增加新的功能。在面向对象编程中，使用继承机制来添加功能，同时增加了类之间的依赖性。父类发生改变，必然会影响子类。组合方式方便、灵活，减少了类之间的依赖性。使用组合方式来增加功能的设计模式有适配器模式。

（6）响应请求的动态性。支持响应请求的动态性的设计模式有责任链模式和命令模式。

（7）利用不可修改的类。在对系统的类进行修改时，如果体系结构的变动不是很大，那么可以使用设计模式来完成。支持利用不可修改的类的设计模式有适配器模式、迭代子模式和访问者模式。

8.4　设计模式与面向对象复用

在设计模式中，最重要的思想是封装变化的概念，这是绝大多数设计模式的核心理念。一方面，应用设计模式设计出来的软件应该体现出一定的灵活性，以适应可能的变化；另一方面，必须把这种灵活性所带来的软件内部的复杂性封装起来，为外界提供一个简单而稳定的访问接口。这两方面分别从内部实现和外部接口上提高了软件的复用性，二者缺一不可。

设计模式对可复用性的贡献表现在：指明了一套可复用的设计解决方案，而且鼓励创建可复用的类。通过这些类可以降低对象之间交互的耦合程度，从而使可复用性得到加强。

设计模式从对象的出现到发生作用，均提供了相应的方法来提高功能。因为面向对象复用的基础是对象的组合、继承和多态技术，所以设计模式成为面向对象复用的手段。

（1）对象创建过程中的复用。设计模式的原则是面向接口进行编程而不是面向实现进行编程。在实际编程中，使用了接口的概念。接口一般会有多个实现类，因此会存在选择创建实现类的情况。如果利用传统的创建对象方法，不利于扩展和修改。如果将其改为其他的实现类，那么需要在多处修改代码。因此，必须把创建对象的过程外部化。

创建型设计模式的目的是将抽象实例化，帮助系统独立地创建、组合和表示它的对象。系统的实现不再拘泥于对象的表现形式。类的创建型设计模式使用继承机制来改变被实例化的类。对象的创建型设计模式将实例化委托给另外一个对象。随着系统演化越来越依赖于对象的组合而不是类的继承，创建型设计模式显示出极其重要的作用。在应用创建型设计模式时，工作重心从对一组固定行为的硬编码转移到定义一个较小的基本行为集上。这些行为可以被组合成更为复杂的行为。在创建有特定行为的对象时，不仅需要实例化一个类，而且可能涉及多个类的多个对象。对象的创建型设计模式有两个主要的特点：将该系统所使用的具体类的信息封装起来；隐藏这些类的实例是如何创建和如何放在一起的。针对这些对象，系统所知道的是抽象类所定义的接口。在创建了什么、由谁创建及如何创建方面，创建型设计模式具有很大的灵活性。对象的创建型设计模式允许使用结构和功能差异很大的产品对象配置系统，这将大大地提高系统设计的灵活性。

（2）对象组合过程中的复用。结构型设计模式主要用来组合已有的类和对象，以获得更大的结构。借鉴封装、代理和继承技术，将类或对象进行组合和封装，以提供统一的外部视图。例如，采用多重继承方法将两个以上的类组合成一个类，该类包含了所有父类的属性。该模式有助于多个独立开发的类库协同工作。

对象的结构型设计模式不是对接口和实现进行组合，而是描述如何将一些对象组合起来，从而实现新的功能。在运行阶段，可以改变对象的组合关系。因此，对象组合方式具有更大的灵活性。这种使用静态类的组合的机制是不可能实现的。

合成模式是结构型设计模式的一个实例，描述了如何构造类的层次结构。这种结构由两种类型的对象所对应的类构成。对象主要包括基本对象和组合对象。其中，组合对象可以结合基本对象及其他组合对象来形成更加复杂的结构。在代理模式中，代理对象作为其他对象的一个方便的替代符和占位符，可以使用多种方式来实现。代理模式既可以在局部空间中代表一个远程地址空间中的对象，也可以表示一个要求被加载的较大的对象，还可以用来保护对敏感对象的访问。在一定程度上，代理模式提供了一些具有特殊性质的间接访问，从而可以限制、增强和修改这些性质。享元模式说明了如何生成很多较小的对象。门面模式描述了如何使用单个对象来表示整个子系统。桥梁模式将对象的抽象和实现分离，从而保证可以独立地改变它们。装饰模式描述了如何动态地为对象添加职责，采用递归方式来组合对象。

（3）对象交互过程中的复用。行为型设计模式描述了类或对象之间怎样进行交互和分配职责。这些模式涉及算法和对象之间的职责分配。行为型设计模式不仅描述了对象和类的模式，而且描述了它们之间的通信方式。这些模式刻画了运行时刻难以跟踪的复杂控制流。对象的行为型设计模式使用对象组合机制而不是继承机制，通过一组对等的对象相互协作以完成其他对象无法单独实现的任务。

对于软件设计人员来说，要想一次得到具有较高复用性和灵活性的设计方案往往是非常困难的。要设计出好的面向对象软件，必须找到相关的对象，以适当的粒度将它们归类，再定义类的接口和继承层次，建立对象之间的基本关系。对于所面临的问题，设计应该具有针对性，同时对将来的问题和需求要有足够的通用性，这样才能避免重复性设计。合理应用设计模式来解决特定的设计问题，能够使面向对象编程更加灵活，具有更好的复用性。

随着开发技术的不断完善，设计模式的种类日益增多，并且越来越复杂。设计模式是成功设计经验的总结，可以用来解决类似的问题。复用以前的设计成果，可降低开发成本，提高系统开发效率。因为系统环境、具体条件和变化因素是不同的，所以解决方案也应该是不一样的。盲目地套用设计模式，会导致软件体系结构复杂性的增加，降低了系统运行的效率。

目前，仍然有大量软件开发人员不使用设计模式。一方面是因为他们没有正确地把握和理解设计模式；另一方面是因为没有一种有效的方法来指导他们使用设计模式。从众多的设计模式中选择适合自己系统的模式并非易事。选择正确和恰当的设计模式已经成为人们使用模式的瓶颈，尤其是对设计模式不够熟悉的编程人员。运用设计模式可以提高开发的效率，同时也可以提高软件系统的质量。使用设计模式进行软件开发的步骤主要包括问题抽象、模式选取、模式扩展、模式实现、设计优化和设计评估，具体内容如下：

（1）问题抽象：对所要解决的问题进行抽象。将问题归为适当的类型，从问题域中抽象出合适的对象，决定对象的粒度和接口，分析不同对象之间的交互方式。

（2）模式选取：根据问题类型和对象交互关系来选择合适的设计模式。这需要系统地了解各种设计模式的意图和适用场景，而且能够区分相似的模式。此时，需要开发者对系统的变化因素有一定的预见性。不同的设计模式所封装的变化因素是不一样的，因此系统扩展和维护的成本也应该是不一样的。

（3）模式扩展：对设计模式进行扩展。在设计模式中，将系统对象划分成不同的角色。在实际应用中，需要将问题域中的对象与模式中的角色进行匹配，并对角色进行扩展。例如，原型模式中的具体原型和策略模式中的具体策略角色往往需要有多个实现类。对于设计模式而言，重要的是其设计思想，不用完全套用设计模式，可以根据具体应用环境对其进行适当扩展。

（4）模式实现：实现设计模式中的角色。如果系统设计是运用支持正向工程的建模工具来完成的，那么可以使用自动代码生成实现模式中的角色，然后补充代码来完善它们之间的实现细节和协作功能。

（5）设计优化：对设计进行优化。设计模式强调针对接口进行编程，而不是针对实现进行编程。在使用设计模式设计系统时，往往存在大量的接口。如果多个具体子类含有同样的属性和功能，那么可以将其接口修改为抽象类，将子类中共同的元素放入抽象类中，以实现更高程度的复用。根据具体环境和需求，简化设计中的某些部分来提高系统的性能。

（6）设计评估：对设计方案进行评估和度量。在设计完成之后，可以应用面向对象的基本原理来分析设计过程，也可以引入软件度量标准来进行全面评估，判断设计是否达到了设计目标，根据度量的结果来修正设计方案。

在系统设计的开始阶段，开发人员可以应用设计模式来设计软件体系结构。在系统体系结构设计初步完成之后，开发人员也可以利用设计模式来处理有特殊要求的模块。使用设计模式进行重构和利用设计模式进行设计的步骤是相似的，但是必须考虑重构所涉及的范围。在重构成本和重构目标之间，需要进行权衡，同时需要关注系统的测试。此外，还需要注意重构模块与原有系统之间的融合问题。

8.5　设计模式遵循的原则

设计模式需要满足的原则包括开闭原则、里氏代换原则、依赖倒置原则、接口隔离原则、合成聚合复用原则、迪米特法则和单一职责原则。

8.5.1　开闭原则

在面向对象设计中，开闭原则是可复用技术的基础。它是面向对象设计中最重要的原则，其他很多设计原则都是用来实现开闭原则的。

软件系统中包含着各种构件。在不修改代码的前提条件下，需要引入新的模块和类。"开"指的是构件功能扩展是开放的，允许扩展它的功能；"闭"指的是原代码的修改是封闭的，不需要修改原代码。

实现开闭原则的关键是抽象。把系统所有的行为抽象出来作为底层。在抽象底层中，规定了所有具体实现所提供的方法。抽象层要预见所有可能的扩展。在进行系统扩展时，不需要修改系统的抽象底层。从抽象底层中能够导出一个或多个新的具体实现。因此，系统设计方案对于扩展而言是开放的。

8.5.2　里氏代换原则

里氏代换原则的定义为：对每个类型为 S 的对象 O_1，都有类型为 T 的对象 O_2。程序 P 包含对象 O_2。如果使用 O_1 去代换 O_2，程序 P 的行为不会发生改变，那么类型 S 是类型 T 的子类型。

里氏代换原则还可以定义为：所有引用父类对象的地方都能够透明地使用其子类的对象。里氏代换原则告诉人们，使用子类对象替换父类对象，程序不会产生错误和异常；反过来则不成立，即如果程序使用了子类对象，那么它不一定能够使用父类对象。

里氏代换原则是实现开闭原则的重要手段。在使用父类对象的地方都可以使用子类对象。因此，在程序中应该尽量使用父类定义对象。在运行时，确定其子类的类型。使用子类对象来替换父类对象。

在使用里氏代换原则时，需要注意以下几点：

（1）子类的所有方法必须在父类中进行定义。子类必须实现父类定义的所有方法。为了保证系统的可扩展性，程序应该使用父类来定义对象。如果一个方法只在子类中进行定义，而在父类中没有定义，那么父类定义的对象无法使用该方法。

（2）在使用里氏代换原则时，应该把父类设计成抽象类或者接口。让子类继承父类或者实现父接口，同时，实现父类所定义的方法。使用子类实例来替换父类实例，可以很方便地扩展系统功能，不需要修改子类的代码。通过增加新子类来实现新的功能。

（3）在 Java 语言中，Java 编译器会检查程序是否符合里氏代换原则，这是纯语法意义上的检查。但是，Java 编译器的检查也具有一定局限性。

8.5.3 依赖倒置原则

依赖倒置原则的定义是：要依赖于抽象，不要依赖于具体。对抽象进行编程，不要对实现进行编程。其目标是降低客户端和实现模块之间的耦合程度。相对于细节的多变性而言，抽象的东西总是比较稳定的，因此以抽象为基础所搭建起来的架构是稳定的。

依赖倒置原则的本质是契约式编程。通过抽象类或者接口，可以彼此独立地实现各个类。类之间的关联度较小，降低了模块之间的耦合程度。在使用抽象类或者接口时，应该制定好规范和契约。不应该涉及具体操作，把展现细节的任务交给实现类来完成。如果没有实现依赖倒置原则，那么意味着没有实现开闭原则。

在实际编程中，需要注意以下几点：

（1）在低层模块中要有抽象类和接口。

（2）变量应该被定义为抽象类和接口。

（3）在使用继承关系时，应该遵循里氏代换原则。

在实现依赖倒置原则时，可以采用以下三种方式：

（1）通过构造函数来传递依赖对象。在构造函数中，所传递的参数是抽象类和接口。

（2）通过 set ××× 方法来传递依赖对象。

（3）在接口中声明实现所依赖的对象。这种方式也称为接口注入。

8.5.4 接口隔离原则

接口隔离原则的定义为：建立单一接口，取消庞大臃肿的接口。尽量细化接口，减少接口中的方法。为各个类建立专用接口，不要创建庞大的接口供所有依赖它的类去调用。

使用多个专门的接口要比使用单一的总接口要好。一个类对其他类的依赖是建立在最小接口之上的。一个接口代表一个角色，不应当将不同的角色交给同一个接口。合并没有关联的接口，形成冗余的大接口，将引起角色和接口的污染。不应该让客户端依赖于它们不用的方法。接口属于客户端，不属于它所在的类层次结构。不应该强迫客户端使用它们不用的方法。

接口有两种不同的含义：一种含义是，接口是一个类型所具有的方法特征集合，这仅仅是一种逻辑上的抽象；另一种含义是，接口指高级程序设计语言中的具体接口，有着严格的定义和结构。对于这两种不同的含义，接口隔离原则的表达方式是不同的。

接口的划分是由客户端决定的。如果客户端程序是分离的，那么这些接口也应该是分离的。当接口包含很多行为时，就会导致客户端程序之间产生不正常的依赖关系。此时，需要分离接口，实现解耦。在应用了接口隔离原则之后，客户端所看到的是多个内聚的接口。

在使用接口隔离原则时，需要注意以下几点：

（1）接口应该尽量小，但是要有一定的限度。细化接口可以提高程序设计的灵活性。但是，如果接口过小，将会造成接口数量过多，使系统设计变得更加复杂，因此一定要适度。

（2）为依赖接口的类定制服务。对于调用类而言，只暴露所需要的方法，隐藏不需要的方法。只有为一个模块提供定制服务，才能建立最小的依赖关系。

（3）提高内聚性，减少对外交互。让接口使用最少的方法来完成最多的事情。

在运用接口隔离原则时，一定要适度，接口设计得过大和过小都不合适。在设计接口时，应该花费时间去思考和筹划，才能准确地实现这一原则。

8.5.5 合成聚合复用原则

在代码复用过程中，应该多使用合成关系和聚合关系，尽量少使用继承关系。在新对象中使用已有的对象，使之成为新对象的一部分。新对象向已有对象进行任务委派，以达到复用已有功能的目的。继承关系的缺点是父类方法全部暴露给子类。如果父类发生变化，子类也必须改变。在复用过程中，聚合关系对其余类的依赖较少。

合成聚合复用原则的要点是：

（1）新对象利用成分对象的接口来进行存取。

（2）复用属于黑箱复用。新对象看不到成分对象的细节。

（3）在运行时刻，可以动态地进行复用。新对象可以动态地引用与成分对象类型相同的对象。

（4）在任何环境中，都可以使用合成关系和聚合关系。继承关系只能在受限环境中应用。

（5）如果两个类是 Has-a 关系，那么应该使用合成关系和聚合关系。如果两个类是 Is-a 关系，那么可以使用继承关系。

继承复用与合成聚合复用的区别是：

（1）继承复用：实现简单，易于扩展；破坏了系统的封装性；从基类继承的实现是静态的，不可能在运行时刻发生改变；没有足够的灵活性，只能在受限环境中使用。

（2）合成聚合复用：类之间的耦合程度相对较低；能够选择性地调用成员对象的操作；在运行时刻，可以进行动态复用。

合成聚合复用使系统更加灵活，降低了类与类之间的耦合程度，使一个类的变化对其他类造成的影响相对较小。因此，应该首先选用合成关系和聚合关系来实现复用。在使用继承复用时，需要严格地遵循里氏代换原则。有效地使用继承复用会有助于理解问题，降低系统的复杂度；滥用继承复用会增加系统构建和维护的难度，因此需要慎重使用继承复用。

8.5.6 迪米特法则

迪米特法则又称最少知识原则。一个对象应该尽可能少地了解其他对象。强调类之间应该是松散耦合的。如果两个类不直接通信，那么这两个类就不应该直接相互作用。在一个类需要调用另一个类的方法时，可以通过第三方来转发这个调用。如果系统设计符合迪米特法则，那么一个模块的修改对其他模块的影响会很小，系统扩展会相对容易。迪米特法则限制了软件实体之间通信的宽度和深度，能够降低模块之间的耦合程度，使类与类之间保持松散的耦合关系。

在迪米特法则中，对于一个对象，其朋友包括以下几类：

（1）当前对象本身。

（2）以参数形式传入当前对象方法中的对象。

（3）当前对象的成员对象。

（4）如果当前对象的成员对象是一个集合，那么集合中的元素也都是朋友。

（5）当前对象所创建的对象。

满足上述条件之一的对象就是当前对象的朋友，否则就是陌生人。在迪米特法则中，一个对象只能与直接朋友发生交互，不能与陌生人发生交互，这样可以降低模块之间的耦合程度。一个对象的改变不会影响其他对象。

在使用迪米特法则时，需要注意以下几点：

（1）在划分类时，尽量创建松耦合的类。类之间的耦合程度越低，越有利于复用，并且在修改类时，对关联类不会造成过大的影响。

（2）在类结构设计上，每个类都应降低成员变量和成员函数的访问权限。

（3）在类设计上，一个类型应当被设计成不变类。

（4）对象对其他对象的引用应当降到最低。

直接访问构造者内部的子部件被认为是一种不良的设计。越了解对象的内部结构，意味着越依赖它的结构。这种设计方案是非常脆弱的。对象应该对客户端隐藏它的内部结构。

8.5.7　单一职责原则

单一职责原则又称为单一功能原则，是面向对象技术的五大基本原则之一，规定了一个类应该只有一个发生变化的原因。此处，职责是指类变化的原因。如果一个类有多个改变的原因，那么这个类具有多项职责。单一职责原则的含义是：一个类应该有且只有一个变化的原因。如果一个类有一项以上的职责，这些职责将会耦合在一起。当一项职责发生变化时，可能会影响其他职责。

此外，多项职责耦合在一起会影响代码的复用效率。在分离逻辑和界面时，如果一个类承担的职责过多，就等于把这些职责耦合在一起了。一项职责的变化可能会削弱这个类完成其他职责的能力。这种耦合使设计方案变得非常脆弱。在发生变化时，设计方案会遭受意想不到的破坏。如果要避免这种现象的发生，就要尽可能地遵守单一职责原则。单一职责原则的核心是解耦和增强内聚性。

在软件设计过程中，应该遵守高内聚和低耦合的思想。让一个类仅负责一项职责，如果一个类有多项职责，那么这个类的耦合程度就会变高，这些职责就会耦合在一起。当一项职责发生改变时，就需要更改代码，而在这个过程中，会引起其他职责的变化。这就是所谓的"牵一发而动全身"。因此，需要把类拆成多个类来分别维护多项职责。单一职责原则不只是面向对象编程技术所特有的，在模块化程序设计中，也应该遵循单一职责原则。

8.6　研究设计模式的意义

在研究一种设计模式时，需要将整个体系结构划分为若干部分，每一部分都有单独详细的描述与要求。把整个系统划分至最小粒度，直到不能再分为止。在研究的过程中，力求精确，不允许存在误差。但是，有的时候也存在例外，不需要过分的精确。在设计模式中，存在一些模糊的概念并不会影响其运用。

从某种程度上讲，只有熟悉设计模式，才能将其灵活运用于系统之中。在深刻理解设计模式所蕴含的思想之后，应用系统的开发才能不拘泥于具体的形式。自然流畅地使用各种设计模式来解决实际问题，不会有任何生涩的感觉。Alexander 在其论著中说过："当你盲从和机械地使用设计模式时，它们就和其他的意向一样会干扰你的现实感觉。当你恰当地漠视它们时，你才会恰当地使用它们。"

设计模式研究的意义主要包括以下几点：

（1）复用解决方案。在面临具体问题时，通过复用已建立的设计方案可以提高开发效率。设计方案提供了一个现成的解决方法，根据需要对其进行修改以适应不同的问题，帮助设计者更快地完成任务。同时，设计模式会帮助系统设计者做出有利于复用的选择，避免设计方案损害系统的可复用性。

（2）建立公共术语。交流需要一套公共的词汇和一个对待问题的公共视点。在分析和设计过程中，设计模式提供了公共的参考点。在设计词汇的基础之上，设计者研究和选择各种不同的设计方案，定义高于类和实例的抽象，降低了系统的复杂度，提高了实现过程的抽象层次。

研究编程人员的知识结构，可以发现：他们的经验不是按照语法组织的，而是按照概念结构组织的，如算法、数据结构和习惯用语等。设计者考虑的不是记录设计的表示方式，而是怎样把设计问题与已知的算法、数据结构和习惯用语匹配起来。

按照所使用的设计模式来描述系统，可以使其他人更容易理解系统的框架结构；否则，必须对系统的设计进行逆向工程，弄清楚它所使用的设计模式。使用通用设计词汇的好处是不必描述整个设计模式，只需要利用它的名字，让开发人员理解具体的设计过程。

（3）设计模式可以让开发人员站在更高的层次上观察问题。通过研究设计模式，开发人员的分析能力和思维境界得到双重提升。

（4）设计模式是有表现力的，提供了公共的解决方案的词汇表，可以简洁地表达解决方案。开发人员可以更容易地理解原有的设计思路。

（5）设计模式为软件开发过程提供了可重用的设计经验库。利用设计模式可以提取有经验人员的设计知识，以形成更复杂的模块单元。因此，可以把设计模式看作构造软件体系结构的微观结构。

（6）设计模式可以帮助减少学习类库的时间。一个类库的使用者学习了其中的设计模式，在他学习另外一个类库时，就可以重用这些经验。

（7）开发可复用软件的关键是必须重新组织和重构软件系统。设计模式可以帮助软件开发人员重新组织设计方案，减少重构的工作量。

（8）设计模式是一种为软件体系结构建立文档的手段。在设计软件系统时，需要根据设计模式来描述构想，而在扩展初始体系结构和修改系统代码时，避免违背这个最初的构想。

（9）设计模式可以帮助软件开发人员站在最高层次上看待问题域。对于问题分析、问题设计和面向对象编程而言，设计模式可以使开发者不必过早地去处理程序的细节，而是从系统的设计框架开始逐步进行细化。

（10）在设计模式的描述中包含了问题域和解决域，既讲解了"为什么"，又讲解了"怎样做"。设计模式的适用性、效果和实现部分可以指导使用者做出必要的设计决定。

从系统理解和软件维护的观点出发，设计模式提供了结构中每个类的角色信息和各个角色之间的关系，并包括模式组成元素和系统其余部分之间的关联关系。因此，抽取源代码中的设计模式是逆向工程中的关键，主要体现在以下几个方面：

（1）对于缺少文档的软件系统而言，从源代码中抽取设计模式有助于软件工程师理解其中的设计原理，有助于软件系统的文档化，有助于提高系统的可维护性。

（2）设计模式是构造软件体系结构的微观结构，从软件系统中抽取设计模式有助于软件体系结构的逆向工程。因此，设计模式的抽取可以作为软件体系结构逆向工程的基础。

（3）设计模式的应用与软件质量有着紧密的联系。使用设计模式的多少和应用得是否合理是评价软件设计质量的重要标准。因此，从源代码中抽取设计模式可以作为评价软件质量的手段。

在面向对象编程中，软件开发人员关注代码的复用性和可维护性。通过提供类之间的关联关系，设计模式能够提高已有系统的文档化程度和系统维护的有效性。

每一次应用设计模式都是一次正确性和完善性的检验。具体问题应该具体分析。根据实际情况，选择和修改设计模式，这样才能更好地解决问题。依据实际情况，对设计模式做适当变化，而不是死板地套用设计模式，这样才能达到最佳效果。

设计模式是一项不断发展的技术，其中有稳定的成分，也有发展变化的部分。一个典型问题所采用的设计结构可以称为一种设计模式。在大多数情况下，这种设计模式是没有意义的。如果这样做，设计模式的种类就会太多，甚至是难以区分。设计模式是经验的传承，本身不能成为一个体系。设计模式是前人发现的，经过总结所形成的适用于一类问题的解决方案。它不是定性的规则，不能像算法一样照抄照搬。设计模式关注的重点是：通过经验来提取相关准则和指导方案，在设计过程中使用。从不同层面考虑实际问题，就形成了不同问题域上的设计模式。设计模式的目标是把共同问题的不变部分和变化部分分离出来，其中不变的部分就构成了设计模式。

因此，设计模式是一种经验提取的准则，并在实践中得到了验证。在不同层面上会有不同的设计模式，小到实现语言，大到系统框架。在不同层面上，设计模式提供了不同层次的指导信息。在软件设计中，设计模式是一种必须考虑的问题和不断发展的技术，是软件开发人员经验的总结和智慧的结晶。

8.7　设计模式的 CASE 工具

随着设计模式的快速发展，各种支持它的集成开发环境（Integrated Development Environments）和 UML 建模工具不断涌现，如 UMLStudio 工具、TogetherJ 工具、ModelMaker 工具和 StarUML 工具。在商业软件开发环境中，这些工具都是流行的建模工具。此外，框架自适应组合环境（Framework Adaptive Composition Environment，FACE）、BackDoor 方法和模式向导 Pattern Wizard 也都是支持设计模式的开发工具。其中，BackDoor 方法是一种从软件代码中恢复设计模式的系统化手段，模式向导 Pattern Wizard 主要是通过元编程技术来自动地获得设计模式。

（1）UMLStudio 工具。UMLStudio 工具提供了一种简单的模板方法。在 UMLStudio 工具中，用户通过浏览设计模式的目录来审视不同设计的细微结构。在用户选择了一个设计模式之后，它就会出现在工作平台上。为了将模式类整合到现存的 UML 模式中，用户会修改类和方法的名字，从模板中将前面的类移动到新类的位置上。UMLStudio 存储了模式的结构化解决方案，在工作平台上，可以插入一组相关的类。其优点是事先建好了模式的结构，可以节约建模时间。其缺点是需要手工定制需求。

（2）TogetherJ 工具。TogetherJ 提供了一种智能和动态的建模方法，给出了一种参数化的模板方法。TogertherJ 工具可以把模式和现存的类关联起来，提供了具有定制模板应用程序能力的向导对话框。在工作平台上插入一组相关的类，TogetherJ 工具为类和方法名提供对话框提示。其优点是能够集成类，这些类来自最新插入的设计模式。其缺点是类和方法名可能会冗长，容易导致错误。

（3）ModelMaker 工具。ModelMaker 在自动化建模方面领先一步。在 UML 模板中，动态性在类中是处于首要地位的。模板工具能够记住涉及这个设计模式的所有类，有效地对它们进行保护，避免被破坏。此外，作为模板改动的部分，凡是涉及设计模式的类和方法都可以进行自动校正。人们经常将 ModelMaker 工具称为智能模式工具，是因为 ModelMaker 将已插入的类作为设计模式的一部分，能够自动地、智能地响应 UML 模型的变化。其优点是设计模式集成是可以维护的。其缺点是当设计模式改变时，开发者可能会受到约束，感到困惑。

ModelMaker 是一个与 Delphi 紧密绑定的 CASE 建模工具，是一个强大的 UML 建模工具，可以将设计模型直接转换为代码，避免书写代码的繁杂操作。其强大的实时同步引擎能够将代码修改自动地逆向反映到设计模型上。ModelMaker 是一个双向的面向类树的高效重构 CASE 工具，主要以 UML 的形式存在，目前有两个版本：一个是 Pascal 版本，另一个是 C# 版本，这两个版本都包含了 ModelMaker 认证。

Pascal 版本专门用于生成本地的 Delphi 代码，对于.NET 语法而言，完全支持 Delphi 的 Object Pascal，包含了大部分的 Delphi 代码。Pascal 版本具有反向转换能力，能够导入现存的 Delphi 代码。Delphi IDE Integration Experts 能够同步 ModelMaker 和 Delphi IDE 编辑器。C# 版本专门用于生成本地的 C#代码，对于.NET 框架语法，可以支持 C#1.1、C#2.0 和 C#3.0。 C#版本也具有反向转换能力，能够导入现存的 C#代码。Delphi 和 Visual Studio IDE Integration Experts 同步了 ModelMaker、Delphi 和 Visual Studio IDE 编辑器。Borland 和 Visual Studio IDE 都包含了 ModelMaker 许可。

（4）StarUML 工具。StarUML 是一种用于创建 UML 类图的统一建模语言图表工具，可以绘制 9 款 UML 图：用例图、类图、序列图、状态图、活动图、通信图、模块图、部署图和复合结构图。StarUML 是一套开源代码软件，不仅可以免费下载，而且代码免费开放，能够导出 JPG、JPEG、BMP、EMF 和 WMF 格式文件。StarUML 遵循 UML 的语法规则，不支持违反语法的动作。根据类图的内容，StarUML 可以生成 Java、C++和 C#代码，同时能够读取 Java、 C++和 C#代码，并反向生成类图，在将源代码反向生成类图之后，能够以构建 UML 模型的方式继续新的设计。在解析源代码时，利用反转的类图来进行理解，不需要查看代码，这将节省大量的时间和精力。StarUML 支持 XMI 1.1、XMI 1.2 和 XMI 1.3 版本。XMI 是一种以 XML 为基础的交换格式，用以交换不同开发工具所生成的 UML 模型。StarUML 可以读取 Rational Rose 生成的文件，使用 Rose 的用户可以转而使用免费的 StarUML 工具。Rational Rose

是市场占有率较高的 UML 开发工具，同时也是最昂贵的工具。StarUML 支持 23 种设计模式和 3 种 EJB 模式。其中，EJB 模式包括 Entity EJB、Message DrivenEJB 和 SessionEJB。StarUML 结合了设计模式和自动生成代码的功能，便于实现设计。

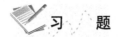 习 题

1. 试阐述什么是设计模式。
2. 如何描述设计模式？
3. 试阐述设计模式的特点。
4. 试阐述设计模式的分类。
5. 试阐述设计模式在面向对象编程中的作用。
6. 试阐述研究设计模式的意义。

第 9 章 创建型设计模式

创建型设计模式主要包括：工厂方法模式、原型模式、单例模式和建造模式。创建型设计模式抽象实例化的过程，使系统独立于创建、组合和表示它的对象。类的创建型设计模式使用继承来改变被实例化的类，对象的创建型设计模式将实例化委托给其他的对象。在软件开发过程中，经常会使用这几种创建型设计模式，本章将结合具体的实例来进行讲解。

9.1 工 厂 方 法 模 式

工厂方法模式定义了一个用于创建对象的接口，让子类决定实例化哪一个类。

简单工厂方法模式，顾名思义，这个模式本身很简单，而且使用在业务较简单的情况下。在简单工厂方法模式中，共有三种要素：

（1）工厂类角色：工厂角色即工厂类，它是简单工厂模式的核心，负责实现创建所有实例的内部逻辑；工厂类可以被外界直接调用，创建所需的产品对象；在工厂类中提供了静态的工厂方法 factoryMethod()，它返回一个抽象产品类 Product，所有的具体产品都是抽象产品的子类。

（2）抽象产品角色：抽象产品角色是简单工厂模式所创建的所有对象的父类，负责描述所有实例所共有的公共接口，它的引入提高系统的灵活性，使得在工厂类中只需定义一个工厂方法，因为所有创建的具体产品对象都是其子类对象。

（3）具体产品角色：具体产品角色是简单工厂模式的创建目标，所有创建的对象都充当这个角色的某个具体类的实例。每一个具体产品角色都继承了抽象产品角色，需要实现定义在抽象产品中的抽象方法。

简单工厂模式适用于业务简单的情况，而对于复杂的业务环境可能不太适应。

图 9-1 给出了简单工厂方法模式实例的类图。在该实例中，主要包括：Car 接口、Benz 类、Bmw 类、Driver 类、Magnate 类。在 Car 接口中，定义了 drive()方法。Benz 类实现了 Car 接口，重写了 Car 接口中的 drive()方法。Bmw 类实现了 Car 接口，重写了 Car 接口中的 drive() 方法。Driver 类实现了 driverCar(String s)方法。

其实现代码如下所示：

```java
public interface Car{
  public void drive();
}

public class Benz implements Car{
  public void drive(){
  System.out.println("Driving Benz");
```

```
    }
  }

public class Bmw implements Car{
  public void drive(){
  System.out.println("Driving Bmw");
  }
}

public class Driver{
  public static Car driverCar(String s)throws Exception{
  if(s.equalsIgnoreCase("Benz"))
    return new Benz();
  else if(s.equalsIgnoreCase("Bmw"))
    return new Bmw();
  else throw new Exception();
  }
}

public class Magnate{
  public static void main(String[] args){
    Car car = Driver.driverCar("benz");
    car.drive();
  }
}
```

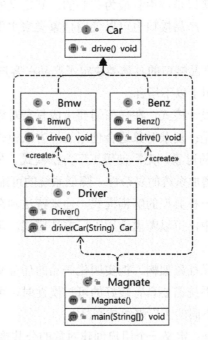

图 9-1 简单工厂方法模式实例的类图

其运行结果如图9-2所示。

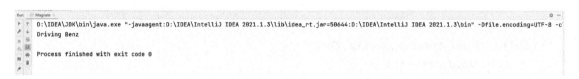

图9-2　简单工厂方法模式实例的运行结果

简单工厂方法模式具有以下的优点：

（1）使用了简单工厂模式后，程序更加符合现实中的情况。

（2）客户端免除了直接创建产品对象的责任，而仅仅负责"消费"产品。

（3）对于产品部分来说，它是符合开闭原则的，对扩展开放，对修改关闭。

但是，简单工厂方法模式也有一定的缺点：工厂部分不太理想，因为每增加一辆车，都要在工厂类中增加相应的商业逻辑和判断逻辑，这显然是违背开闭原则的。

工厂方法模式将一个类的实例化延迟到其子类中。在工厂方法模式中，共有以下四种要素：

（1）工厂接口。工厂接口是工厂方法模式的核心，通过与调用者直接交互来生产产品。在实际编程中，有时也会使用抽象类作为与调用者交互的接口。从本质上讲，二者的功能是完全一样的。

（2）工厂实现。在编程过程中，工厂实现决定了如何实例化产品，是实现扩展的途径。在软件系统中，有多少种产品就需要有多少个具体的工厂实现。

（3）产品接口。产品接口的主要目的是定义产品的规范。所有产品实现都必须遵循产品接口所定义的规范。产品接口是调用者最为关心的，其定义的优劣程度直接决定调用者代码的稳定性和健壮性。同样，产品接口也可以使用抽象类来实现。但是，要注意最好不要违反里氏替换原则。

（4）产品实现。实现产品接口的具体类决定了产品在客户端的具体行为。

工厂方法模式主要适用于以下场合：

（1）作为一种创建型设计模式，在任何需要生成复杂对象的地方，都可以使用工厂方法模式。但是，需要注意的是：复杂对象适合使用工厂方法模式；对于简单对象，特别是通过new操作就可以完成创建的对象，无需使用工厂方法模式。如果使用工厂方法模式，就需要引入一个工厂类，这样会增加系统的复杂性，降低系统的可维护性。

（2）工厂方法模式是一种典型的解耦模式，迪米特法则在工厂模式中表现得尤为明显。在调用者组装产品的过程中，可以考虑使用工厂方法模式，可以大大地降低对象之间的耦合程度。

（3）工厂方法模式依靠抽象架构，把实例化产品的任务交给实现类来完成，具有较好的可扩展性。也就是说，当系统需要具有较好的可扩展性时，可以考虑工厂方法模式。对于不同的产品而言，可以使用不同的工厂来组装产品。

工厂方法模式的意图是：定义一个用户创建对象的公共接口，此接口不负责产品的创建，不关心产品实例化细节，将具体创建工作交给子类来完成。这样做的目的是将类的实例化操作延迟到子类中来完成，即由子类来决定究竟应该创建哪一个类。在不修改工厂角色的前提条件下，工厂方法模式允许系统方便地引入新产品。

图 9-3 给出了工厂方法模式实例的类图。在该实例中，主要包括：IGun 接口、AK47 类、M4A1 类、MP5 类、UZI 类、GunFactory 类和 MultiFactoryTest 类。在 IGun 接口中，定义了 gunType()和 gunName()方法。AK47 类实现了 IGun 接口，重写 IGun 接口中的 gunType()和 gunName()方法。M4A1 类实现了 IGun 接口，重写了 IGun 接口中的 gunType()和 gunName()方法。MP5 类实现了 IGun 接口，重写了 IGun 接口中的 gunType()和 gunName()方法。UZI 类也实现了 IGun 接口，重写了 IGun 接口中的 gunType()和 gunName()方法。在 GunFactory 类中，实现了 getGunAK47()、getGunM4A1()、getGunMP5()和 getGunUZI()4 个工厂方法。

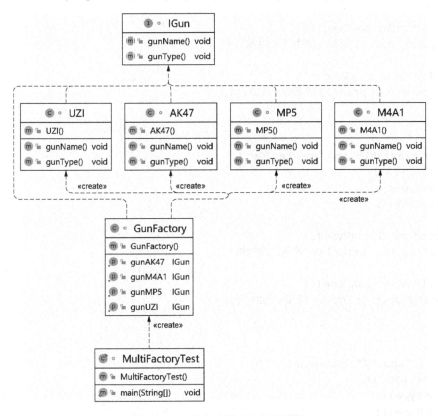

图 9-3　工厂方法模式实例的类图

其实现代码如下所示：

```java
public interface IGun{
  void gunType();
  void gunName();
}

public class AK47 implements IGun{
  public AK47(){
    gunType();
```

```java
      gunName();
   }
   public void gunType(){
      System.out.println("类型：步枪");
   }
   public void gunName(){
      System.out.println("名称：AK47");
   }
}

public class M4A1 implements IGun{
   public M4A1 () {
      gunType();
      gunName();
   }
   public void gunType(){
      System.out.println("类型：步枪");
   }
   public void gunName(){
      System.out.println("名称：M4A1");
   }
}

public class MP5 implements IGun{
   public MP5(){
      gunType();
      gunName();
   }
   public void gunType(){
      System.out.println("类型：冲锋枪");
   }
   public void gunName(){
      System.out.println("名称：MP5");
   }
}

public class UZI implements IGun{
   public UZI (){
      gunType();
      gunName();
   }
   public void gunType() {
      System.out.println("类型：冲锋枪");
   }
   public void gunName(){
      System.out.println("名称：UZI");
   }
}

public class GunFactory{
   public IGun getGunAK47(){
```

```
    return new AK47();
  }
  public IGun getGunM4A1(){
    return new M4A1();
  }
  public IGun getGunMP5(){
    return new MP5();
  }
  public IGun getGunUZI(){
    return new UZI();
  }
}

public class MultiFactoryTest{
  public static void main(String [] args){
    System.out.println("设计模式：多个工厂方法模式");
    GunFactory gunFactory = new GunFactory();
    gunFactory.getGunAK47();
    gunFactory.getGunM4A1();
    gunFactory.getGunUZI();
    gunFactory.getGunMP5();
  }
}
```

其运行结果如图 9-4 所示。

图 9-4 工厂方法模式实例的运行结果

工厂方法模式具有以下优点：

（1）创建具体产品的细节，将其完全封装在具体工厂的内部，符合高内聚和低耦合的原则。

（2）在程序中加入新产品时，不需要修改工厂类和产品类的接口，符合了开闭原则。这将大大地提高系统的扩展性。

但是，工厂方法模式也有一定的缺点：

（1）在加入新产品时，需要创建产品的工厂方法。

（2）工厂方法模式仅仅局限于一类产品，没办法为不同的类提供对象创建的接口。具体地说，所有产品都是同一类型的，具有共同的基类。

在所有形态的工厂模式中，抽象工厂模式是最具有一般性的一种形态。抽象工厂模式是指当有多个抽象角色时所使用的一种工厂模式。抽象工厂模式向客户端提供一个接口，使客户端在不必指定产品的情况下创建多个产品族中的产品对象；在任何接受父类型的地方，都能够接受其子类型。实际上，系统所需要的是类型与抽象产品角色相同的实例，而不是抽象产品的实例，即抽象产品的具体子类的实例。工厂类负责创建抽象产品的具体子类的实例。在抽象工厂模式中，共有以下四种要素：

（1）抽象工厂角色。抽象工厂角色是抽象工厂模式的核心，与应用系统的业务逻辑无关。通常，使用接口或者抽象类来实现这个角色。

（2）具体工厂角色。在客户端的调用下，具体工厂角色直接创建产品的实例。在具体工厂角色中，含有选择合适产品对象的业务逻辑，这个逻辑与应用系统的业务逻辑紧密相关。通常，使用具体类来实现这个角色。

（3）抽象产品角色。承担抽象产品角色的类是抽象工厂模式所创建对象的父类，它们拥有共同的接口。通常，使用接口或者抽象类来实现这个角色。

（4）具体产品角色。在抽象工厂模式中，所创建的产品对象都是具体产品类的实例。它是客户端最终需要的东西。通常，使用具体类来实现这个角色。

为了提高系统的灵活性和可扩展性，经常不直接使用 new 操作来创建类的实例，而是通过工厂类来生成类的实例。简单地说，抽象工厂模式通过抽象工厂为客户端生产多类产品。抽象工厂负责管理子工厂对象，子工厂负责生成具体的产品对象。

抽象工厂模式的意图：为创建一系列相关的对象提供接口，此接口不负责产品的创建，不关心产品的实例化细节。抽象工厂模式将一组产品的创建过程封装在一个用于创建对象的类中，由系统为用户定义创建对象的公共接口，将具体创建工作交给子类去做，其目的是将类的实例化操作延迟到子类中完成，即由子类决定究竟应该实例化哪一个类。在不修改工厂角色的条件下，抽象工厂方法模式允许系统引进新产品。

图 9-5 给出了一个抽象工厂模式实例的类图。该实例主要包括 NPhone 抽象类、NPhone_Cdma 类、NPhone_Gsm 类、TPhone 抽象类、TPhone_Cdma 类、TPhone_Gsm 类、

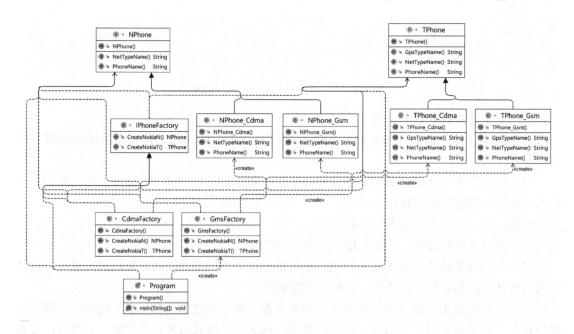

图 9-5　抽象工厂模式实例的类图

IPhoneFactory 接口、CdmaFactory 类和 GmsFactory 类。NPhone 抽象类定义了 PhoneName( )
和 NetTypeName( )方法。NPhone_Cdma 类和 NPhone_Gsm 类继承了 NPhone 抽象类。
NPhone_Cdma 类实现了 PhoneName( )和 NetTypeName( )方法。NPhone_Gsm 类实现了
PhoneName( )和 NetTypeName( )方法。TPhone 抽象类定义了 PhoneName( )、NetTypeName( )
和 GpsTypeName( )方法。TPhone_Cdma 类和 TPhone_Gsm 类继承了 TPhone 抽象类。
TPhone_Cdma 类实现了 PhoneName( )、NetTypeName( )和 GpsTypeName( )方法。TPhone_Gsm
类实现了 PhoneName( )、NetTypeName( )和 GpsTypeName( )方法。IPhoneFactory 接口定义了
CreateNokiaN( )和 CreateNokiaT( )方法。CdmaFactory 类和 GmsFactory 类实现了 IPhoneFactory
接口。CdmaFactory 类实现了 CreateNokiaN( )和 CreateNokiaT( )方法。GmsFactory 类实现了
CreateNokiaN( )和 CreateNokiaT( )方法。

其实现代码如下：

```
public abstract class NPhone{
  public abstract String PhoneName( );
  public abstract String NetTypeName( );
}

public class NPhone_Cdma extends NPhone{
  public String NetTypeName( ){
    return "我是CDMA的";
  }
  public String PhoneName( ){
    return "我是N型";
  }
}

public class NPhone_Gsm extends NPhone{
  public String NetTypeName( ){
    return "我是GSM的";
  }
  public String PhoneName( ){
    return "我是N型";
  }
}

public abstract class TPhone{
  public abstract String PhoneName( );
  public abstract String NetTypeName( );
  public abstract String GpsTypeName( );
}

public class TPhone_Cdma extends TPhone{
  public String NetTypeName( ){
    return "我是CDMA的";
  }
  public String PhoneName( ){
    return "我是T型";
  }
}
```

```
    public String GpsTypeName( ){
      return "RJT2";
    }
  }

  public class TPhone_Gsm extends TPhone{
    public String NetTypeName( ){
      return "我是Gms的";
    }
    public String PhoneName( ){
      return "我是T型";
    }
    public String GpsTypeName( ){
      return "RJT2";
    }
  }

  public interface IPhoneFactory{
    NPhone CreateNokiaN( );
    TPhone CreateNokiaT( );
  }

  public class CdmaFactory implements IPhoneFactory{
    public NPhone CreateNokiaN( ){
      return new NPhone_Cdma( );
    }
    public TPhone CreateNokiaT( ){
      return new TPhone_Cdma( );
    }
  }

  public class GmsFactory implements IPhoneFactory{
    public NPhone CreateNokiaN( ){
      return new NPhone_Gsm( );
    }
    public TPhone CreateNokiaT( ){
      return new TPhone_Gsm( );
    }
  }

  public class Program{
    public static void main(String[] str){
      IPhoneFactory factory=new GmsFactory( );
      NPhone phone1=factory.CreateNokiaN( );
      TPhone phone2=factory.CreateNokiaT( );
      String net=phone1.NetTypeName( );
      String phone=phone1.PhoneName( );
      System.out.println(net);
      System.out.println(phone);
    }
  }
```

其运行结果如图 9-6 所示。

图 9-6 抽象工厂模式实例的运行结果

抽象工厂模式具有以下优点：

（1）客户端与具体产品类对象的创建过程相分离。客户端通过抽象类或者接口操纵实例，依赖于抽象类或者接口，其耦合程度比较低。

（2）系统能够很好地扩展新产品，无需修改现有代码，只需要加入相应的工厂类即可。

（3）因为客户端依赖于抽象类，所以更换系列产品变得非常容易，此时只需要更改一下具体工厂名。

（4）系列产品被约束在一起，能够保证客户端始终只使用系列产品中的对象。这是一种非常实用的设计方案。

（5）可以应对产品需求的变动。

但是，抽象工厂模式也有一定的缺点：

（1）难以应对新对象的需求变动。

（2）如果要支持新类型的产品，需要扩展工厂接口，这违反了开闭原则。

9.2 原 型 模 式

在编码过程中，经常需要复制对象的结构和数据，动态地获取对象运行时刻的状态。在编码过程中，采用 new 操作来生成一个新对象，然后将原对象的属性值一一赋给新对象。在这一过程中，需要列出所有的对象属性赋值语句，因此这种实现方法是非常复杂而且容易出错的。原型模式为对象提供了一种自我复制功能，客户端只需要简单地调用这个方法就能完成对象的自我复制工作。在原型模式中，使用原型实例来指定所创建对象的种类，通过复制这些原型来创建新对象。

在原型模式中，共有以下两种要素：

（1）抽象原型角色。抽象原型角色给出所有具体原型类所需要的接口。使用接口或者抽象类来实现这个角色。

（2）具体原型角色。具体原型角色是被复制的对象，实现了抽象原型角色所要求的接口，实现了具体对象的复制方法。

原型模式主要应用于以下场合：

（1）复制对象的结构与数据。

（2）在修改目标对象时，不能影响原型对象。

（3）创建对象的成本比较大，不能被客户端所接受。

原型模式的意图：允许对象通过所创建的接口复制自己来生成另外一个可定制的对象。首先定制属性值，然后进行批量复制。不需要知道创建的细节。

图 9-7 给出了一个原型模式实例的类图。在该实例中，主要包括 Prototype 类和 Prototype-Object 类。PrototypeObject 类继承了 Prototype 类。Prototype 类实现了 clone( )方法。Prototype-Object 类实现了 show( )方法。

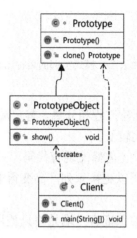

图 9-7 原型模式实例的类图

其实现代码如下：

```java
public class Prototype implements Cloneable{
  public Prototype clone( ){
    Prototype prototype=null;
    try{
      prototype=(Prototype)super.clone( );
    }catch(CloneNotSupportedException e){
      e.printStackTrace( );
    }
    return prototype;
  }
}

public class PrototypeObject extends Prototype{
  public void show( ){
    System.out.println("原型模式类的实现");
  }
}

public class Client{
  public static void main(String[] args){
    PrototypeObject cp=new PrototypeObject( );
    for(int i=0; i<10; i++){
      PrototypeObject clonecp=(PrototypeObject)cp.clone( );
      clonecp.show( );
    }
  }
}
```

其运行结果如图 9-8 所示。

原型模式具有以下优点：

（1）不重新初始化对象，可以动态地获取对象运行时刻的状态。

（2）屏蔽了对象的复制细节，客户端不关心复制细节。对象复制操作被封闭在对象内部，复制过程完全由对象来决定。

（3）复制对象比创建新对象更有效，其原因是对象的构造函数是不会执行的。

但是，原型模式也有一定的缺点，其深层次复制的实现是比较复杂的。

图 9-8　原型模式实例的运行结果

9.3　单　例　模　式

在编码过程中，经常需要保证一个类只有一个实例，并且容易对这个实例进行访问。定义全局变量，可以确保对象随时被访问，但是不能防止实例化多个对象。一种有效的解决办法是，让类自身负责保存它的唯一实例。这个类可以保证没有其他实例被创建，并且提供访问该实例的方法。这就是单例模式。

单例模式又称单态模式或者单件模式，是最常用的一种设计模式。在各种开源框架和应用系统中，单例模式有着广泛的应用。单例模式可以保证一个类仅有一个实例，并提供它的一个全局访问点。

在单例模式中，使用单例来代表那些本质上具有唯一性的系统构件，如文件系统和资源管理器等。单例模式要控制特定类只产生一个对象，在特殊的情况下，也允许灵活地改变对象的数目。在单例模式中，类对象的产生是由类构造函数来完成的。限制对象产生的一个有效的办法是将构造函数变为私有的或者保护的。使外面的类不能通过引用来产生对象。为了保证类的可用性，必须提供一个自己的对象及访问这个对象的静态方法。

单例模式分为有状态的形式和无状态的形式。一般来说，有状态的单例对象是可变的单例对象，多个单例对象作为一个状态仓库对外提供服务。没有状态的单例对象是不变的单例对象，仅提供访问函数。单例模式主要包括饿汉式单例模式、懒汉式单例模式和登记式单例模式。单例模式的要素是单例类。单例类确保类只有一个实例，自行实例化并向整个系统提供这个实例。

单例模式的意图：确保一个类只有一个实例，自行实例化并向整个系统提供访问这个实例的接口。在单例模式中，一个类只能有一个实例，必须自行创建这个实例，必须自行向整个系统提供这个实例。

图 9-9 给出了一个饿汉式单例模式实例的类图。在该实例中，主要包括 HungrySingleton 类。HungrySingleton 类定义了 hugrysingle 属性，实现了 HungrySingleton( ) 和 getObject( ) 方法。

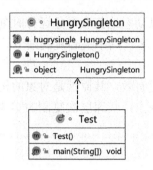

图 9-9　饿汉式单例模式实例的类图

其实现代码如下：

```
public class HungrySingleton{
  private HungrySingleton( ){}
  private static final HungrySingleton hugrysingle=new HungrySingleton( );
  public static HungrySingleton getObject( ){
    System.out.println("饿汉单例类初始化并自行完成实例化！");
    return hugrysingle;
  }
}
public class Test{
  public static void main(String[] arg){
    HungrySingleton.getObject( );
  }
}
```

其运行结果如图 9-10 所示。

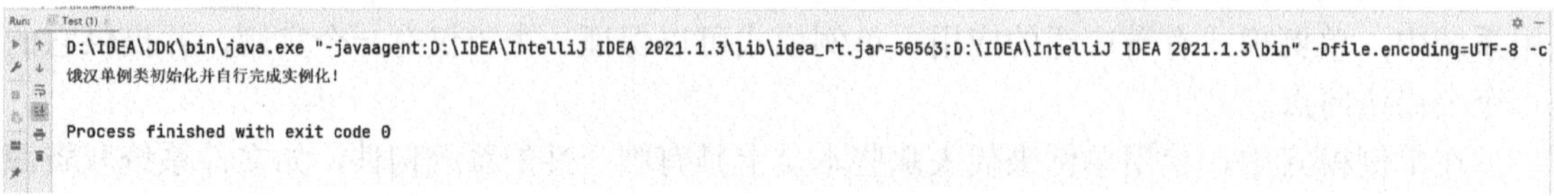

```
Run:  Test (1)                                                                                                    ☆ —
  ▶ ↑   D:\IDEA\JDK\bin\java.exe "-javaagent:D:\IDEA\IntelliJ IDEA 2021.1.3\lib\idea_rt.jar=50563:D:\IDEA\IntelliJ IDEA 2021.1.3\bin" -Dfile.encoding=UTF-8 -c
  ■ ↓   饿汉单例类初始化并自行完成实例化！
  ≡ ⋮⋮
  ⊡ ◫   Process finished with exit code 0
  × ❯
     ↗
```

图 9-10　饿汉式单例模式实例的运行结果

图 9-11 给出了一个懒汉单例模式(线程不安全)实例的类图。在该实例中，主要包括 Singleton 类。在 Singleton 类中，定义了 instance 属性。在 Singleton 类中，实现了 Singleton() 和 getInstance()方法。

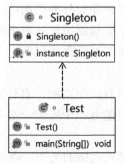

图 9-11　懒汉式单例模式实例的类图

其实现代码如下所示:

```java
public class Singleton{
  private static Singleton instance;
  private Singleton (){
  }
  public static Singleton getInstance(){
    if(instance == null){
      instance = new Singleton();
    }
    System.out.println("汉单例模式(线程不安全)实例的类初始化并自行完成实例化！");
    return instance;
  }
}

public class Test{
  public static void main(String[] args){
Singleton.getInstance ();
    }
  }
```

其运行结果如图 9-12 所示。

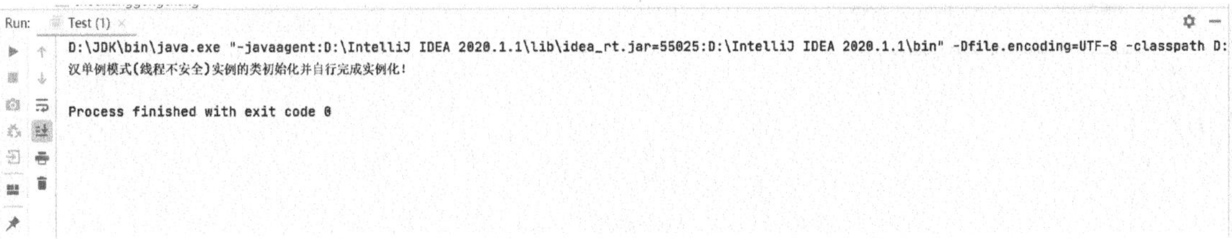

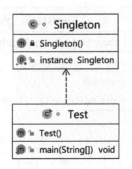

图 9-12 懒汉单例模式(线程不安全)实例的运行结果

图 9-13 给出了一个懒汉单例模式(线程安全)实例的类图。在该实例中,主要包括 Singleton 类。在 Singleton 类中,定义了 instance 属性。在 Singleton 类中,实现了 Singleton()和 getInstance() 方法。

图 9-13 懒汉单例模式(线程安全)实例的类图

其实现代码如下:

```java
public class Singleton{
  private static Singleton instance;
```

```
private Singleton (){
}
public static synchronized Singleton getInstance(){
  if (instance == null){
    instance = new Singleton();
  }
System.out.println("汉单例模式(线程安全)实例的类初始化并自行完成实例化！");
      return instance;
}
}


public class Test{
  public static void main(String[] args){
      Singleton.getInstance();
  }
}
```

其运行结果如图9-14所示。

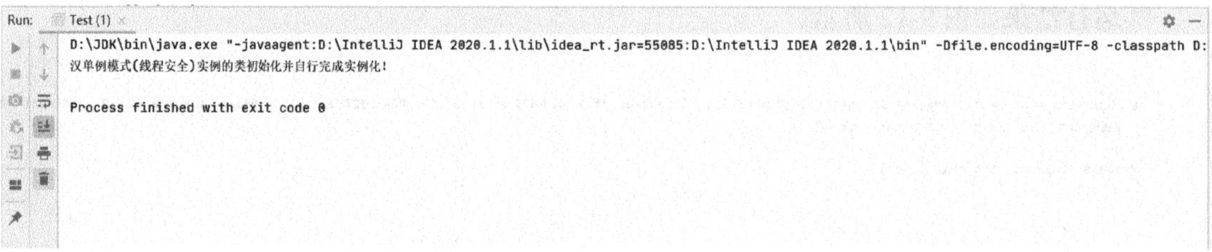

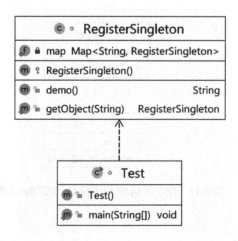

图9-14　懒汉单例模式(线程安全)实例的运行结果

图9-15给出了一个登记式单例模式实例的类图。在该实例中，主要包括RegisterSingleton类。在RegisterSingleton类中，定义了map和single属性。在RegisterSingleton类中，实现了RegisterSingleton()、getObject(String name)和demo()方法。

图9-15　登记式单例模式实例的类图

其实现代码如下所示：

```java
public class RegisterSingleton{
    private static Map<String, RegisterSingleton> map=new HashMap<String,
RegisterSingleton>();
    static{
        RegisterSingleton single=new RegisterSingleton();
        map.put(single.getClass().getName(), single);
    }
    protected RegisterSingleton(){}
    public static RegisterSingleton getObject(String name){
        if(name==null){
            name=RegisterSingleton.class.getName();
            System.out.println("name == null"+"--->name="+name);
        }
        if(map.get(name)==null)
            try{
                map.put(name, (RegisterSingleton)Class.forName(name).newInstance());
            }
            catch(InstantiationException e){
                e.printStackTrace();
            }
            catch(IllegalAccessException e){
                e.printStackTrace();
            }
            catch(ClassNotFoundException e){
                e.printStackTrace();
            }
        return map.get(name);
    }
    public String demo(){
        return "Hello, I am RegSingleton.";
    }
}
public class Test{
    public static void main(String[] args){
    RegisterSingleton regSingleton=RegisterSingleton.getObject(null);
    System.out.println(regSingleton.demo());
    }
}
```

其运行结果如图 9-16 所示。

```
D:\IDEA\JDK\bin\java.exe "-javaagent:D:\IDEA\IntelliJ IDEA 2021.1.3\lib\idea_rt.jar=49677:D:\IDEA\IntelliJ IDEA 2021.1.3\bin" -Dfile.encoding=UTF-8 -c
name == null--->name=jianzao.RegisterSingleton
Hello, I am RegSingleton.

Process finished with exit code 0
```

图 9-16 登记式单例模式实例的运行结果

图 9-17 给出了一个枚举类型单例模式实例的类图。在该实例中，主要包括 RegisterSingleton

类。在 RegisterSingleton 类中，定义了 map 和 single 属性。在 RegisterSingleton 类中，实现了 RegisterSingleton()、getObject(String name)和 demo()方法。

demo4
Instance
demo4()
add() void
valueOf(String) demo4
values() demo4[]
Test
Test()
main(String[]) void

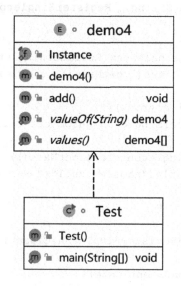

图 9-17　枚举类型单例模式实例的类图

其实现代码如下所示：

```
public enum demo4{
  Instance;
  public void add(){
    System.out.println("add方法...");
  }
}

public class Test{
   public static void main(String[] args){
      demo4 instance = demo4.Instance;
      instance.add();
      demo4.Instance.add();
      demo4 instance2 = demo4.Instance;
      System.out.println(instance == instance2);
  }
}
```

其运行结果如图 9-18 所示。

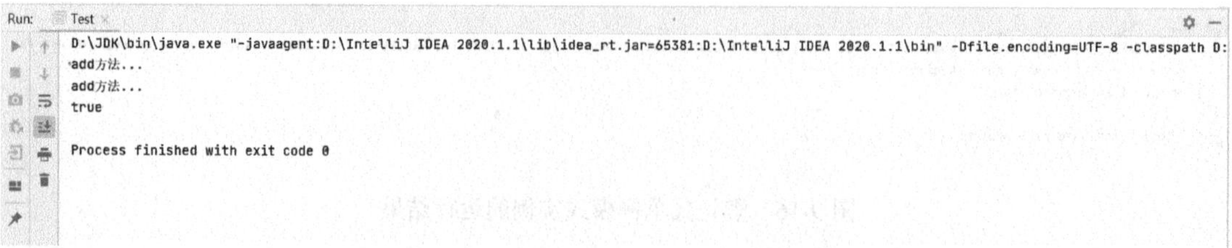

Run: Test
D:\JDK\bin\java.exe "-javaagent:D:\IntelliJ IDEA 2020.1.1\lib\idea_rt.jar=65381:D:\IntelliJ IDEA 2020.1.1\bin" -Dfile.encoding=UTF-8 -classpath D:
add方法...
add方法...
true
Process finished with exit code 0

图 9-18　枚举类型单例模式实例的运行结果

单例模式具有以下优点：

（1）实例控制。单例模式可以阻止其他对象实例化自己的单例对象副本，确保所有对象都访问唯一的实例。

（2）高度的灵活性。因为类控制了实例化过程，所以类可以灵活地更改实例化过程。

（3）允许存在可变数目的实例。

但是，单例模式也有一定的缺点：

（1）尽管开销很少，但是，如果每次对象请求都要检查是否存在类的实例，仍然存在大量的开销。使用静态初始化方法可以解决这一问题。

（2）在开发过程中，会混淆地使用单例对象，尤其是在类库中定义的对象。开发人员必须记住自己不能使用 new 操作来实例化对象。因为不能访问类库的源代码，所以开发人员会发现自己无法直接地实例化该类的对象。

（3）在对象生存周期内，不能删除单例对象。在提供内存管理的高级程序语言中，只有单例类能够取消该实例的分配，其原因是它包含对该实例的私有引用。在某些高级程序语言中，其他类可以删除对象实例，但是这样会导致单例类的悬浮引用。

9.4 建 造 模 式

建造模式将复杂对象的构建过程与它的表象分离，使同样的构建过程可以创建出具有不同表象的对象。在建造模式中，共有以下三种要素：

（1）产品。产品是需要被创建对象的类。

（2）指导者。指导者负责统一的创建过程，约束指导创建者的创建过程，把创建过程分离出来。

（3）创建者。创建者在指导者的指导下，完成各步的创建工作，并最终创建出具有某一表象的产品对象。如果对象的创建过程相对复杂但是比较稳定，只关心得到不同表象的对象，并不关心它的具体创建过程，那么建造模式是一种很好的选择。其原因是稳定的东西可以被抽象出来。

建造模式的核心思想是：将对象的构建过程分离出来，交由指导者管理，而由建造者按照指令完成具体的创建环节。整个建造流程是由指导者角色来管理的，例如，控制各环节的先后顺序。把复杂对象的建造过程分离出来，用户只需关心对象的使用，而不关心它是如何建造出来的。通常，建造过程是比较复杂的，分离出来比较好管理，避免与具体业务逻辑混杂在一起。在开发过程中，配置文件的解析是使用建造模式来完成的。其原因是：只关心配置对象，不关心其解析过程。

建造模式的意图是：将复杂的构建过程与其表示相分离，使同样的构建过程可以创建出不同的表示。

图 9-19 给出了一个建造模式实例的类图。在该实例中，主要包括：CPU 抽象类、AMDCPU 类、IntelCPU 类、Mainboard 抽象类、AsusMainboard 类、GaMainboard 类、Memory 抽象类、ApacerMemory 类、KingstonMemory 类、Computer 类、ComputerBuilder 接口、HPComputerBuilder 类、LenoveComputerBuilder 类和 Director 类。在抽象类 CPU 中，定义了 getCPU( )方法。AMDCPU 类和 IntelCPU 类继承了 CPU 抽象类。在 AMDCPU 类中，实现了 AMDCPU( )、getCPU( )和 toString( )方法。在 IntelCPU 类中，实现了 IntelCPU( )、getCPU( )和 toString( )方

法。在 Mainboard 抽象类中，定义了 getMainboard( )方法。AsusMainboard 类和 GaMainboard 类继承了 Mainboard 抽象类。在 AsusMainboard 类中，实现了 AsusMainboard( )、getMainboard( ) 和 toString( )方法。在 GaMainboard 类中，实现了 ApacerMemory( )、GaMainboard( )、getMainboard( ) 和 toString( )方法。在 Memory 抽象类中，定义了 getMemory( )方法。ApacerMemory 类和 KingstonMemory 类继承了 Memory 抽象类。在 ApacerMemory 类中，实现了 ApacerMemory( )、getMemory( )和 toString( )方法。在 KingstonMemory 类中，实现了 KingstonMemory( )、getMemory( )和 toString( )方法。在 Computer 类中，定义了 cpu、memory 和 mainboard 属性。在 Computer 类中，定义了 getCpu( )、setCpu(CPU cpu)、getMemory( )、setMemory(Memory memory)、getMainboard( )和 setMainboard(Mainboard mainboard)方法。在 ComputerBuilder 接口中，定义了 buildCPU( )、buildMemory( )、buildMainboard( )和 getComputer( ) 方法。HPComputerBuilder 类和 LenoveComputerBuilder 类实现了 ComputerBuilder 接口。在 HPComputerBuilder 类中，定义了 HPComputer 属性。在 HPComputerBuilder 类中，实现了 HPComputerBuilder( )、buildCPU( )、buildMemory( )、buildMainboard( )和 getComputer( )方法。在 LenoveComputerBuilder 类中，定义了 lenoveComputer 属性。在 LenoveComputerBuilder 类 中，实现了 LenoveComputerBuilder( )、buildCPU( )、buildMemory( )、buildMainboard( )和 getComputer( )方法。在 Director 类中，定义了 builder 属性。在 Director 类中，实现了 Director(ComputerBuilder builder)和 construct( )方法。

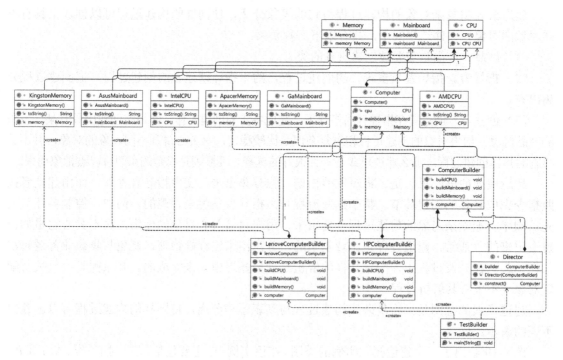

图 9-19　建造模式实例的类图

其实现代码如下：

```
public abstract class CPU{
  public abstract CPU getCPU( );
```

```
}

public class AMDCPU extends CPU{
  public AMDCPU( ){}
  public CPU getCPU( ){
    return new AMDCPU( );
  }
  public String toString( ){
    return "AMDCPU";
  }
}

public class IntelCPU extends CPU{
  public IntelCPU( ){}
  public CPU getCPU( ){
    return new IntelCPU( );
  }
  public String toString( ){
    return "IntelCPU";
  }
}

public abstract class Mainboard{
  public abstract Mainboard getMainboard( );
}

public class AsusMainboard extends Mainboard{
  public AsusMainboard( ){}
  public Mainboard getMainboard( ){
    return new AsusMainboard( );
  }
  public String toString( ){
      return "AsusMainboard";
    }
}

public class GaMainboard extends Mainboard{
  public GaMainboard( ){}
  public Mainboard getMainboard( ){
    return new GaMainboard( );
  }
  public String toString( ){
    return "GaMainboard";
  }
}

public abstract class Memory{
  public abstract Memory getMemory( );
}

public class ApacerMemory extends Memory{
```

```
    public ApacerMemory( ){}
    public Memory getMemory( ){
      return new ApacerMemory( );
    }
    public String toString( ){
      return "ApacerMemory";
    }
}

public class KingstonMemory extends Memory{
    public KingstonMemory( ){}
    public Memory getMemory( ){
      return new KingstonMemory( );
    }
    public String toString( ){
      return "KingstonMemory";
    }
}

public class Computer{
    private CPU cpu;
    private Memory memory;
    private Mainboard mainboard;
    public CPU getCpu( ){
      return cpu;
    }
    public void setCpu(CPU cpu){
      this.cpu=cpu;
    }
    public Memory getMemory( ){
      return memory;
    }
    public void setMemory(Memory memory){
      this.memory=memory;
    }
    public Mainboard getMainboard( ){
      return mainboard;
    }
    public void setMainboard(Mainboard mainboard){
      this.mainboard=mainboard;
    }
}

public interface ComputerBuilder{
    public void buildCPU( );
    public void buildMemory( );
    public void buildMainboard( );
    public Computer getComputer( );
}

public class HPComputerBuilder implements ComputerBuilder{
```

```java
    private Computer HPComputer=null;
    public HPComputerBuilder( ){
      HPComputer=new Computer( );
    }
    public void buildCPU( ){
      HPComputer.setCpu(new AMDCPU( ));
    }
    public void buildMemory( ){
      HPComputer.setMemory(new ApacerMemory( ));
    }
    public void buildMainboard( ){
      HPComputer.setMainboard(new GaMainboard( ));
    }
    public Computer getComputer( ){
      buildCPU( );
      buildMemory( );
      buildMainboard( );
      return HPComputer;
    }
}

public class LenoveComputerBuilder implements ComputerBuilder{
      private Computer lenoveComputer=null;
      public LenoveComputerBuilder( ){
      lenoveComputer=new Computer( );
    }
    public void buildCPU( ){
      lenoveComputer.setCpu(new IntelCPU( ));
    }
    public void buildMemory( ){
      lenoveComputer.setMemory(new KingstonMemory( ));
    }
    public void buildMainboard( ){
      lenoveComputer.setMainboard(new AsusMainboard( ));
    }
    public Computer getComputer( ){
      buildCPU( );
      buildMemory( );
      buildMainboard( );
      return lenoveComputer;
    }
}

public class Director{
  private ComputerBuilder builder;
  public Director(ComputerBuilder builder){
    this.builder=builder;
  }
  public Computer construct( ){
    return builder.getComputer( );
  }
}
```

```
    }

public class TestBuilder{
  public static void main(String[] args){
    Computer lenoveComputer,hpComputer;
    ComputerBuilder lenoveComputerBuilder=new LenoveComputerBuilder( );
    ComputerBuilder hpComputerBuilder=new HPComputerBuilder( );
    Director director;
    director=new Director(lenoveComputerBuilder);
    lenoveComputer=director.construct( );
    director=new Director(hpComputerBuilder);
    hpComputer=director.construct( );
    System.out.println("lenoveComputer is made by:"+lenoveComputer.getCpu( )+
lenoveComputer.
    getMemory( )+lenoveComputer.getMainboard( ));
    System.out.println("hpComputer is made by:"+hpComputer.getCpu( )+hpComputer.
getMemory( )+ hpComputer.getMainboard( ));
    }
  }
```

其运行结果如图 9-20 所示。

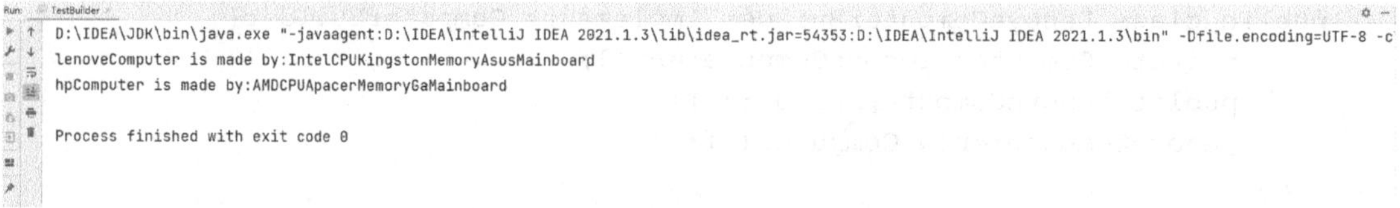

图 9-20   建造模式实例的运行结果

建造模式具有以下优点：

（1）建造者独立，容易扩展。

（2）便于控制细节风险。

但是，建造模式也有一定的缺点：

（1）产品必须具有共同点，范围有限制。

（2）如果内部变化复杂，那么会有很多建造类。

习　题

1. 试述工厂方法模式的组成要素。
2. 试述抽象工厂模式的使用意图。
3. 试述原型模式的应用场合。
4. 试述单例模式的分类。
5. 试述建造模式的优点。
6. 试述单例模式的缺点。

第 10 章 结构型设计模式

结构型设计模式主要包括：合成模式、装饰模式、代理模式、享元模式、门面模式、桥梁模式和适配器模式。结构型设计模式通过组合类和对象来获得更大的结构。类的结构型设计模式通过继承来提供有用的接口，对象的结构型设计模式通过使用对象组合或将对象封装在其他的对象之中来获取更有用的结构。在软件开发过程中，经常会使用这几种结构型设计模式，本章将结合具体的实例来进行讲解。

10.1 合 成 模 式

在编码过程中，具有容器特征的对象既能作为对象，又能成为其他对象的容器，如树状结构的对象。若客户端依赖于对象容器的结构，则对象容器结构的改变将会引起客户端代码的变化。合成模式可以降低客户端与对象容器结构之间的耦合程度，让对象容器自己来实现复杂的结构。客户端可以像处理简单对象一样来处理复杂的对象容器。组合模式是结构型设计模式，将对象组合成树形结构，用以表示部分——整体的层次结构关系。在组合模式中，客户端对单个对象和组合对象的使用具有一致性。在合成模式中，共有以下三种要素：

（1）抽象组件角色。抽象组件角色是对象定义的接口；实现了所有类公有接口的默认行为；定义了一个接口，用于访问和管理子组件。

（2）叶组件角色。叶组件角色表示叶结点对象没有子结点，实现抽象组件角色所定义的接口。

（3）子组件角色。子组件角色表示分支结点对象，用来存储子组件；该结点有子结点；实现了抽象组件角色所定义的接口。

合成模式主要应用于以下场合：

（1）在程序中，需要表示对象的部分与整体之间的层次结构关系。

（2）忽略组合对象与单个对象之间的差异。客户端统一使用组合结构中的所有对象。

合成模式的意图是：基础对象被组合成复杂对象，同时复杂对象也可以被组合成更复杂的对象。合成模式通过递归定义，形成具有树形结构的复杂对象，即采用树形结构来实现对象容器，将一对多关系转化为一对一关系。客户端可以一致地处理对象与对象容器，不关心处理的是单个对象，还是复杂的对象容器，降低了客户端与对象内部的耦合程度。对象容器实现了自身的复杂结构。但是，客户端只能使用对象的上层接口。

图 10-1 给出了一个合成模式实例的类图。在该实例中，主要包括：JxFrame 类、Employee 类和 empTree 类。在 Employee 类中定义了 name、salary、subordinates、isLeaf、parent 属性，实现了 Employee(String _name，float _salary)、Employee(Employee _parent，String _name，float _salary)、setLeaf(boolean b)、getSalary( )、getName( )、add(Employee e)、remove(Employee e)、elements( )、getChild(String s)、getSalaries( )方法。在 JxFrame 类中继承 JFrame，实现了 JxFrame(String title)、setCloseClick( )、setLF( )方法。在 empTree 类中继承了 JxFrame 类和

TreeSelectionListener 接口，定义了 boss、marketVP、prodVP、salesMgr、advMgr、prodMgr、shipMgr、sp、treePanel、tree、troot、cost 属性，实现了 empTree( )、setGUI( )、loadTree(Employee topDog)、addNodes(DefaultMutableTreeNode pnode, Employee emp)、makeEmployees( )和 valueChanged(TreeSelectionEvent evt)方法。

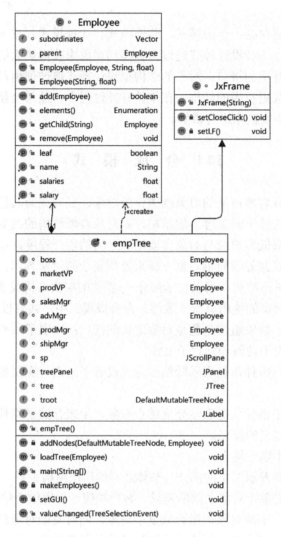

图 10-1 合成模式实例的类图

其实现代码如下所示：

```
public class Employee{
  String name;
  float salary;
  Vector subordinates;
  boolean isLeaf;
  Employee parent = null;
  public Employee(String _name, float _salary){
    name = _name;
    salary = _salary;
```

```java
    subordinates = new Vector();
    isLeaf = false;
  }
public Employee(Employee _parent, String _name, float _salary){
    name = _name;
    salary = _salary;
    parent = _parent;
    subordinates = new Vector();
    isLeaf = false;
  }
public void setLeaf(boolean b){
    isLeaf = b;
  }
public float getSalary(){
    return salary;
  }
public String getName(){
    return name;
  }
public boolean add(Employee e){
    if (! isLeaf){
      subordinates.addElement(e);
    }
    return isLeaf;
  }
public void remove(Employee e){
    if (! isLeaf){
      subordinates.removeElement(e);
    }
  }
public Enumeration elements(){
    return subordinates.elements();
  }
public Employee getChild(String s){
    Employee newEmp = null;
    if(getName().equals(s)){
      return this;
    } else {
      boolean found = false;
      Enumeration e = elements();
      while(e.hasMoreElements() && (! found)){
        newEmp = (Employee)e.nextElement();
        found = newEmp.getName().equals(s);
        if (! found){
          newEmp = newEmp.getChild(s);
          found =(newEmp != null);
        }
      }
      if (found){
        return newEmp;
      } else {
```

```
      return null;
      }
      }
  }
  public float getSalaries(){
    float sum = salary;
    for(int i = 0; i < subordinates.size(); i++){
      sum += ((Employee)subordinates.elementAt(i)).getSalaries();
    }
    return sum;
  }
}

import java.awt.*;
import java.awt.event.*;
import java.util.*;
import javax.swing.text.*;
import javax.swing.*;
import javax.swing.event.*;
import javax.swing.border.*;
import javax.swing.tree.*;

public class empTree extends JxFrame implements TreeSelectionListener{
  Employee boss, marketVP, prodVP;
  Employee salesMgr, advMgr;
  Employee prodMgr, shipMgr;
  JScrollPane sp;
  JPanel treePanel;
  JTree tree;
  DefaultMutableTreeNode troot;
  JLabel cost;
  public empTree(){
    super("Employee tree");
    makeEmployees();
    setGUI();
  }
  private void setGUI(){
    treePanel = new JPanel();
    getContentPane().add(treePanel);
    treePanel.setLayout(new BorderLayout());
    sp = new JScrollPane();
    treePanel.add("Center", sp);
    treePanel.add("South", cost = new JLabel("          "));
    treePanel.setBorder(new BevelBorder(BevelBorder.RAISED));
    troot = new DefaultMutableTreeNode(boss.getName());
    tree= new JTree(troot);
    tree.setBackground(Color.lightGray);
    loadTree(boss);
    p.getViewport().add(tree);
    setSize(new Dimension(200, 300));
    setVisible(true);
```

```
     }
   public void loadTree(Employee topDog){
     DefaultMutableTreeNode troot;
     troot = new DefaultMutableTreeNode(topDog.getName());
     treePanel.remove(tree);
     tree= new JTree(troot);
     tree.addTreeSelectionListener(this);
     sp.getViewport().add(tree);
     addNodes(troot, topDog);
     tree.expandRow(0);
     repaint();
   }
   private void addNodes(DefaultMutableTreeNode pnode, Employee emp){
       DefaultMutableTreeNode node;
       Enumeration e = emp.elements();
         while(e.hasMoreElements()){
           Employee newEmp = (Employee)e.nextElement();
           node = new DefaultMutableTreeNode(newEmp.getName());
           pnode.add(node);
           addNodes(node, newEmp);
         }
   }
   private void makeEmployees(){
     boss = new Employee("CEO", 200000);
     boss.add(marketVP = new Employee("Marketing VP", 100000));
     boss.add(prodVP = new Employee("Production VP", 100000));
     marketVP.add(salesMgr = new Employee("Sales Mgr", 50000));
     marketVP.add(advMgr = new Employee("Advt Mgr", 50000));
     for (int i=0; i<5; i++)
       salesMgr  .add(new  Employee("Sales  "+new  Integer(i).toString(),
30000.0F +(float)(Math.random()-0.5)*10000));
       advMgr.add(new Employee("Secy", 20000));
       prodVP.add(prodMgr = new Employee("Prod Mgr", 40000));
       prodVP.add(shipMgr = new Employee("Ship Mgr", 35000));
       for (int i = 0; i < 4; i++)
         prodMgr.add( new Employee("Manuf "+new Integer(i).toString(), 25000.0F
+(float)(Math.random()-0.5)*5000));
       for (int i = 0; i < 3; i++)
         shipMgr.add(  new  Employee("ShipClrk  "+new  Integer(i).toString(),
20000.0F +(float)(Math.random()-0.5)*5000));
     }
   public void valueChanged(TreeSelectionEvent evt){
     TreePath path = evt.getPath();
     String selectedTerm = path.getLastPathComponent().toString();
     Employee emp = boss.getChild(selectedTerm);
     if(emp != null)
       cost.setText(new Float(emp.getSalaries()).toString());
     }
     static public void main(String argv[]){
       new empTree();
```

```
      }
   }

   import java.awt.*;
   import java.awt.event.*;
   import java.util.*;
   import javax.swing.text.*;
   import javax.swing.*;
   import javax.swing.event.*;
   public class JxFrame extends JFrame{
     public JxFrame(String title){
       super(title);
       setCloseClick();
       setLF();
     }
     private void setCloseClick(){
       addWindowListener(new WindowAdapter(){
          public void windowClosing(WindowEvent e) {System.exit(0);}
     });
     }
     private void setLF(){
       String laf = UIManager.getSystemLookAndFeelClassName();
       try{
         UIManager.setLookAndFeel(laf);}
       catch (UnsupportedLookAndFeelException exc){System.err.println("Warning:
UnsupportedLookAndFeel: " + laf);}
       catch (Exception exc){
       System.err.println("Error loading " + laf + ": " + exc);}
     }
   }
```

其运行结果如图 10-2 所示。

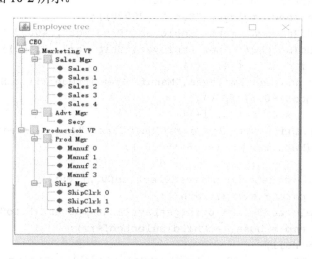

图 10-2　合成模式实例的运行结果

合成模式具有以下优点：

（1）降低客户端与对象容器结构之间的耦合程度。对象容器可以实现自身的复杂结构。在添加和移除对象过程中，不需要修改客户端。

（2）单个对象和组合对象具有一致的接口。客户端不关心处理的是单个对象还是组合对象，简化了客户端代码。

但是，合成模式也有一定的缺点：

（1）很难确定复杂构件的接口。

（2）很难利用继承关系来增加新功能。

10.2　装　饰　模　式

装饰模式也称为包装器模式，可以动态地给对象添加额外的职责。就增加功能而言，装饰模式比生成子类的方法更为灵活。在装饰模式中，共有以下四种要素：

（1）抽象构件角色。抽象构件角色定义抽象接口来规范接收附加职责的对象。

（2）具体构件角色。具体构件角色即所谓的被装饰者，定义被增加功能的类。

（3）装饰角色。装饰角色持有构件对象的实例，定义了抽象构件的接口。

（4）具体装饰角色。具体装饰角色负责为构件添加新的功能。

装饰模式主要应用于以下场合：

（1）在不影响其他对象的情况下，动态、透明地为对象添加新功能。

（2）能实现撤销职责的需求。

（3）当不能使用生成子类方法时，可以采用装饰模式进行扩展。这主要包括两种情况。第一种情况是系统存在大量独立的扩展。为支持每一种组合，需要产生大量的子类，子类数目呈现爆炸性增长。第二种情况是类定义被隐藏或类定义不能用于生成子类。

装饰模式是类继承的另一种表现形式。类继承是在编译时刻增加行为的，而装饰模式是在运行时刻增加行为的。在扩展相互独立的功能时，这种区别就变得非常明显了。在面向对象编程语言中，类不能在运行时刻被创建。在设计时，也不能预测有哪几种功能组合，这就需要为每种组合创建一个新类。与之相反，装饰模式面向运行时刻的对象实例，可以在运行时刻根据需要进行组合。

装饰模式的意图是：提供装饰角色，维护需要装饰的具体对象的索引。装饰角色接收所有来自客户端的请求，在将这些请求转发给具体对象的前后，通过增加附加功能来进行装饰。在运行时刻，不修改对象的结构就可以在外部增加附加功能。装饰角色实现了具体对象的接口。使用一个或多个装饰角色来"装饰"具体对象。

图 10-3 给出了一个装饰模式实例的类图。在该实例中，主要包括：Component 接口、ConcreteComponent 类、Decorator 抽象类、ConcreteDecoratorA 类和 ConcreteDecoratorB 类。在 Component 接口中，定义了 operation( )方法。ConcreteComponent 类实现了 Component 接口，重写了 Component 接口中的 operation( )方法。Decorator 抽象类也实现了 Component 接口，实现了 Decorator(Component component)方法，重写了 Component 接口中的 operation( )方法。ConcreteDecoratorA 类继承了抽象装饰器 Decorator，重写了 Component 接口中的 operation( )方法，实现了 ConcreteDecoratorA(Component component)方法。ConcreteDecoratorB 类继承了抽象装饰器 Decorator，重写了 Component 接口中的 operation( )方法，实现了 ConcreteDecoratorB

(Component component)方法。

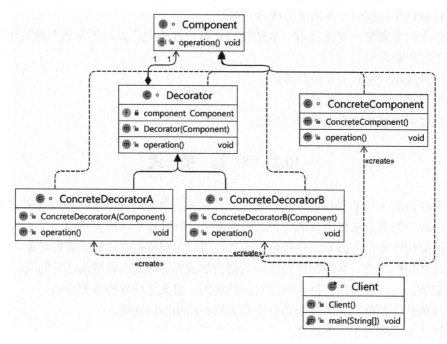

图 10-3 装饰模式实例类图

其实现代码如下所示：

```java
interface Component{
  void operation();
}

class ConcreteComponent implements Component{
  public void operation(){
    System.out.println("执行具体组件的操作...");
  }
}

class Decorator implements Component{
  private Component component;
  public Decorator(Component component){
    this.component = component;
  }
  public void operation(){
    component.operation();
  }
}

class ConcreteDecoratorA extends Decorator{
  public ConcreteDecoratorA(Component component){
    super(component);
  }
  public void operation(){
```

```
      super.operation();
      System.out.println("为具体组件添加 A 装饰...");
  }
}

class ConcreteDecoratorB extends Decorator{
  public ConcreteDecoratorB(Component component){
    super(component);
  }
  public void operation(){
    super.operation();
    System.out.println("为具体组件添加 B 装饰...");
  }
}

public class Client{
  public static void main(String[] args){
    Component component = new ConcreteComponent();
    Component decoratorA = new ConcreteDecoratorA(component);
    Component decoratorB = new ConcreteDecoratorB(decoratorA);
    decoratorB.operation();
  }
}
```

其运行结果如图 10-4 所示。

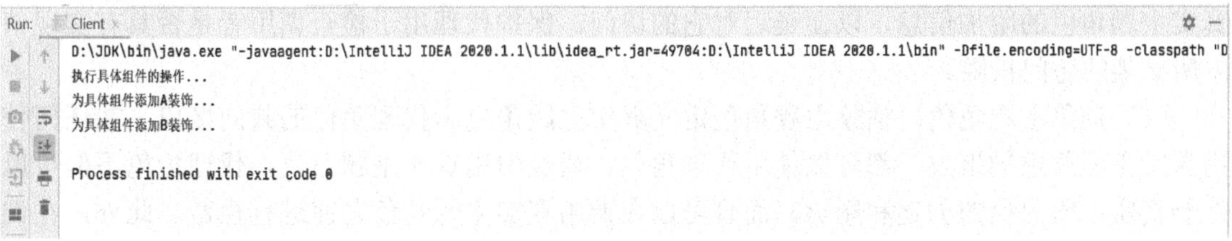

图 10-4　装饰模式实例的运行结果

装饰模式具有以下优点：

（1）比继承灵活。从为对象添加功能的角度来看，装饰模式比继承更加灵活。继承是静态的。在继承之后，所有子类具有相同的功能。在装饰模式中，功能被分散到每个装饰器之中。通过组合对象，在运行时刻进行功能的动态组合。每个被装饰的对象所具有的功能是由运行时刻动态组合的功能来决定的。

（2）便于实现功能复用。在装饰模式中，把复杂功能分散到每个装饰器中。通常，一个装饰器只能实现一个功能，这样实现的装饰器就变得非常简单，有利于装饰器功能的复用。可以为一个对象增加多个同样的装饰器，也可以使用一个装饰器来装饰不同的对象。

（3）简化了高层定义。通过组合装饰器，可以为对象添加多个功能。在进行高层定义时，不用把所有功能都定义出来，只需要定义最基本的功能。在使用的时候，组合相应的装饰器来完成所需要的功能。

但是，装饰模式也有一定的缺点：会产生很多细粒度的对象。每个装饰器只能实现一个功能，因此会产生很多细粒度的对象。如果功能越复杂，则需要的细粒度的对象越多。

10.3　代　理　模　式

这种模式为对象提供了一种代理，控制对这个对象的访问。控制访问的原因是：在确实需要这个对象时，才对它进行创建和初始化。这种模式给对象提供了替代者，其目标是使客户对象与主题对象的编码更有效率。代理可以提供延迟实例化和控制访问等操作，例如，在调用过程中传递参数。用于处理本地资源的代理称为虚拟代理。处理远程服务的代理称为远程代理。强制控制访问的代理称为保护代理。

代理模式为普通用户提供了一组方法，同时为管理员提供了特殊的服务。这两种需求是非常相似的，都需要解决同一个问题。代理模式为对象提供了一致性的接口，使其可以改变内部功能。通过引入新对象来实现对真实对象的操作，将新对象作为真实对象的替身，即代理对象。在客户端和目标对象之间，这种模式可以起到中介作用。通过代理对象，可以去掉客户端不能看到的内容和服务，添加客户端所需要的额外服务。

在代理模式中，共有以下两种要素：

（1）代理角色。代理角色保存一个引用，使得代理可以访问真实的主题角色。若真实主题角色和抽象主题角色的接口相同，则代理角色会引用抽象主题角色。代理角色提供了一个与抽象主题角色接口相同的接口。代理角色可以用来替代真实主题角色，控制对真实主题角色的存取，负责对它进行创建和删除。其余的功能依赖于代理的类型。远程代理负责对请求和参数进行编码，向不同地址空间中的真实主题角色发送已编码的请求。虚拟代理可以缓存真实主题角色的附加信息，以便延迟对它的访问。保护代理用于检查调用者是否具有实现请求所必需的访问权限。

（2）抽象主题角色。抽象主题角色定义真实主题角色和代理角色的共同接口。在任何使用真实主题角色的地方，都可以使用代理角色。通过引用真实主题角色，代理角色不但可以控制真实主题角色的创建和删除，而且可以在调用真实主题角色之前进行拦截。此外，在调用真实主题角色之后，也可以进行某些特殊操作。真实主题角色定义了代理角色所代表的具体对象。

代理模式主要应用于以下场合：

（1）远程代理。为位于不同地址空间的对象提供本地的代理对象，这个不同的地址空间可以在同一台机器上，也可以在不同的机器上。远程代理又称为大使。

（2）虚拟代理。根据需要来创建开销很大的对象。在创建资源消耗较大的对象时，先创建资源消耗相对较小的对象。只有在真正需要的时候，才会创建真实对象。

（3）保护代理。控制对原始对象的访问。在对象具有不同访问权限时，使用保护代理。

（4）智能指引。这种方法取代了简单的指针。在访问对象时，执行了附加操作。

（5）写时复制。这是一种虚拟代理。在客户端真正需要时，才执行复制操作。通常，对象的深度复制是开销较大的操作。写时复制可以使这个操作延迟。只有用到这个对象时，才进行复制操作。

代理模式的意图是：为对象提供一种代理以控制对该对象的访问。虚拟代理可以进行最优化处理，例如，根据需求来创建对象。使用较小的对象来代表较大的对象，可以减少系统资源的消耗。在访问对象时，保护代理和智能指引提供了附加的业务处理。代理模式对用户隐藏了一种称为写时复制的优化方式。该优化过程与需要创建的对象密切相关。通常，复制复杂对象需要开销很大的操作。如果不修改这个副本，这些开销就是完全没有必要的。使用代理模式可以延迟这一复制过程，即在修改这个对象时，才对它进行复制。在实现写时复制代理时，必须对真实主题角色进行计数。利用写时复制代理，能够大幅度降低复制真实主题角色的开销。代理模式能够协调调用者和被调用者，在一定程度上降低了系统的耦合程度。

    图 10-5 给出了一个代理模式实例的类图。在该实例中，主要包括 AbstractObject 接口、RealSubject 类和 BookSellerProxy 类。AbstractObject 接口定义了 sale( ) 方法。RealSubject 类和 BookSellerProxy 类实现了 AbstractObject 接口。RealSubject 类实现了 saleBook( )、calculate( ) 和 sale( ) 方法。BookSellerProxy 类定义了_realSubject 属性，实现了 sale( ) 方法。

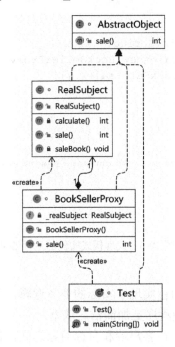

图 10-5 代理模式实例的类图

    其实现代码如下：

```java
public interface AbstractObject{
  int sale( );
}

public class RealSubject implements AbstractObject{
  private void saleBook( ){
    System.out.print("图书销售数量: ");
  }
  private int calculate( ){
    return 25;
  }
  public int sale( ){
    saleBook( );
    return calculate( );
```

```
    }
  }

public class BookSellerProxy implements AbstractObject{
  private RealSubject _realSubject;
  public int sale( ){
    _realSubject=new RealSubject( );
    int costOfProxy=20;
    int cost=_realSubject.sale( );
    return cost+costOfProxy;
  }
}

public class Test{
  public static void main(String[] args){
    AbstractObject bookSale=new BookSellerProxy( );
    System.out.println(bookSale.sale( ));
  }
}
```

其运行结果如图 10-6 所示。

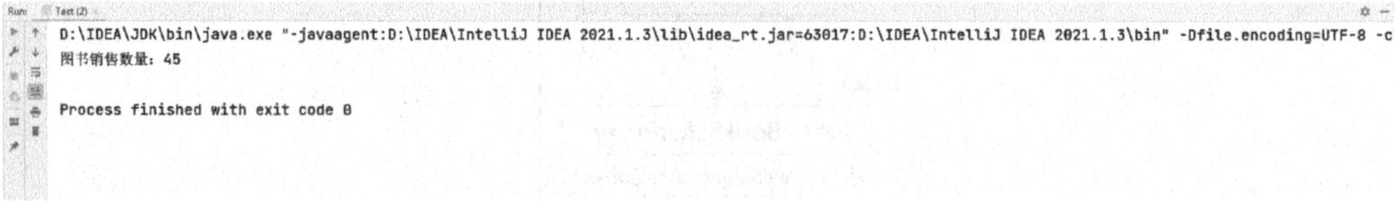

图 10-6　代理模式实例的运行结果

代理模式具有以下优点：

（1）职责清晰。真实主题角色实现了实际的业务逻辑，不用关心其他非本职事务。通过后期的代理来完成事务，可以使程序更加简洁、清晰。

（2）具有较高的可扩展性。在客户端和目标对象之间，代理对象起到中介的作用，能够保护目标对象。

（3）智能化。可以间接地访问对象。客户端能够访问远程服务器上的对象。远程服务器可能具有更好的计算性能和处理速度，能够快速地响应和处理客户端的请求。

但是，代理模式也有一定的缺点：

（1）在客户端和真实主题角色之间增加了代理对象。有些类型的代理模式可能会造成处理请求的速度变慢。

（2）在实现代理模式时，需要额外的工作开销。有些代理模式的实现过程是非常复杂的。

10.4　享　元　模　式

在面向对象设计中，同一类对象可能会在不同场景中多次出现。由于应用场景的不同，它们的部分属性值会有所不同。但是，它们的大多数属性值是完全相同的。在不同的应用场景中创建大量具有不同状态的对象，将造成存储空间的巨大浪费，严重地降低系统的性能。

享元模式又称轻量级模式，是一种结构型设计模式，运用共享技术来支持大量细粒度对象。享元模式可以解决上述问题。

在享元模式中，共有以下三种要素：

（1）抽象享元角色。抽象享元角色是所有具体享元类的基类，规定了需要实现的公共接口。对于需要外部状态的操作而言，可以通过调用享元方法来传递参数。

（2）具体享元角色。具体享元角色实现抽象享元角色规定的接口。如果有内部状态，那么必须为内部状态提供存储空间。享元对象的内部状态应该与对象所处的环境无关，从而使享元对象被整个系统共享。

（3）享元工厂角色。享元工厂角色创建和管理享元角色，保证享元对象可以被系统适当地共享。在客户端调用享元对象时，享元工厂角色会检查系统中是否存在符合要求的享元对象。若存在符合要求的享元对象，享元工厂角色将提供这个享元对象。若不存在符合要求的享元对象，享元工厂角色就会创建一个合适的享元对象。

享元模式主要应用于：在系统构建中，需要大量的对象。在不同场景下，对象拥有许多共享的状态。

享元模式的意图是：在不同应用场景中，将多个同一类型对象的共同状态抽取出来，封装在一个可以被共享的类中。同时，享元模式提供了一个修改状态的访问接口。在不同场景中，可以修改不被共享的外部状态。享元工厂拥有一个管理和存储对象的仓库。当接收客户端请求时，遍历对象仓库。如果对象仓库存在所需要的对象，则直接返回给客户端；否则，创建新对象并将其加入仓库中，然后返回给客户端。这种方法可以降低对象创建工作的难度。

图 10-7 给出了一个享元模式实例的类图。在该实例中，主要包括 Phone 抽象类、N8Phone

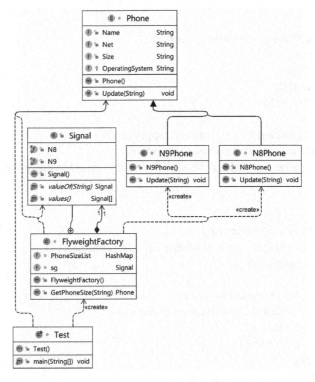

图 10-7 享元模式实例的类图

类、N9Phone 类和 FlyweightFactory 类。Phone 抽象类定义了 Name、Net、Size 和 OperatingSystem 属性，定义了 Update(String OperatingSystem)方法。N8Phone 类和 N9Phone 类继承了 Phone 抽象类。N8Phone 类实现了 N8Phone( )和 Update(String operatingSystem)方法。N9Phone 类实现了 N9Phone( )和 Update(String operatingSystem)方法。FlyweightFactory 类定义了 PhoneSizeList 和 sg 属性，实现了 GetPhoneSize(String name)方法。

其实现代码如下：

```java
public abstract class Phone{
  public String Name;
  public String Net;
  public String Size;
  protected String OperatingSystem;
  public abstract void Update(String OperatingSystem);
}

public class N8Phone extends Phone{
  public N8Phone( ){
    this.Name="N8";
    this.Net="CDMA";
    this.Size="98*20*10";
  }
  public void Update(String operatingSystem){
    this.OperatingSystem=operatingSystem;
    System.out.println("已更新 N8 的操作系统为"+operatingSystem);
  }
}

public class N9Phone extends Phone{
  public N9Phone( ){
    this.Name="N9";
    this.Net="WCDMA";
    this.Size="100*20*10";
  }
  public void Update(String operatingSystem){
    this.OperatingSystem=operatingSystem;
    System.out.println("已更新 N9 的操作系统为"+operatingSystem);
  }
}

public class FlyweightFactory{
  HashMap PhoneSizeList=new HashMap<String,Phone>( );
  public enum Signal{N8,N9}
  Signal sg;
  public Phone GetPhoneSize(String name){
    if(!(PhoneSizeList).containsKey(name)){
      Phone phone=null;
      sg=sg.valueOf(name);
      switch(sg){
        case N8:
          phone=new N8Phone( );
```

```
      break;
   case N9:
     phone=new N9Phone( );
     break;
  }
  PhoneSizeList.put(name,phone);
}
return((Phone)PhoneSizeList.get(name));
  }
}

public class Test{
 public static void main(String[] args){
   FlyweightFactory factory=new FlyweightFactory( );
   Phone n8=factory.GetPhoneSize("N8");
   n8.Update("Android 10.14");
  }
}
```

其运行结果如图 10-8 所示。

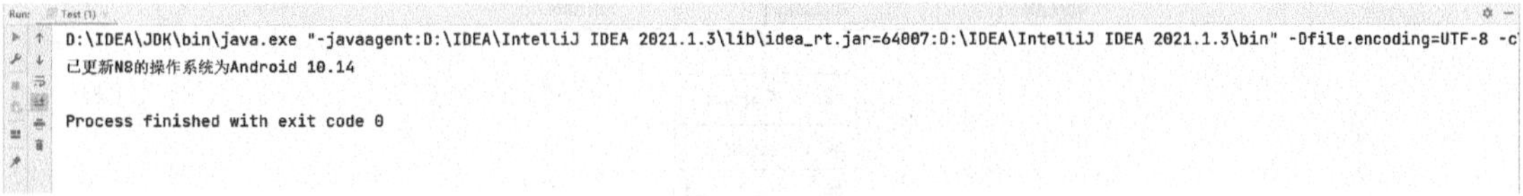

图 10-8　享元模式实例的运行结果

享元模式具有以下优点：减少了处理对象的数量，降低了对象的存储开销，提高了对象创建时的性能。

但是，享元模式也有一定的缺点：客户端需要维护对象的外部状态。若外部状态的数据量比较大，则传递、查找和计算过程将变得非常复杂。

10.5　门　面　模　式

门面模式又称外观模式，为子系统的一组接口提供了一致性的访问界面。门面模式定义了一个高层接口。这个接口使子系统更加容易使用。子系统指为了降低复杂性根据规则对系统所进行的划分。此处的规则包括业务和功能等。子系统封装了许多类。客户端将紧紧地依赖子系统的实现。当子系统发生变化时，可能会影响客户端代码。在不断优化和复用过程中，子系统会产生许多更小的类。对于使用子系统的客户端来说，实现一个工作流程所需要的接口是非常多的。门面模式就是为了解决这个问题而产生的。

在门面模式中，共有以下三种要素：

（1）门面角色。它是门面模式的核心，被客户角色调用。它熟悉子系统的功能，根据客户角色的需求，预定了几种功能组合。

（2）子系统角色。子系统角色实现了子系统的相应功能，没有任何门面角色的信息和链接。

（3）客户角色。客户角色调用门面角色来完成相应的功能。

门面模式主要应用于以下场合：

（1）在为复杂子系统提供简单接口时，比较适合使用门面模式。

（2）当客户端与抽象类之间存在较大的依赖关系时，引入门面模式可以将子系统与客户端分离，提高了子系统的独立性和可移植性。

（3）当构建具有层次结构的子系统时，使用门面模式来定义子系统的入口点。如果子系统之间是相互依赖的，可以使用门面模式来进行通信，有利于简化它们之间的依赖关系。

门面模式的意图是：为子系统中的一组接口提供一致性的访问界面，定义了一个高层接口，使子系统更加容易使用。

图 10-9 给出了一个门面模式实例的类图。在该实例中，主要包括 Facade 类、ModuleA 类、ModuleB 类和 ModuleC 类。Facade 类实现了 test( )方法。ModuleA 类实现了 testA( )方法。ModuleB 类实现了 testB( )方法。ModuleC 类实现了 testC( )方法。

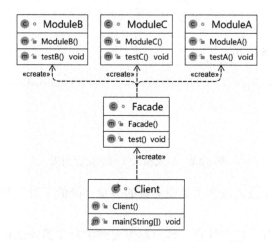

图 10-9　门面模式实例的类图

其实现代码如下：

```java
public class ModuleA{
  public void testA( ){
    System.out.println("调用 ModuleA 中的 testA 方法");
  }
}

public class ModuleB{
  public void testB( ){
    System.out.println("调用 ModuleB 中的 testB 方法");
  }
}

public class ModuleC{
  public void testC( ){
    System.out.println("调用 ModuleC 中的 testC 方法");
  }
```

```
  }

public class Facade{
  public void test( ){
    ModuleA a=new ModuleA( );
    a.testA( );
    ModuleB b=new ModuleB( );
    b.testB( );
    ModuleC c=new ModuleC( );
    c.testC( );
  }
}

public class Client{
  public static void main(String[] args){
    Facade facade=new Facade( );
    facade.test( );
  }
}
```

其运行结果如图 10-10 所示。

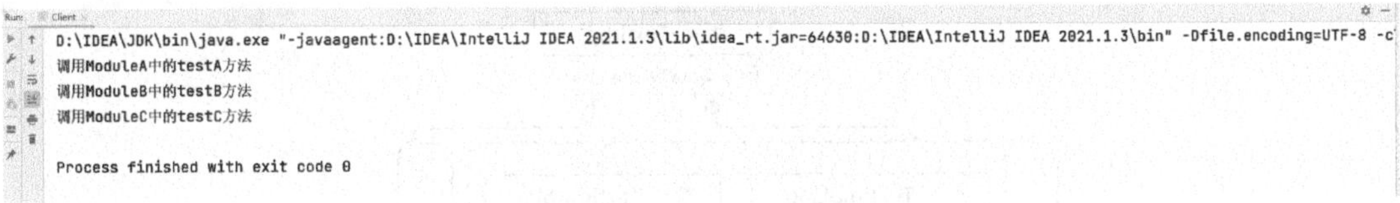

图 10-10　门面模式实例的运行结果

门面模式具有以下优点：

（1）对客户端屏蔽了子系统组件，减少了客户端所要处理对象的数目，使子系统更加容易使用。

（2）实现了子系统与客户端之间的松耦合关系，使子系统的变化不影响客户端。

（3）有助于建立层次结构系统，也有助于对对象之间的依赖关系进行分层。

（4）可以消除复杂的循环依赖关系。

（5）可以降低编译的依赖性，从而减少系统重编译的工作量。

（6）有利于简化系统在不同平台之间的移植过程。

（7）不限制所使用的子系统类，可以让客户端在易用性与通用性之间进行选择。

但是，门面模式也有一定的缺点：不符合开闭原则。修改代码比较繁琐，继承重写也比较困难。

10.6　桥　梁　模　式

在桥梁模式中，系统被划分为抽象部分和实现部分，这两部分是相对独立的。抽象是指需求的抽象，实现则是指通过对象组合来实现用户的需求。在桥梁模式中，可以互相独立地对这两部分进行修改。实现部分的抽象是以抽象类为基础的。

在桥梁模式中，共有以下四种要素：

（1）抽象化角色。抽象化角色抽象地给出的定义，保存了一个对实现对象的引用。

（2）修正抽象化角色。修正抽象化角色扩展抽象化角色，改变和修正父类对抽象化的定义。

（3）实现化角色。实现化角色定义实现化角色的接口，但不给出具体实现。实现化角色给出底层的操作，抽象化角色给出基于底层操作的更高一层的操作。

（4）具体实现化角色。具体实现化角色给出实现化角色接口的具体实现。

桥梁模式的意图是：将抽象部分与它的实现部分分离，使抽象和实现都可以独立地进行变化。

图 10-11 给出了一个桥梁模式实例的类图。在该实例中，主要包括 TextImp 接口、Text 类，TextBold 类、TextImpLinux 类、TextImpMac 类和 TextItalic 类。在 TextImp 接口中定义了 DrawTextImp( )方法。在 Text 类中实现了 DrawText(String text)和 GetTextImp(String type)方法。在 TextBold 类中声明了 imp 属性，实现了 TextBold(String type)和 DrawText(String text)方法。在 TextImpLinux 类中继承了 TextImp 接口，实现了 TextImpLinux( )和 DrawTextImp( )方法。TextImpMac 类继承了 TextImp 接口，实现了 TextImpMac( )和 DrawTextImp( )方法。在 TextItalic 类中，声明了 imp 属性，实现了 TextItalic(String type)和 DrawText(String text)方法。

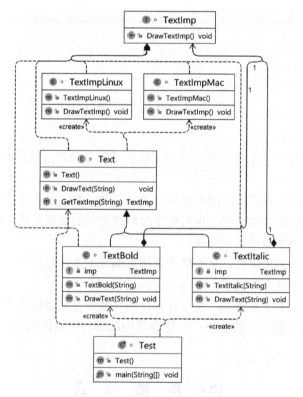

图 10-11　桥梁模式实例类图

其实现代码如下所示：

```
public interface TextImp{
  public abstract void DrawTextImp();
```

```
    }

    public abstract class Text{
      public abstract void DrawText(String text);
      protected TextImp GetTextImp(String type){
        if(type.equals("Mac")){
          return new TextImpMac();
        }
        else if(type.equals("Linux")){
          return new TextImpLinux();
        }
        else{
          return new TextImpMac();
        }
      }
    }

    public class TextBold extends Text{
      private TextImp imp;
      public TextBold(String type){
        imp = GetTextImp(type);
      }
      public void DrawText(String text){
        System.out.println(text);
        System.out.println("The text is bold text!");
        imp.DrawTextImp();
      }
    }

    public class TextImpLinux implements TextImp{
      public TextImpLinux(){
      }
      public void DrawTextImp(){
        System.out.println("The text has a Linux style !");
      }
    }

    public class TextImpMac implements TextImp{
      public TextImpMac(){
      }
      public void DrawTextImp(){
        System.out.println("The text has a Mac style !");
      }
    }

    public class TextItalic extends Text{
      private TextImp imp;
      public TextItalic(String type){
        imp = GetTextImp(type);
      }
      public void DrawText(String text){
```

```
      System.out.println(text);
      System.out.println("The text is italic text!");
      imp.DrawTextImp();
   }
}

public class Test{
  public Test(){
  }
  public static void main(String[] args){
    Text myText = new TextBold("Mac");
    myText.DrawText("=== A test String ===");
    myText =  new TextBold("Linux");
    myText.DrawText("=== A test String ===");
    System.out.println("---------------------------------------------");
    myText = new TextItalic("Mac");
    myText.DrawText("=== A test String ===");
    myText = new TextItalic("Linux");
    myText.DrawText("=== A test String ===");
  }
}
```

其运行结果如图 10-12 所示。

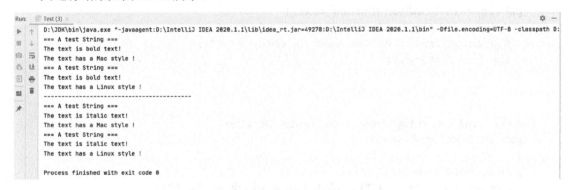

图 10-12　桥梁模式实例的运行结果

桥梁模式具有以下优点：

（1）使用了合成—聚合复用原则，降低了抽象与实现之间的耦合程度，使得抽象和实现可以沿着各自的方向进行变化。

（2）增加了抽象化角色和具体化角色的灵活性。当出现新抽象和新实现时，只需要继承一个抽象和继承一个实现。

（3）实现化角色的改变不会影响客户端。

但是，桥梁模式也有一定的缺点：不能应对维度数量的变化。若重新抽象出另一维度的类型，则需要修改抽象角色，这违反了开闭原则。

10.7　适配器模式

适配器模式将类的接口包装为用户所期待的形式。通常，适配器模式允许接口不兼容的多个类可以一起协同工作。其实现方法为：将类的接口包装在一个已存在的类中。适配器模式共有两种实现形式：对象适配器模式和类适配器模式。

（1）对象适配器模式。在这种模式中，适配器容纳了一个它所包裹的类的实例。在这种情况下，适配器调用被包裹对象的实体。

（2）类适配器模式。在这种模式中，适配器继承自己所实现的类。通常，使用了多重继承方法。

在适配器模式中，共有以下三种要素：

（1）目标角色。目标角色是客户所期待的接口，可以是具体类、抽象类和接口。

（2）源角色。源角色是需要适配的类。

（3）适配器角色。适配器角色通过继承和内部包装源角色对象，把源接口转换为目标接口。此角色继承了目标角色。

适配器模式主要应用于以下场合：

（1）系统需要使用现有的类，但是类接口不符合系统要求。

（2）建立重复使用的类，使彼此之间没有关联的类可以一起协同工作，包括将来要引进的类。

适配器模式的意图是：将类的接口转换为客户所希望的接口。适配器模式使原本由于接口不兼容而不能一起工作的类可以协同工作。

图 10-13 给出了一个类适配器实例的类图。在该实例中，主要包括 Target 接口、Adaptee 类和 Adapter 类。Target 接口定义了 Request( )方法。Adaptee 类实现了 SpecificRequst( )方法。Adapter 类继承了 Adaptee 类并实现了 Target 接口。Adapter 类实现了 Request( )方法。

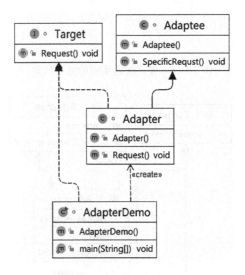

图 10-13　类适配器实例的类图

其实现代码如下：

```
public interface Target{
   public void Request( );
}
```

```
public class Adaptee{
   public void SpecificRequst( ){
      System.out.println("Adaptee's SpecificRequst");
   }
}

public class Adapter extends Adaptee implements Target{
   public void Request( ){
      System.out.println("Adapter's Request");
      super.SpecificRequst( );
   }
}

public class AdapterDemo{
   public static void main(String[] args){
      Target t=new Adapter( );
      t.Request( );
   }
}
```

其运行结果如图 10-14 所示。

图 10-15 给出了一个对象适配器实例的类图。在该实例中,主要包括 Target 接口、Adaptee 类和 Adapter 类。Target 接口定义了 Request( )方法。Adaptee 类实现了 SpecificRequst( )方法。Adapter 类实现了 Target 接口。Adapter 类定义了 Adaptee 属性,实现了 Request( )方法。

```
Run  AdapterDemo
     D:\IDEA\JDK\bin\java.exe "-javaagent:D:\IDEA\IntelliJ IDEA 2021.1.3\lib\idea_rt.jar=64659:D:\IDEA\IntelliJ IDEA 2021.1.3\bin" -Dfile.encoding=UTF-8 -c
     Adapter's Request
     Adaptee's SpecificRequst

     Process finished with exit code 0
```

图 10-14　类适配器实例的运行结果

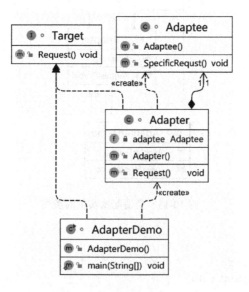

图 10-15　对象适配器实例的类图

其实现代码如下：

```java
public interface Target{
    public void Request( );
}

public class Adaptee{
    public void SpecificRequst( ){
        System.out.println("Adaptee's SpecificRequst");
    }
}

public class Adapter implements Target{
    private Adaptee adaptee;
    public Adapter( ){
        this.adaptee=new Adaptee( );
    }
    public void Request( ){
        System.out.println("Adapter's Request");
        adaptee.SpecificRequst( );
    }
}

public class AdapterDemo{
    public static void main(String[] args){
        Target t=new Adapter( );
        t.Request( );
    }
}
```

其运行结果如图 10-16 所示。

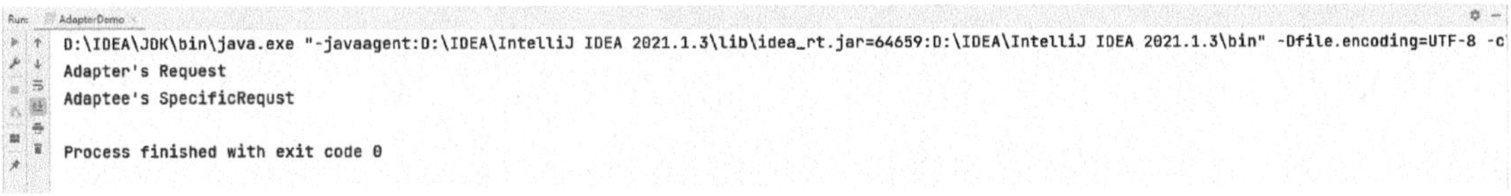

图 10-16　对象适配器实例的运行结果

适配器模式具有以下优点：

（1）代码复用和类库迁移变得非常容易。

（2）在类适配器中，适配器角色是源角色的子类。通过重写可以重新定义源角色的部分行为。

（3）在对象适配器中，允许一个适配器角色与多个源角色一起协同工作。

但是，适配器模式也有一定的缺点：

（1）需要改变多个已有子类的接口。如果使用类适配器模式，那么需要为每个类做一个适配器。

（2）因为类适配器使用了多继承方法，所以其耦合程度较高。

习　题

1. 试述合成模式的组成要素。
2. 试述装饰模式的应用场合。
3. 试述代理模式的分类。
4. 试述享元模式的优点。
5. 试述门面模式的使用意图。
6. 试述适配器模式的缺点。

第11章 行为型设计模式

行为型设计模式主要包括模板方法模式、观察者模式、迭代子模式、责任链模式、备忘录模式、命令模式、状态模式、访问者模式、中介者模式、策略模式和解释器模式。类的行为型设计模式采用继承机制在类之间分派行为，对象的行为型设计模式使用复合机制来描述一组对象是如何相互协作来完成任务的。在软件开发过程中，经常会使用这几种行为型设计模式，本章将结合具体的实例来进行讲解。

11.1 模板方法模式

在编程过程中，经常会遇到这种情况：设计一个抽象类，使用具体方法和具体构造来实现它的部分业务逻辑，同时定义抽象方法让子类来实现剩余的业务逻辑。由于不同子类是以不同方式来实现这些抽象方法的，因此，剩余的业务逻辑可以使用不同的方法来实现。模板方法模式可以用于这种情况。模板方法模式是基于继承关系的代码复用技术，其结构和用法是面向对象设计的核心。

在使用模板方法模式的过程中，应该正确地处理抽象类设计师和具体子类设计师之间的协作关系。一个设计师给出算法的轮廓和骨架，其余的设计师给出算法的各个逻辑实现步骤。代表具体逻辑步骤的方法称为基本方法。将基本方法汇总起来所形成的方法称为模板方法。

在这种模式中，方法可以分为两大类：模板方法和基本方法。模板方法是在抽象类中定义的，是把基本方法组合起来所形成的总算法，同时由子类完全继承下来。基本方法又可以分为三种：抽象方法、具体方法和钩子方法。

（1）抽象方法。抽象方法由抽象类来定义，同时由具体子类来实现。

（2）具体方法。具体方法使用抽象类来定义和实现具体方法。子类不对其进行实现和置换。

（3）钩子方法。钩子方法由抽象类来定义和实现，同时子类会对其进行扩展。通常，抽象类所给出的实现是一个空实现，即方法的默认实现。

在模板方法模式中，共有以下两种要素：

（1）抽象模板角色。抽象模板角色定义了一个或多个抽象的基本方法，让子类来实现。它们是一个模板方法的具体逻辑步骤。抽象模板角色定义和实现了一个模板方法。这个模板方法是具体的方法，给出了一个逻辑骨架，逻辑组成步骤将推迟到子类中实现。

（2）具体模板角色。具体模板角色实现父类所定义的一个或多个抽象方法。每个抽象模板角色可以与任意多个具体模板角色相对应。每个具体模板角色可以采用不同的形式来实现这些抽象方法，从而让子类来实现算法的细节。

模板方法模式主要应用于以下场合：

（1）一次性地实现算法的不变部分，同时将可变的行为留给子类来实现。

（2）在各个子类中，将公共行为提取出来并集中到公共的父类中，以避免代码的重复。识别现有代码中的不同之处，将不同之处分离出来形成新的操作。最后，使用一个调用这些新操作的模板方法来替换这些不同的代码。

（3）控制子类的扩展。模板方法模式在特定点调用钩子方法，只允许对这些特定点进行扩展。

模板方法模式的意图是：定义一个操作中的算法骨架，同时将步骤延迟到子类中实现。在不改变算法结构的前提条件下，可以让子类重新定义算法的步骤。在方法中定义算法。对算法步骤进行抽象化处理，将步骤从方法中分离出来。同时，在方法外部定义了这些步骤。

图 11-1 给出了一个模板方法模式实例的类图。在该实例中，主要包括：Cake 类、Cake_A 类、Cake_B 类。在 Cake 类中实现了 make()、makeStart()、makingCakeGerm()、wipeCakeGerm() 和 makeFinish() 方法，声明了 makingCream()、piping() 方法。Cake_A 类中继承了 Cake 类，重写了 makingCream() 和 piping() 方法。Cake_B 类继承了 Cake 类，重写了 makingCream() 和 piping() 方法。

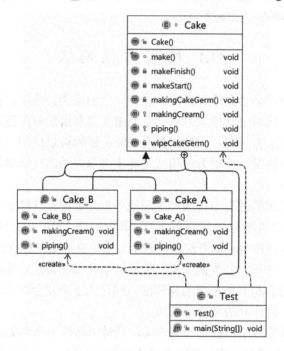

图 11-1　模板方法模式实例的类图

其实现代码如下所示：

```java
public abstract class Cake{
  final void make(){
    makeStart();
    makingCakeGerm();
    makingCream();
    wipeCakeGerm();
    piping();
    makeFinish();
  }
  private void makeStart(){
    System.out.println("make start");
  }
  private void makingCakeGerm(){
    System.out.println("制作蛋糕胚");
```

```
  }
  protected abstract void makingCream();
  private void wipeCakeGerm(){
    System.out.println("将奶油抹到蛋糕胚上");
  }
  protected abstract void piping();
  private void makeFinish(){
    System.out.println("make finish");
  }
}

public class Cake_A extends Cake{
  public void makingCream(){
    System.out.println("植物奶油 抹茶味");
  }
  public void piping(){
    System.out.println("裱花八朵");
  }
}

public class Cake_B extends Cake{
  public void makingCream(){
    System.out.println("动物奶油 巧克力味");
  }
  public void piping(){
    System.out.println("裱个生日快乐");
  }
}

public class Test{
  public static void main(String[] args){
    Cake_A a = new Cake_A();
    Cake_B b = new Cake_B();
    a.make();
    System.out.println("*****************");
    b.make();
  }
}
```

其运行结果如图 11-2 所示。

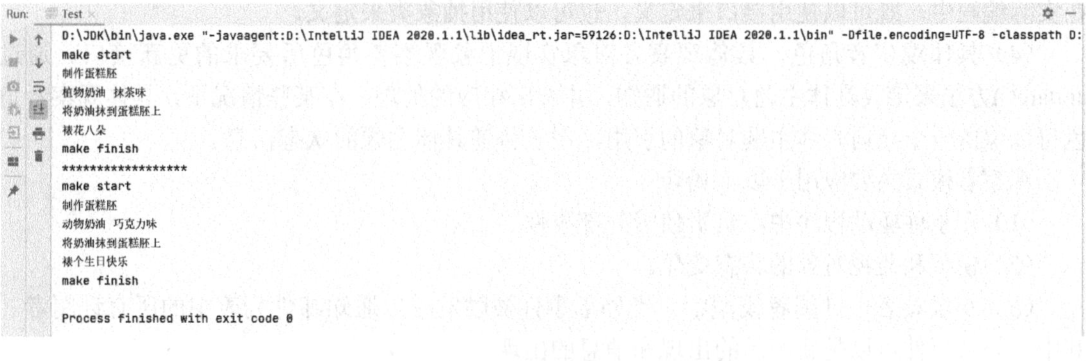

图 11-2　模板方法模式实例的运行结果

模板方法模式具有以下优点：

（1）封装了不变的部分，扩展了可变的部分。

（2）提取公共代码，有利于系统的维护。

（3）行为由父类来控制，但是由子类来实现。

但是，模板方法模式也有一定的缺点：

（1）针对每个不同的部分，需要使用单独的子类来实现，这将使类的数目增加，系统变得更加庞大。

（2）具体实现部分过大，开发人员将花费更多的时间来清理类之间的关联关系。

11.2　观察者模式

观察者模式是一种行为型设计模式，又称为发表—订阅模式、模型—视图模式、源—收听者模式和从属者模式。通常，采用发布者—订阅者模型来明确观察者和主题之间的清晰界限。典型的观察者是依赖于某个或某些主题对象的状态对象。主题需要维护一个动态的观察者链表。关注该主题状态的其他观察者对象需要将自己注册为该主题的观察者。当主题状态发生改变时，需要通知所有的已注册的观察者。在观察者收到主题的通知之后，所有观察者都应该查询主题，使自己的状态与主题同步。因此，主题扮演着发布者的角色，发布信息并将信息传递到所有已订阅该主题状态的观察者。对于一个主题而言，可以有一个或者多个观察者。在主题和观察者之间，存在着一对多的关系。当主题实例的状态发生改变时，所有依赖于它的观察者都会得到通知，并且更新自己。一个观察者可以注册或订阅多个主题。当观察者不希望再接收通知时，可以向主题发出注销请求。

在观察者模式中，共有以下四种要素：

（1）抽象主题角色。抽象主题角色又称为抽象被观察者角色，提供了一个接口，可以增加和删除观察者对象。在实际编程中，既可以使用接口来定义，也可以使用抽象类来定义。

（2）具体主题角色。具体主题角色又称为具体被观察者对象，维护对所有具体观察者的引用列表，将有关状态存入具体观察者对象之中。在具体主题的内部状态发生改变时，具体主题角色又称为具体被观察者对象，会给所有登记过的观察者发出通知。

（3）抽象观察者角色。抽象观察者角色为所有的具体观察者定义一个接口，同时定义了一个 update( )方法。在收到主题通知之后，直接调用 update( )方法。这个接口称为更新接口。在实际编程中，既可以使用接口来定义，也可以使用抽象类来定义。

（4）具体观察者角色。具体观察者对象实现抽象观察者角色所要求的更新接口。通过 update( )方法来接收具体主题对象的通知，并做出相应的处理。在某些情况下，具体观察者角色可以保留一个指向具体主题对象的引用，用于传递具体主题的状态信息。

观察者模式主要应用于以下场合：

（1）在事件驱动程序中，负责侦听外部事件。

（2）侦听和监视对象的状态变化。

（3）在发布者—订阅者模型中，当外部事件被触发时，通知邮件列表中的所有订阅者。其中，外部事件可以是新产品的出现和消息的出现。

观察者模式的意图是：观察者模式属于行为型设计模式，定义了对象之间的一对多的依赖关系。当一个对象的状态发生改变时，所有依赖于它的对象都会得到通知，并且被自动地更新。在程序开发过程中，观察者模式会将系统分割为一系列相互协作的类。但是，需要维护相关对象之间的一致性。在观察者模式中，关键的对象是目标和观察者。一个目标可以有多个依赖于它的观察者。当目标的状态发生变化时，所有观察者都会得到通知。每一个观察者都会响应这个通知，查询目标以使其状态与目标状态同步。这种交互称为发布—订阅者模式，其目标为通知的发布者。在发出通知时，不需要知道谁是它的观察者，同时可以有多个观察者订阅和接收此通知。

图 11-3 给出了一个观察者模式实例的类图。在该实例中，主要包括 IPhoneComponentObserver 接口、MbObserver 类、CpuObserver 类、INokiaSubjcct 接口和 PhoneFactoryObserver 类。Iphone-ComponentObserver 接口定义了 CreateComponent(String type,int count)方法。MbObserver 类和 CpuObserver 类实现了 IPhoneComponentObserver 接口。MbObserver 类实现了 CreateComponent (String type,int count)方法。在 CpuObserver 类中，实现了 CreateComponent(String type,int count) 方法。INokiaSubject 接口定义了 Attach(IPhoneComponentObserver phoneComponentObserver)、Detach(IPhoneComponentObserver phoneComponentObserver)和 NodifyCreateComponent( )方法。PhoneFactoryObserver 类实现了 INokiaSubject 接口。PhoneFactoryObserver 类定义了 type、count 和 container 属性。PhoneFactoryObserver 类实现了 Attach(IPhoneComponentObserver phone ComponentObserver)、Detach(IPhoneComponentObserver phoneComponentObserver)、NodifyCreate Component( )和 ProductionPhone( )方法。

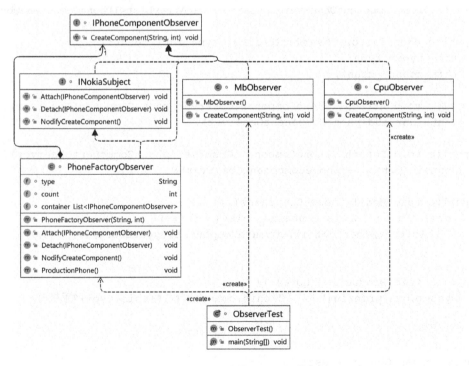

图 11-3　观察者模式实例的类图

其实现代码如下：

```
public interface IPhoneComponentObserver{
```

```java
    void CreateComponent(String type,int count);
}

public class CpuObserver implements IPhoneComponentObserver{
    public void CreateComponent(String type,int count){
        System.out.println("生产了"+count+"个"+type+"手机的 CPU.");
    }
}

public class MbObserver implements IPhoneComponentObserver{
    public void CreateComponent(String type,int count){
        System.out.println("生产了"+count+"个"+type+"手机的主板.");
    }
}

public interface INokiaSubject{
    void Attach(IPhoneComponentObserver phoneComponentObserver);
    void Detach(IPhoneComponentObserver phoneComponentObserver);
    void NodifyCreateComponent( );
}

public class PhoneFactoryObserver implements INokiaSubject{
    String type;
    int count;
    List<IPhoneComponentObserver>container=new ArrayList<IPhoneComponentObserver>
( );
    public PhoneFactoryObserver(String _type,int _count){
        this.type=_type;
        this.count=_count;
    }
    public void Attach(IPhoneComponentObserver phoneComponentObserver){
        container.add(phoneComponentObserver);
    }
    public void Detach(IPhoneComponentObserver phoneComponentObserver){
        container.remove(phoneComponentObserver);
    }
    public void NodifyCreateComponent( ){
        for(int i=0; i<this.container.size( ); i++){
            (this.container.get(i)).CreateComponent(type,count);
        }
    }
    public void ProductionPhone( ){
        System.out.println("生产了"+this.count+"台, "+this.type+"手机");
    }
}

public class ObserverTest{
    public static void main(String[] str){
        PhoneFactoryObserver ns=new PhoneFactoryObserver("MX",20);
        ns.Attach(new CpuObserver( ));
        ns.Attach(new MbObserver( ));
```

```
    ns.NodifyCreateComponent( );
    ns.ProductionPhone( );
  }
}
```

其运行结果如图 11-4 所示。

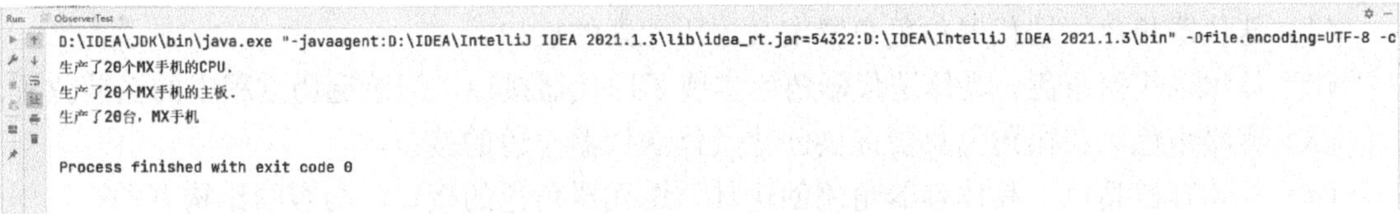

图 11-4　观察者模式实例的运行结果

观察者模式具有以下优点：

（1）在对象之间，可以进行同步通信。

（2）可以同时通知一到多个相互关联的对象。

（3）对象之间的关系是以松耦合形式来进行组合的，彼此之间互不依赖。

（4）在被观察者和观察者之间建立了一种抽象的耦合关系。被观察者角色所知道的只是具体观察者列表，每个具体观察者都符合抽象观察者的接口。被观察者不认识任何一个具体观察者，它只知道它们都有共同的接口。

（5）观察者模式支持广播通信。被观察者会向所有登记过的观察者发出通知。

但是，观察者模式也有一定的缺点：

（1）如果被观察者对象有很多直接和间接的观察者，通知所有的观察者将花费较多的时间。

（2）如果被观察者之间存在循环依赖，那么被观察者会触发它们之间进行循环调用，这将导致系统的崩溃。在使用观察者模式时，要特别注意这一点。

（3）如果通过另外的线程进行异步投递来通知观察者，系统必须保证投递是以恰当的方式来进行的。

（4）虽然可以随时使观察者知道所观察的对象发生了变化，但是观察者模式没有相应的机制来使观察者知道所观察到的东西。

（5）对象仅仅知道发生了什么变化。

11.3　迭代子模式

迭代子模式又称游标模式，提供了一种访问容器对象中各个元素的方法。在这一过程中，不会暴露对象的内部实现细节。在面向对象编程中，经常会使用一类集合对象。虽然这类集合对象的内部结构有着不同的实现形式，但是一般只关心两点：一是集合内部的数据存储结构，二是遍历集合内部数据的方法。在面向对象设计中，类应该满足单一职责。如果一个类有多个职责，那么需要分解这些职责，使不同的类承担不同的职责。在迭代子模式中，使用迭代器类来负责集合对象的遍历行为，不但不会暴露集合的内部结构，而且可以让客户端透明地访问集合内部的数据。

让客户端使用容器元素，但不想让它知道容器的具体内容，迭代子模式可以有效地处理这一问题。使用迭代子模式的好处是：在访问元素的过程中，不会暴露容器的内部实现细节。可以使用多种方式来遍历容器元素，同时对容器元素进行多次遍历。此外，迭代器还会保存当前的遍历状态。

在迭代子模式中，共有以下四种要素：

（1）迭代器角色。迭代器角色负责定义遍历元素的接口。

（2）具体迭代器角色。具体迭代器角色实现了迭代器接口，记录遍历过程中的当前位置。

（3）容器角色。容器角色负责提供创建具体迭代器角色的接口。

（4）具体容器角色。具体容器角色创建具体迭代器角色的接口，与容器结构有关。

迭代子模式的意图是：提供一种顺序访问聚合对象中各个元素的方法，不会暴露对象的内部实现细节。

图 11-5 给出了一个迭代子模式实例的类图。在该实例中，主要包括 Collection 接口、ConcreteCollection 类、Iterator 接口和 ConcreteIterator 类。Collection 接口定义了 createIterator( ) 方法。ConcreteCollection 类实现了 Collection 接口。ConcreteCollection 类定义了_objs 属性，实现了 createIterator( )、getElement(int idx)和 size( )方法。Iterator 接口定义了 begin( )、next( )、isEnd( )和 currentItem( )方法。ConcreteIterator 类实现了 Iterator 接口。ConcreteIterator 类定义了_cagg 和_index 属性，实现了 ConcreteIterator(ConcreteCollection cagg)、begin( )、next( )、isEnd( )和 currentItem( )方法。

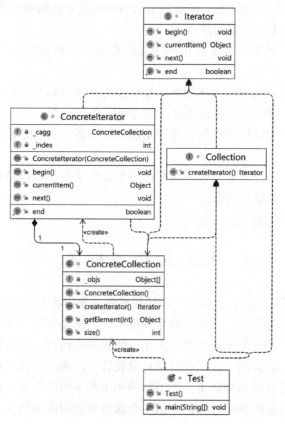

图 11-5　迭代子模式实例的类图

其实现代码如下：

```
public interface Collection{
  Iterator createIterator( );
}

public class ConcreteCollection implements Collection{
  private Object[] _objs={"hello","world","interator"};
  public Iterator createIterator( ){
    return new ConcreteIterator(this);
  }
  public Object getElement(int idx){
    if(idx<_objs.length)
      return _objs[idx];
    else
      return null;
  }
  public int size( ){
    return _objs.length;
  }
}

public interface Iterator{
  void begin( );
  void next( );
  boolean isEnd( );
  Object currentItem( );
}

public class ConcreteIterator implements Iterator{
  private ConcreteCollection _cagg;
  private int _index=0;
  public ConcreteIterator(ConcreteCollection cagg){
    _cagg=cagg;
  }
  public void begin( ){
    _index=0;
  }
  public void next( ){
    if(_index<_cagg.size( ))
      _index++;
  }
  public boolean isEnd( ){
    return(_index>=_cagg.size( ));
  }
  public Object currentItem( ){
    return _cagg.getElement(_index);
  }
}

public class Test{
```

```
public static void main(String[] args){
  Collection agg=new ConcreteCollection( );
  Iterator it=agg.createIterator( );
  while(!it.isEnd( )){
    System.out.println(it.currentItem( ));
    it.next( );
  }
}
}
```

其运行结果如图 11-6 所示。

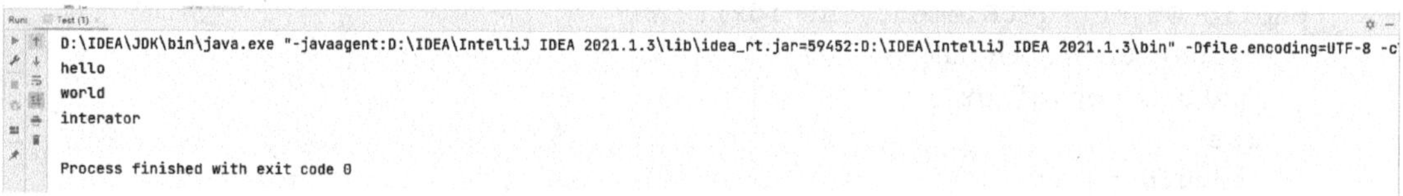

图 11-6　迭代子模式实例的运行结果

迭代子模式具有以下优点：

（1）支持以不同方式来遍历聚合对象。

（2）迭代器简化了聚合类。

（3）在同一个聚合上，可以有多种遍历方法。

（4）在迭代子模式中，可以很容易地增加新的聚合类和迭代器类，不需要修改源代码。

但是，迭代子模式也有一定的缺点：将存储数据和遍历数据的职责相分离。在添加新聚合类时，需要添加新的迭代器类，类的数目成对地增加。在一定程度上，增加了系统的复杂性。

11.4　责任链模式

责任链模式是一种行为型设计模式。在责任链模式中，利用对象对其下家的引用将所有对象连接起来形成一条链，在链上传递请求，直到链上的某个对象对其进行处理为止。发出请求的客户端不知道是链中的哪个对象对此进行了处理。在不影响客户端的情况下，可以使系统动态地重新组织链和分配责任。

在责任链模式中，共有以下两种要素：

（1）抽象处理者角色。抽象处理者角色定义了一个处理请求的接口。在接口中，通过定义方法来设定和返回对后继对象的引用。通常，这个角色使用抽象类或者接口来实现。

（2）具体处理者角色。在收到请求之后，具体处理者可以选择处理请求，也可以将请求传递给后继的对象。因为具体处理者包含后继对象的引用，所以具体处理者可以访问后继对象。

责任链模式的意图是：避免请求发送者与接收者之间的耦合程度过高。将对象连接成一条链，让所有对象都能接收请求，沿着链来传递请求，直到有对象对其进行响应为止。

图 11-7 给出了一个责任链模式实例的类图。在该实例中，主要包括：Handler 接口、Request 类、ConcreteHandlerA 类、ConcreteHandlerB 类。在 Handler 接口中，定义了 handleRequest(Request

request)方法。Request 类声明了 content 属性，实现了 Request(String content)、getContent( )方法。ConcreteHandlerA 类实现了 Handler 接口，声明了 nextHandler 属性，实现了 setNextHandler (Handler nextHandler)方法，重写了 handleRequest(Request request)方法。ConcreteHandlerB 类实现了 Handler 接口，声明了 nextHandler 属性，实现了 setNextHandler (Handler nextHandler)方法，重写了 handleRequest(Request request)方法。

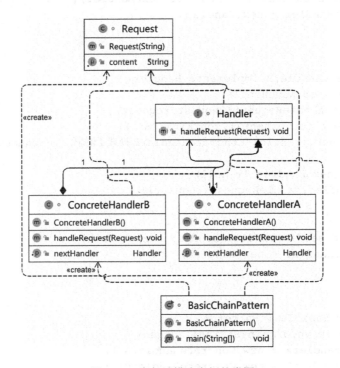

图 11-7　责任链模式实例的类图

其实现代码如下：

```
class Request{
private String content;
  public Request(String content){
    this.content = content;
  }
  public String getContent(){
    return content;
  }
}

interface Handler{
  void handleRequest(Request request);
}

class ConcreteHandlerA implements Handler{
  private Handler nextHandler;
  public void handleRequest(Request request){
    if (request.getContent().contains("A")){
```

```
        System.out.println("ConcreteHandlerA处理了请求:" + request.getContent());
      }
      else if (nextHandler != null){
      nextHandler.handleRequest(request);
      }
    }
    public void setNextHandler(Handler nextHandler){
      this.nextHandler = nextHandler;
    }
}

class ConcreteHandlerB implements Handler{
  private Handler nextHandler;
  public void handleRequest(Request request){
    if (request.getContent().contains("B")){
      System.out.println("ConcreteHandlerB处理了请求: " + request.getContent());
    }
    else if (nextHandler != null){
      nextHandler.handleRequest(request);
    }
  }
  public void setNextHandler(Handler nextHandler){
    this.nextHandler = nextHandler;
  }
}

public class BasicChainPattern{
  public static void main(String[] args){
    Handler handlerA = new ConcreteHandlerA();
    Handler handlerB = new ConcreteHandlerB();
    ((ConcreteHandlerA) handlerA).setNextHandler(handlerB);
    Request request1 = new Request("A");
    Request request2 = new Request("B");
    Request request3 = new Request("C");
    handlerA.handleRequest(request1);
    handlerA.handleRequest(request2);
    handlerA.handleRequest(request3);
  }
}
```

其运行结果如图 11-8 所示。

```
Run:    BasicChainPattern ×                                                                              ☼ —
  ▶   ↑  C:\Users\linyuan\.jdks\azul-13.0.13\bin\java.exe "-javaagent:D:\IntelliJ IDEA 2020.1.1\lib\idea_rt.jar=51549:D:\IntelliJ IDEA 2020.1.1\bin" -Dfile
  ■   ↓  ConcreteHandlerA处理了请求: A
  ◎  =⊐  ConcreteHandlerB处理了请求: B
  ⚙  ≡↓
  ⤓  ⊟   Process finished with exit code 0
  ≡  ▤
      ★
```

图 11-8   责任链模式实例的运行结果

责任链模式具有以下优点：

（1）降低了模块之间的耦合程度，使请求的发送者与接收者解耦。

（2）简化了对象的职责，使对象不需要知道链的具体结构。

（3）增强了为对象指派职责的灵活性。通过改变链内成员和调动它们之间的次序，允许动态地增加与删除责任。

（4）可以方便地增加处理新请求的类。

但是，责任链模式也有一定的缺点：

（1）不能保证一定收到请求。

（2）系统性能将受到一定程度的影响。进行代码调试不是很方便，可能会造成循环调用。

（3）不容易观察运行时刻的特征，不利于排错。

11.5　备 忘 录 模 式

在面向对象系统的开发过程中，可能需要记录对象的历史属性，在需要的时候执行恢复操作。若使用接口让其他对象直接得到这些状态，则会暴露对象的内部实现细节，破坏对象的封装性。备忘录模式可以捕获对象的内部状态，能够有效地解决这一问题，同时在对象之外保存这个状态，可以在需要的时候，将对象恢复到原来的状态。

在备忘录模式中，封装的是需要保存的状态。在执行恢复操作时，才将它们提取出来。备忘录模式适用于功能比较复杂和需要记录历史属性的类。在实现过程中，既可以使用窄接口，也可以使用宽接口。所谓的宽接口就是普通的接口，把对外的接口作为 public 成员。窄接口则与之相反，把接口作为 private 成员。把访问这些函数的类作为这个类的友元类，即接口只暴露给对这些接口感兴趣的类。在命令模式中，经常需要实现命令的撤销功能，此时可以使用备忘录模式来存储撤销操作的状态。

在备忘录模式中，共有以下三种要素：

（1）发起人角色。发起人角色创建备忘录来记录当前时刻的内部状态，同时使用备忘录来恢复内部状态。发起人角色根据需要决定利用备忘录来存储哪些内部状态。

（2）备忘录角色。备忘录角色存储发起人的内部状态，防止其他对象访问备忘录。备忘录有两个接口，管理者只能看到备忘录的窄接口，只能将备忘录传给其他对象。发起人能够看到一个宽接口，可以提取返回先前状态所需要的数据。

（3）管理者角色。管理者角色负责保存备忘录，但是不能对备忘录的内容进行操作和检查。

备忘录模式的意图是：定义备忘录对象。在不破坏封装性的前提条件下，捕获并保存发起人的内部状态。客户端使用管理者对象自行管理被保存的状态。在需要的时候，恢复到先前的状态。

图 11-9 给出了一个备忘录模式实例的类图。在该实例中，主要包括 MementoSet 接口、Memento 类、Caretaker 类和 Originator 类。Memento 类实现了 MementoSet 接口。Memento 类定义了_savedState 属性，实现了 Memento(String someState)、getState( )和 setState(String _state)方法。Caretaker 类定义了_memento 属性，实现了 retrieveMemento( )和 saveMemento (MementoSet

memento)方法。Originator 类定义了_state 属性，实现了createMemento( )、restoreMemento
(MementoSet memento)、getState( )和 setState(String _state)方法。

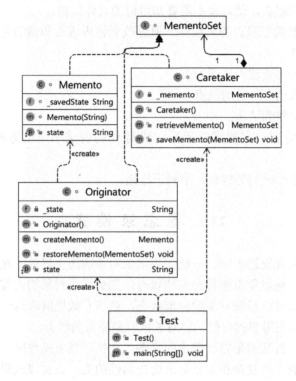

图 11-9　备忘录模式实例的类图

其实现代码如下：

```
public interface MementoSet{
}

protected class Memento implements MementoSet{
  private String _savedState;
  private Memento(String someState){
    _savedState=someState;
  }
  public String getState( ){
    return _savedState;
  }
  public void setState(String _state){
    this._savedState=_state;
  }
}

public class Caretaker{
  private MementoSet _memento;
  public MementoSet retrieveMemento( ){
    return _memento;
  }
```

```java
    public void saveMemento(MementoSet memento){
      _memento=memento;
    }
}

public class Originator{
  private String _state;
  public Memento createMemento( ){
    return new Memento(_state);
  }
  public void restoreMemento(MementoSet memento){
    _state=((Memento)memento).getState( );
  }
  public String getState( ){
    return _state;
  }
  public void setState(String _state){
    this._state=_state;
    System.out.println("current state:"+_state);
  }
}

public class Test{
  public static void main(String[] args){
    Originator o=new Originator( );
    Caretaker c=new Caretaker( );
    o.setState("hello");
    c.saveMemento(o.createMemento( ));
    o.setState("world");
    o.restoreMemento(c.retrieveMemento( ));
    System.out.println(o.getState( ));
  }
}
```

其运行结果如图 11-10 所示。

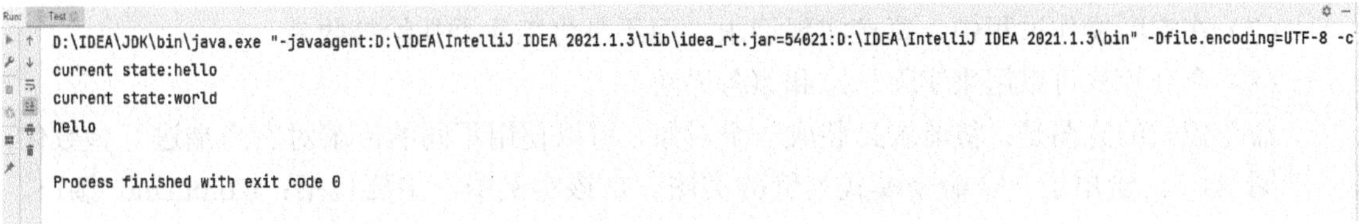

```
D:\IDEA\JDK\bin\java.exe "-javaagent:D:\IDEA\IntelliJ IDEA 2021.1.3\lib\idea_rt.jar=54021:D:\IDEA\IntelliJ IDEA 2021.1.3\bin" -Dfile.encoding=UTF-8 -c
current state:hello
current state:world
hello

Process finished with exit code 0
```

图 11-10　备忘录模式实例的运行结果

备忘录模式具有以下优点：

（1）为用户提供了一种可以恢复状态的机制，使用户能够比较方便地回到历史状态。

（2）实现了信息的封装，使用户不需要关心状态的保存细节。

但是，备忘录模式也有一定的缺点：资源消耗太大。如果类的成员变量过多，那么会占用较多的内存资源。每次保存都会消耗一定数量的内存。

11.6 命 令 模 式

命令模式属于行为型设计模式，又称为行动模式和交易模式。在命令模式中，请求和操作被封装在对象之中。命令模式允许系统使用不同的请求对客户端进行参数化，对请求进行排队，对请求日志进行记录。这种模式提供了命令撤销和命令恢复功能。

在命令模式中，发出命令的责任和执行命令的责任被分割开来，委派给不同的对象。每个命令都是一个操作。请求方发出请求，要求执行一个操作；接收方收到请求，并执行相关的操作。命令模式可以使请求发出方和接收方相互独立，这使得请求发出方不需要知道请求接收方的接口，也不需要知道请求是如何被接收的，操作是否已经执行，操作何时执行及怎样执行的。

在命令模式中，主要有以下五种要素：

（1）客户端角色。客户端角色创建一个具体命令对象，指定它的接收者。

（2）抽象命令角色。抽象命令角色针对具体命令类，定义一个抽象接口。

（3）具体命令角色。具体命令角色定义了命令接收者和命令执行者之间的一个弱耦合关系；实现 execute( )方法，负责调用命令接收者的相应方法。通常，execute( )方法被称为执行方法。

（4）请求者角色。请求者角色负责调用命令对象执行请求，相关方法称为行动方法。

（5）接收者角色。接收者角色负责具体实施和执行请求。任何类都可以成为接收者。实施和执行请求的方法称为行动方法。

命令模式具有以下特点：

（1）在命令模式中，将发出请求的对象和执行请求的对象进行解耦。

（2）解耦后的双方是通过命令对象进行沟通的。命令对象封装了命令接收者和一组动作。

（3）调用者是通过调用命令对象的 execute( )方法来发出请求的，这使得接收者的动作被调用。

（4）调用者将接收到的命令作为参数。在运行时刻，动态地执行。

（5）命令模式支持撤销操作，其做法是：实现 undo( )方法，回到 execute( )方法执行前的状态。

（6）宏命令是命令模式的简单延伸，允许调用多个命令。宏方法支持撤销操作。

（7）在实际操作过程中，直接实现请求，而不是将工作委托给接收者。

（8）命令模式可以用来实现日志和事务系统。

命令模式的意图是：将请求封装成一个对象，可以使用不同的请求对客户端进行参数化。

图 11-11 给出了一个命令模式实例的类图。在该实例中，主要包括：Command 接口、CommandChannel 类、CommandOff 类、CommandOn 类、Control 类和 Tv 类。在 Command 接口中，定义了 execute()方法。CommandChannel 类、CommandOff 类和 CommandOn 类实现了 Command 接口。在 CommandChannel 类中，定义了 myTv 和 channel 属性。在 CommandChannel 类中，实现了 CommandChannel(Tv tv, int channel)和 execute()方法。在 CommandOff 类中，定义了 myTv 属性。在 CommandOff 类中，实现了 CommandOff(Tv tv)和 execute()方法。在 CommandOn 类中，定义了 myTv 属性。在 CommandOn 类中，实现了 CommandOn(Tv tv)和 execute()方法。在 Tv 类中，定义了 currentChannel 属性。在 Tv 类中，实现了 turnOn()、turnOff() 和 changeChannel(int channel)方法。在 Control 类中，定义了 onCommand、offCommand 和

changeChannel 属性。在 Control 类中，实现了 Control(Command on, Command off, Command channel)、turnOn()、turnOff()和 changeChannel()方法。

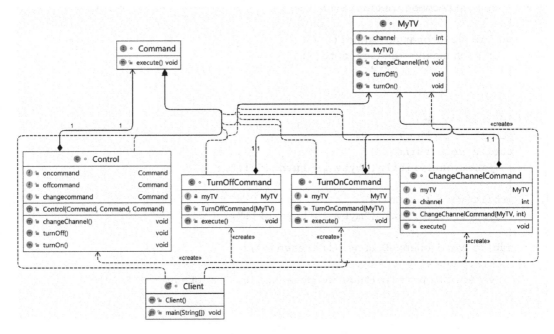

图 11-11　命令模式实例的类图

其实现代码如下：

```java
public class ChangeChannelCommand implements Command{
  private MyTV myTV;
    private int channel;
  public ChangeChannelCommand(MyTV myTV, int channel){
    this.myTV = myTV;
    this.channel = channel;
  }
    public void execute(){
    myTV.changeChannel(channel);
  }
}

public interface Command{
  public void execute();
}

public class Control{
  public Command oncommand, offcommand, changecommand;
  public Control(Command oncommand, Command offcommand, Command changecommand){
    this.oncommand = oncommand;
    this.offcommand = offcommand;
    this.changecommand = changecommand;
  }
  public void turnOn(){
```

```
      this.oncommand.execute();
    }
    public void turnOff(){
      this.offcommand.execute();
    }
    public void changeChannel() {
      this.changecommand.execute();
    }
  }

public class MyTV{
  public int channel = 0;
  public void turnOff(){
    System.out.println("mytv is turn off!!");
  }
  public void turnOn(){
    System.out.println("mytv is turn on!!");
  }
  public void changeChannel(int channel){
    this.channel = channel;
    System.out.println("now tv chaannel is " + channel + "!!");
  }
}

public class TurnOffCommand implements Command{
  private MyTV myTV;
  public TurnOffCommand(MyTV myTV){
    this.myTV = myTV;
  }
  public void execute(){
    myTV.turnOff();
  }
}

public class TurnOnCommand implements Command{
  private MyTV myTV;
  public TurnOnCommand(MyTV myTV){
    this.myTV = myTV;
  }
  public void execute(){
    myTV.turnOn();
  }
}

public class Client{
  public static void main(String[] args){
    MyTV myTV = new MyTV();
    Command on = new TurnOnCommand(myTV);
    Command off = new TurnOffCommand(myTV);
    Command changechannel = new ChangeChannelCommand(myTV, 9);
    Control control = new Control(on, off, changechannel);
```

```
        control.turnOn();
        control.turnOff();
        control.changeChannel();
    }
}
```

其运行结果如图 11-12 所示。

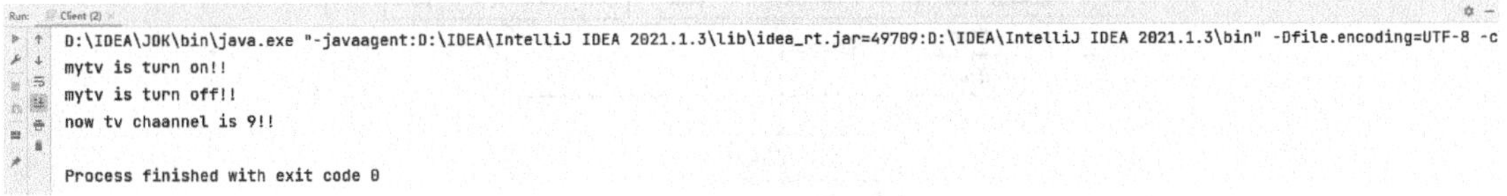

图 11-12　命令模式实例的运行结果

命令模式具有以下优点：降低了系统的耦合度，新命令可以很容易地被添加到系统之中。但是，命令模式也有一定的缺点：使用命令模式可能会导致系统有过多的具体命令类。

11.7　状　态　模　式

状态模式定义了不同的状态和行为。每个状态都有对应的行为。在实际应用中，该模式适用于状态的切换。在状态判断反复切换时，需要采用状态模式。在某些情况下，不只是根据状态，也可以根据属性来确定对象的行为。如果对象属性不同，那么对象行为也不一样，此时应该使用状态模式来解决这一问题。在数据表尾部加上 property 属性，以标识具有特殊性质的记录。property 属性可能随时发生改变，此时使用状态模式能够满足这种需求。

状态模式允许客户端改变其状态的转换行为。状态机能够自动地改变状态，这是一种独立复杂的机制。状态模式被广泛地应用于工作流和游戏之中。例如，在政府的自动化办公系统中，批文件的状态有多种，如未办理、正在办理、正在批示、正在审核和已经完成等，使用状态机可以封装状态的变化规则，有利于状态的扩充。这种模式不涉及状态的使用者。又如，在网络游戏中，游戏活动包括开始、开玩、正在玩和输赢等，使用状态模式可以实现游戏状态的总体控制。游戏状态决定了当前的具体行为。状态模式对整个游戏架构的实现起到决定性作用。

在状态模式中，主要有以下三种要素：

（1）环境角色。环境角色维护一个具体状态类的实例。这个实例定义了当前的状态。

（2）状态角色。状态角色定义了一个接口，封装与状态相关的行为。

（3）具体状态角色。具体状态角色实现了与状态相关的行为。

状态模式的意图是：在内部状态发生改变时，允许对象对其行为进行调整。从外部看，对象好像是修改了它的类，这使得对象按照状态来决定其执行的操作。也就是说，对于同一个对象而言，不同的状态可以有不同的行为。

图 11-13 给出了一个状态模式实例的类图。在该实例中，主要包括 State 接口、Concrete-StateA 类、ConcreteStateB 类和 Context 类。State 接口定义了 Handle( )方法。ConcreteStateA 类和 ConcreteStateB 类实现了 State 接口。ConcreteStateA 类实现了 Handle( )方法。ConcreteStateB 类实现了 Handle( )方法。Context 类定义了_state 属性，实现了 request( )和 setState(State state)方法。

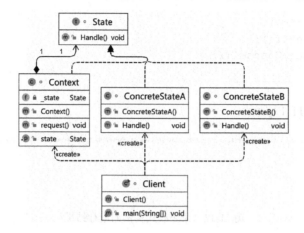

图 11-13　状态模式实例的类图

其实现代码如下：

```java
public interface State{
    void Handle( );
}

public class Context{
  private State _state;
  public void request( ){
    _state.Handle( );
  }
  public void setState(State state){
    _state=state;
  }
}

public class ConcreteStateA implements State{
  public void Handle( ){
    System.out.println("开始刮风！");
  }
}

public class ConcreteStateB implements State{
  public void Handle( ){
    System.out.println("开始下雨");
  }
}

public class Client{
  public static void main(String[] args){
    Context c=new Context( );
    c.setState(new ConcreteStateA( ));
    c.request( );
    c.setState(new ConcreteStateB( ));
    c.request( );
  }
}
```

其运行结果如图 11-14 所示。

图 11-14 状态模式实例的运行结果

状态模式具有以下优点：

（1）封装了转换规则。

（2）枚举可能的状态。在枚举状态之前，需要确定状态的种类。

（3）将所有与状态有关的行为放到一个类中，方便了新状态的添加。改变对象的状态就可以改变对象的行为。

（4）允许状态转换逻辑与状态对象合为一体，不必编写规模庞大的条件语句块。

（5）让多个环境对象共享同一个状态对象，减少了对象的数目。

但是，状态模式也有一定的缺点：

（1）状态模式增加了类和对象的数目。

（2）状态模式的结构与实现都比较复杂。若使用不当，则会导致程序结构和代码的混乱。

（3）状态模式不支持开闭原则。增加新状态类需要修改负责状态转换的源代码。

11.8 访问者模式

在不修改程序结构的前提条件下，通过添加访问者来对已有代码进行更新。访问者模式表示作用于对象结构中的各元素的操作。在不改变各元素类的前提条件下，可以定义作用于这些元素的新操作。在访问者模式中，对象结构是必备的，应该存在于遍历各个对象的方法之中。访问者模式与 Java 语言中的 Collection 概念非常相似。

在访问者模式中，主要有以下五种要素：

（1）访问者角色。访问者角色针对对象结构中的具体元素角色，定义了访问操作接口。根据操作接口的名称和参数，可以标识接受访问请求的具体访问者。访问者可以通过该角色的接口直接对其进行访问。

（2）具体访问者角色。具体访问者角色实现由访问者角色所定义的操作。

（3）元素角色。元素角色定义了 accept( ) 方法，该操作是以访问者作为参数的。

（4）具体元素角色。具体元素角色实现了元素角色所定义的 accept( ) 方法。

（5）对象结构角色。对象结构角色是访问者模式所必备的，提供了一个高层接口，允许访问者访问它的元素。

访问者模式定义了抽象的访问者角色，声明了所有数据元素的抽象访问方法。每个具体访问者包含对所有数据元素访问的相关方法。每个元素都定义了一个接受具体访问者的接口方法，可以通过参数的形式来接受具体访问者的调用。该元素将自己传送给具体的访问者。根据元素的类型，具体访问者将执行相关操作。访问者模式将数据结构和作用于该结构上的操作进行解耦。在不破坏类封装性的前提条件下，利用访问者模式可以方便地为类增加新的功能。

访问者模式主要应用于以下场合：

（1）对象结构包含了很多类的对象，它们有不同的接口。若需要对这些对象实施相关的操作，此时可以考虑使用访问者模式。

（2）对于对象结构中的对象，需要实施很多不同的和不相关的操作。在编程过程中，应该尽量避免操作污染这些对象的类。通过使用访问者模式，可以将相关操作集中起来定义在一个类中。

（3）当对象结构被很多应用所共享时，利用访问者模式可以使应用程序仅包含所需要的操作。

（4）对象结构中的类很少发生变化。在对象结构上，需要经常定义新的操作。在改变对象结构时，需要重新定义所有访问者的接口。这将付出很大的代价，此时可以利用访问者模式来解决这一问题。

访问者模式的意图是：封装了施加于数据结构元素之上的操作。一旦这些操作发生变化，数据结构可以保持不变。

图 11-15 给出了一个访问者模式实例的类图。在该实例中，主要包括：Visitor 接口、ElementA 类、ElementB 类、ConcreteVisitor 类、ObjectStructure 类。Visitor 接口定义了 visit(String operation)方法。ElementA 实现了 accept(Visitor visitor)、operationA( )方法。ElementB 实现了 accept(Visitor visitor)、operationB( )方法。ConcreteVisitor 类实现了 Visitor 接口，重写了 visit(String operation)方法。ObjectStructure 类声明了 elements 属性，实现了 attach(Element element)、detach(Element element)、accept(Visitor visitor)方法。

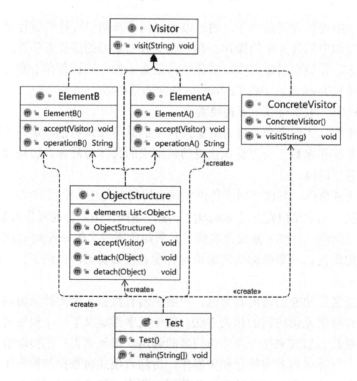

图 11-15   访问者模式实例的类图

其实现代码如下：

```java
import java.util.ArrayList;
import java.util.List;

interface Visitor{
  void visit(String operation);
}

class ElementA{
  public void accept(Visitor visitor){
    visitor.visit(operationA());
  }
  public String operationA(){
    return "具体元素 A 的操作。";
  }
}

class ElementB{
  public void accept(Visitor visitor){
    visitor.visit(operationB());
  }
  public String operationB(){
    return "具体元素 B 的操作。";
  }
}

class ConcreteVisitor implements Visitor{
  public void visit(String operation){
    System.out.println("具体访问者访问-->" + operation);
  }
}

class ObjectStructure{
  private List<Object> elements = new ArrayList<>();
  public void attach(Object element){
    elements.add(element);
  }
  public void detach(Object element){
    elements.remove(element);
  }
  public void accept(Visitor visitor){
    for (Object element : elements){
      if (element instanceof ElementA){
        ((ElementA) element).accept(visitor);
      }
      else if (element instanceof ElementB) {
        ((ElementB) element).accept(visitor);
```

```
      }
    }
  }
}

public class Test{
  public static void main(String[] args){
    ObjectStructure os = new ObjectStructure();
    os.attach(new ElementA());
    os.attach(new ElementB());
    ConcreteVisitor cv = new ConcreteVisitor();
    os.accept(cv);
  }
}
```

其运行结果如图 11-16 所示。

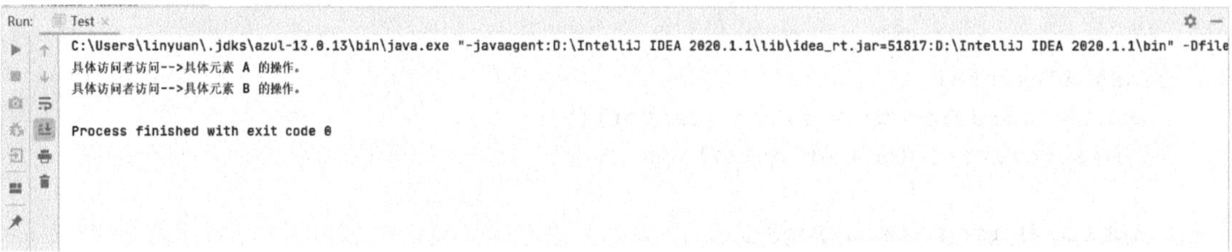

图 11-16　访问者模式实例的运行结果

访问者模式具有以下优点：

（1）新操作的增加可以通过添加新访问者类来完成。访问者模式使新功能的增加变得非常容易。

（2）访问者模式将相关的行为集中到一个访问者对象之中，而不是分散到各个元素类之中。

（3）因为每个单独的访问者对象集中了所有元素的访问行为，所以系统的管理和维护更加方便。

（4）为系统多提供了一层访问者。在访问者中，可以添加对元素角色的额外操作。

但是，访问者模式也有一定的缺点：

（1）新元素的增加变得非常困难。增加新元素意味着要在抽象访问者角色中添加新的抽象操作。在每个具体访问者类中，也需要增加相应的操作。

（2）破坏了类的封装性。针对被访问者而言，元素必须暴露可被访问的操作和状态，这破坏了元素对象的封装性。

（3）在访问者模式中，元素与访问者之间所传递的信息是有限的，这往往限制了访问者模式的运用。

11.9　中 介 者 模 式

中介者模式属于行为型设计模式，包含了一系列对象相互作用的方式，使对象之间不必发生相互作用，降低了它们之间的耦合程度。当对象之间的相互作用发生改变时，不会影响其他对象之间的相互作用，保证了对象之间的相互作用可以独立地发生变化。中介者模式将多对多的作用关系转化为一对多的作用关系，将对象的行为和协作进行抽象，将对象小尺度的行为与其他对象的相互作用分开处理。

当对象之间的交互操作比较多而且彼此依赖时，需要采用中介者模式。其目标是：在修改一个对象的行为时，防止涉及其他对象的行为，以处理紧耦合问题。该模式将对象之间的多对多关系变为一对多关系。在中介者模式中，将系统的体系结构由网状结构改为星形结构，降低了系统的复杂性，提高了系统的可扩展性。

在中介者模式中，主要有以下四种要素：

（1）抽象中介者角色。抽象中介者角色定义了同事到中介者的接口，一般是由抽象类来实现的。

（2）具体中介者角色。具体中介者角色继承了抽象中介者，实现了抽象类所定义的方法。具体中介者角色接收具体同事发出的消息，向具体同事发出命令。

（3）抽象同事角色。抽象同事角色定义了具体同事的接口。它只需要知道中介者而不需要知道其他同事。

（4）具体同事角色。具体同事角色继承了抽象同事类，知道自身在小范围内的行为，但是不知道自身在大范围内的目的。

中介者模式主要适用于以下场合：

（1）WTO 组织。WTO 一个协调性组织，将各贸易区之间的相互协调的强耦合关系变为松散耦合关系。

（2）租赁中介。很多人有出租房子的需求，同时不少人也有租赁房子的需要。租赁中介在其中担任中介者的角色，疏通了二者之间的复杂关系，也方便了双方的使用。

中介者模式的意图是：所有同事都维护中介者的引用。当同事之间需要交互时，可以通过具体中介者所提供的交互方法来进行处理。交互的同事之间不必维护对各自的引用，甚至不知道各自的存在。通过这种方式将多对多的通信简化为一对多的通信。

图 11-17 给出了一个中介者模式实例的类图。在该实例中，主要包括 Mediator 接口、MainBoard 类、Colleague 抽象类、SoundCard 类、CPU 类、VideoCard 类和 CDDriver 类。Mediator 接口定义了 changed(Colleague colleague)方法。MainBoard 类实现了 Mediator 接口。MainBoard 类定义了 cdDriver、cpu、videoCard 和 soundCard 属性，实现了 changed(Colleague colleague)、setCdDriver(CDDriver cdDriver)、setVideoCard(VideoCard videoCard)、operateCDDriverReadData (CDDriver cd)和 operateCPU(CPU cpu)方法。SoundCard 类、CPU 类、VideoCard 类和 CDDriver 类继承了 Colleague 抽象类。Colleague 抽象类定义了 mediator 属性，实现了 Colleague(Mediator mediator)和 getMediator( )方法。SoundCard 类实现了 SoundCard(Mediator mediator)和 soundData (String data)方法。CPU 类定义了 videoData 和 soundData 属性，实现了 CPU(Mediator mediator)、getVideoData( )、 getSoundData( )和 executeData(String data) 方法 。 VideoCard 类实现了 VideoCard(Mediator mediator)和 showData(String data)方法。CDDriver 类定义了 data 属性，实现了 CDDriver(Mediator mediator)、getData( )和 readCD( )方法。

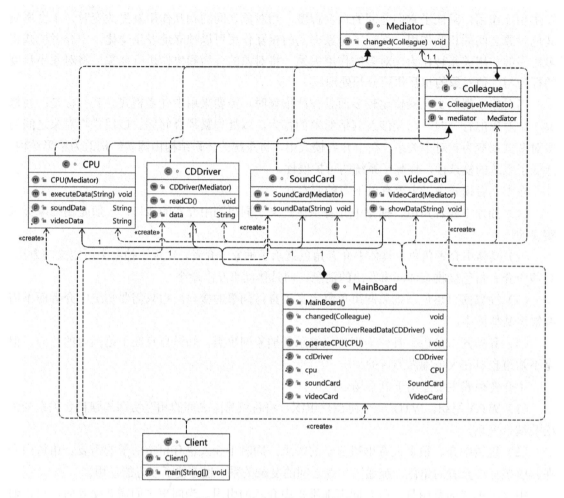

图 11-17 中介者模式实例的类图

其实现代码如下：

```
public interface Mediator{
  public void changed(Colleague colleague);
}

public class MainBoard implements Mediator{
  private CDDriver cdDriver;
  private CPU cpu;
  private VideoCard videoCard;
  private SoundCard soundCard;
  public void changed(Colleague colleague){
    if(colleague==cdDriver)
      this.operateCDDriverReadData((CDDriver)colleague);
    else if(colleague==cpu)
      this.operateCPU((CPU)colleague);
  }
  public void setCdDriver(CDDriver cdDriver){
```

```
      this.cdDriver=cdDriver;
  }
  public void setCpu(CPU cpu){
    this.cpu=cpu;
  }
  public void setVideoCard(VideoCard videoCard){
    this.videoCard=videoCard;
  }
  public void setSoundCard(SoundCard soundCard){
    this.soundCard=soundCard;
  }
  public void operateCDDriverReadData(CDDriver cd){
    String data=cd.getData( );
    this.cpu.executeData(data);
  }
  public void operateCPU(CPU cpu){
    String videoData=cpu.getVideoData( );
    String soundData=cpu.getSoundData( );
    this.videoCard.showData(videoData);
    this.soundCard.soundData(soundData);
  }
}

public abstract class Colleague{
  private final Mediator mediator;
  public Colleague(Mediator mediator){
    this.mediator=mediator;
  }
  public Mediator getMediator( ){
    return mediator;
  }
}

public class SoundCard extends Colleague{
  public SoundCard(Mediator mediator){
    super(mediator);
  }
  public void soundData(String data){
    System.out.println("画外音: "+data);
  }
}

public class CPU extends Colleague{
  private String videoData;
  private String soundData;
  public CPU(Mediator mediator){
    super(mediator);
  }
  public String getVideoData( ){
    return videoData;
```

```java
  }
  public String getSoundData( ){
    return soundData;
  }
  public void executeData(String data){
    String[] ss=data.split(",");
    this.videoData=ss[0];
    this.soundData=ss[1];
    this.getMediator( ).changed(this);
  }
}

public class VideoCard extends Colleague{
  public VideoCard(Mediator mediator){
    super(mediator);
  }
  public void showData(String data){
    System.out.println("你正在观看的是:"+data);
  }
}

public class CDDriver extends Colleague{
  private String data;
  public CDDriver(Mediator mediator){
    super(mediator);
  }
  public String getData( ){
    return data;
  }
  public void readCD( ){
    this.data="Video Data,Sound Data";
    this.getMediator( ).changed(this);
  }
}

public class Client{
  public static void main(String[] args){
    MainBoard mediator=new MainBoard( );
    CDDriver cd=new CDDriver(mediator);
    CPU cpu=new CPU(mediator);
    VideoCard vc=new VideoCard(mediator);
    SoundCard sc=new SoundCard(mediator);
    mediator.setCdDriver(cd);
    mediator.setCpu(cpu);
    mediator.setVideoCard(vc);
    mediator.setSoundCard(sc);
    cd.readCD( );
  }
}
```

其运行结果如图 11-18 所示。

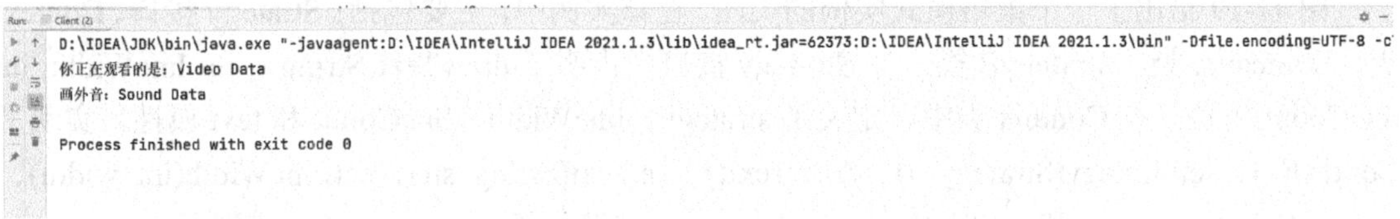

```
Run:    Client (2)
      D:\IDEA\JDK\bin\java.exe "-javaagent:D:\IDEA\IntelliJ IDEA 2021.1.3\lib\idea_rt.jar=62373:D:\IDEA\IntelliJ IDEA 2021.1.3\bin" -Dfile.encoding=UTF-8 -c
      你正在观看的是: Video Data
      画外音: Sound Data

      Process finished with exit code 0
```

图 11-18   中介者模式实例的运行结果

中介者模式具有以下优点：减少了类之间的依赖关系，使原有的一对多依赖变成了一对一依赖；同事只依赖于中介者，降低了类之间的耦合程度。但是，中介者模式也有一定的缺点：中介者会膨胀得很大，逻辑也比较复杂。同事类越多，中介者的逻辑就越复杂。

11.10 策 略 模 式

策略模式定义了一系列的算法，把每一个算法都封装起来，使它们可以相互替换。该模式可以使算法独立于使用它的客户端。在策略模式中，对象本身和运算规则被区分开来。这种模式的功能比较强，主要用于面向对象编程。

在软件开发过程中，可能会有多种算法和策略来实现某一功能。根据具体条件，选择不同的算法来完成对应的功能。常用的实现方法是：在类中进行硬编码。当提供多种查询算法时，可以将这些算法写到一个类中。该类提供了多个方法，每个方法对应着一个具体的查询算法，这就是硬编码。当增加新查询算法时，需要修改封装算法的类。当更换查询算法时，也需要修改客户端的调用代码。在算法类中，封装了大量的查询算法。类的代码比较复杂，维护起来也很困难。此时，可以使用策略模式来解决这一问题。

在策略模式中，主要有以下三种要素：

（1）抽象策略角色。抽象策略角色定义了支持算法的公共接口，各种不同算法以不同的方式来实现这个接口。上下文角色通过这个接口来调用具体策略角色所定义的算法。通常，抽象策略角色使用接口或者抽象类来进行实现。

（2）具体策略角色。具体策略角色继承了抽象策略角色，封装了具体的算法和行为。

（3）上下文角色。上下文角色是策略的外部封装类，即策略的容器类，维护了策略对象的引用。根据不同策略，上下文角色动态地设置运行时刻的具体策略，并进行数据传递。

策略模式应用于以下场合：

（1）许多类仅仅存在行为上的差异。策略模式提供了使用行为来配置类的方法，系统可以动态地选择算法。

（2）需要使用算法的不同变体。

（3）算法使用了客户端不应该知道的数据。使用策略模式能够避免暴露与算法相关的数据结构。

（4）类定义了多种行为。在类的操作中，这些行为是以多个条件语句的形式出现的。此时，可以将相关条件分支移入对应的策略类中。

策略模式的意图是：对类的行为进行解耦，使算法可以相对独立地变化，不会对客户端产生过多的影响。对于客户端来说，不关心对象的实例化，也不关心产品的生产过程，只需要选择一种策略就能完成对应的功能。

图 11-19 给出了一个策略模式实例的类图。在该实例中，主要包括：Strategy 接口、Context 类、StrategyA 类、StrategyB 类。在 Strategy 接口中声明了 drawText(String s, int lineWidth, int lineCount)方法。在 Context 类中，定义了 strategy、lineWidth、lineCount 和 text 属性，实现了 Context( )、setStrategy(Strategy s)、drawText()、setText(String str)、setLineWidth(int width)、setLineCount(int count)和 getText( )方法。StrategyA 类继承了 Strategy 接口，实现了 StrategyA( )和 drawText(String text, int lineWidth, int lineCount)方法。StrategyB 类继承了 Strategy 接口，实现了 StrategyB( )和 drawText(String text, int lineWidth, int lineCount)方法。

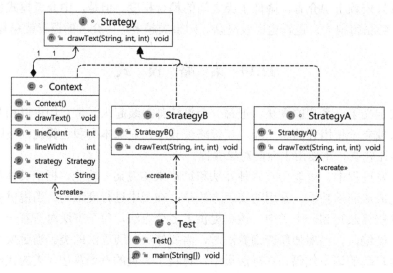

图 11-19　策略模式实例的类图

其实现代码如下：

```java
public interface Strategy{
  public void drawText(String s, int lineWidth, int lineCount);
}

import aaa.Strategy;
import java.io.*;
public class Context{
  private Strategy strategy = null;
  private int lineWidth;
  private int lineCount;
  private String text;
  public Context(){
    lineWidth = 10;
    lineCount = 0;
  }
  public void setStrategy(Strategy s){
    if(s!= null){
      strategy = s;
    }
  }
}
```

```
     public void drawText(){
       strategy.drawText(text, lineWidth, lineCount);
     }
     public void setText(String str){
       text = str;
     }
     public void setLineWidth(int width){
       lineWidth = width;
     }
     public void setLineCount(int count){
       lineCount - count;
     }
     public String getText(){
       return text;
     }
   }

  public class StrategyA implements Strategy{
    public StrategyA(){
    }
    public void drawText(String text, int lineWidth, int lineCount){
      if(lineWidth > 0){
        int len = text.length();
        int start = 0;
        System.out.println("----- String length is :" + len + ", line width is :"
+ lineWidth);
        while(len > 0){
          if(len <= lineWidth){
            System.out.println(text.substring(start));
          }
            else{
            System.out.println(text.substring(start, start+lineWidth));
          }
          len = len - lineWidth;
          start += lineWidth;
      }
    }
        else {
          System.out.println("line width can not < 1 !");
      }
    }
  }

  public class StrategyB implements Strategy{
    public StrategyB(){
    }
    public void drawText(String text, int lineWidth, int lineCount){
      if(lineCount > 0){
        int len = text.length();
        lineWidth = (int)Math.ceil(len/lineCount) + 1;
        int start = 0;
```

```
            System.out.println("-----  There are " + lineCount + " Line, " + lineWidth
    + "char per line -----");
            while(len > 0){
              if(len <= lineWidth){
                System.out.println(text.substring(start));
              }
                else{
                  System.out.println(text.substring(start, start+lineWidth));
                }
              len = len - lineWidth;
              start += lineWidth;
            }
          }
          else {
          System.out.println("line count can not < 1 !");
        }
      }
    }


    public class Test{
      public static void main(String[] args){
        int lineCount = 4;
        int lineWidth = 12;
        Context myContext = new Context();
        StrategyA strategyA = new StrategyA();
        StrategyB strategyB = new StrategyB();
        String s = "This is a test string ! This is a test string ! This is a test
    string ! This is a test string ! This is a test string ! This is a test string !";
        myContext.setText(s);
        myContext.setLineWidth(lineWidth);
        myContext.setStrategy(strategyA);
        myContext.drawText();
        myContext.setLineCount(lineCount);
        myContext.setStrategy(strategyB);
        myContext.drawText();
      }
    }
```

其运行结果如图 11-20 所示。

策略模式具有以下优点：

（1）具体策略为上下文定义了一系列可重用的算法和行为。继承有助于抽取这些算法的公共功能。

（2）提供了可以替换继承关系的方法。将算法封装在独立的策略类中，使其变化独立于上下文，易于切换，易于理解，也易于扩展。

（3）将行为封装在独立的策略类中，可以消除条件语句的影响。

（4）针对相同的行为，策略模式可以提供不同的实现方法。根据时间和空间的权衡，客户可以选择不同的策略。

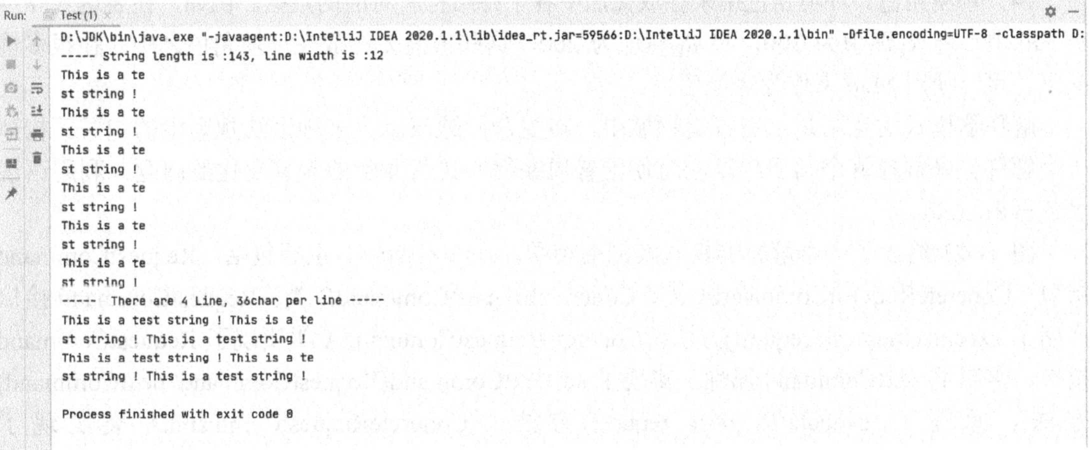

```
Run:    Test (1)                                                                                    ⚙ —
    ▶    D:\JDK\bin\java.exe "-javaagent:D:\IntelliJ IDEA 2020.1.1\lib\idea_rt.jar=59566:D:\IntelliJ IDEA 2020.1.1\bin" -Dfile.encoding=UTF-8 -classpath D:
    ■    ----- String length is :143, line width is :12
    🔲   This is a te
    ⬛    st string !
    🔲   This is a te
    ⊡    st string !
    📌   This is a te
         st string !
         This is a te
         st string !
         This is a te
         st string !
         This is a te
         st string !
         ----- There are 4 Line, 36char per line -----
         This is a test string ! This is a te
         st string ! This is a test string !
         This is a test string ! This is a te
         st string ! This is a test string !

         Process finished with exit code 8
```

图 11-20　策略模式实例的运行结果

但是，策略模式也有一定的缺点：

（1）客户端必须知道所有的策略类，决定使用哪一个策略类。此时，不得不向客户端暴露具体的实现细节。

（2）策略和上下文之间的通信开销比较大。各个具体策略类都共享同一个接口。但是，并非每个具体策略类都使用了所有通过接口传递的信息。

（3）使用策略模式，将会产生很多策略类。

11.11　解 释 器 模 式

与命令模式一样，解释器模式也会产生可执行的对象。二者之间的差别在于：解释器模式会创建一个类的层次结构，每个类实现和解释了一个公共操作，这个操作与类的名称相互匹配。同时，解释器模式也类似于状态模式和策略模式。在解释器模式、状态模式和策略模式中，公共操作可以分布在类集合之中，每个类都以不同的方式来实现这个操作。解释器模式与合成模式也很相似。但是，合成模式通常会为单个对象和群组对象定义一个公共接口。此外，合成模式不支持以不同方式组织的结构。通常，解释器模式涉及不同类型的组合结构。类构成组件的方式定义了解释器类实现操作的形式。

在解释器模式中，主要有以下四种要素：

（1）抽象表达式角色。抽象表达式角色定义所有具体表达式角色都需要实现的抽象接口。在这个接口中，有一个 interpret( )方法。该方法称为解释操作。

（2）终结符表达式角色。终结符表达式角色实现了抽象表达式角色所要求的接口，即实现了 interpret( )方法。在文法中，每个终结符都有一个具体的终结符表达式与之相对应。例如，在简单公式 $R＝R_1＋R_2$ 中，R_1 和 R_2 就是终结符，对应的解析 R_1 和 R_2 的解释器就是终结符表达式。

（3）非终结符表达式角色。在文法中，每条规则都与一个具体的非终结符表达式相对应。一般来说，非终结符表达式是文法的运算符。在公式 $R＝R_1＋R_2$ 中，"＋"就是非终结符，解析"＋"的解释器就是非终结符表达式。

（4）环境角色。环境角色用来存放文法中各个终结符所对应的数据。例如，在表达式 $R=R_1+R_2$ 中，将 R_1 赋值为 100，将 R_2 赋值为 200，这些值需要存放在环境角色之中。在很多情况下，可以使用 Map 来作为环境角色。

解释器模式的意图是：在特定领域中，将复杂问题表示为某种语法规则中的句子。构建一个解释器来解释这个句子，以应对使用普通编程方式所面临的频繁变化的问题。利用语法来解析表达式。

图 11-21 给出了一个解释器模式实例的类图。在该实例中，主要包括：RequestCommand 接口、ConcreteRequestCommandA 类、ConcreteRequestCommandB 类。RequestCommand 接口声明了 execute(Request request)方法。ConcreteRequestCommandA 类实现了 RequestCommand 接口，声明了 nextCommand 属性，实现了 setNextCommand(RequestCommand nextCommand) 方法，重写了 execute(Request request) 方法。ConcreteRequestCommandB 类实现了 RequestCommand 接口，声明了 nextCommand 属性，实现了 setNextCommand(RequestCommand nextCommand)方法，重写了 execute(Request request)方法。

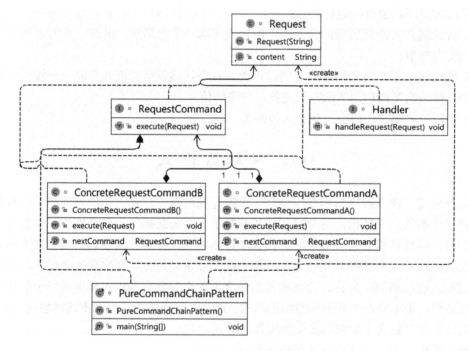

图 11-21　解释器模式实例的类图

其实现代码如下所示：

```
interface RequestCommand{
  void execute(Request request);
}

class ConcreteRequestCommandA implements RequestCommand{
  private RequestCommand nextCommand;
  public void execute(Request request){
```

```java
        if (request.getContent().contains("A")){
          System.out.println("ConcreteRequestCommandA处理了请求: " + request.getContent());
        }
        if (nextCommand != null){
          nextCommand.execute(request);
        }
      }

      public void setNextCommand(RequestCommand nextCommand){
        this.nextCommand = nextCommand;
      }
    }


class ConcreteRequestCommandB implements RequestCommand{
      private RequestCommand nextCommand;
      public void execute(Request request){
        if (request.getContent().contains("B")){
          System.out.println("ConcreteRequestCommandB处理了请求: " + request.getContent());
        }
        if (nextCommand != null){
          nextCommand.execute(request);
        }
      }
      public void setNextCommand(RequestCommand nextCommand){
        this.nextCommand = nextCommand;
      }
    }


public class PureCommandChainPattern{
      public static void main(String[] args) {
        RequestCommand commandA = new ConcreteRequestCommandA();
        RequestCommand commandB = new ConcreteRequestCommandB();
        ((ConcreteRequestCommandA) commandA).setNextCommand(commandB);
        Request request1 = new Request("A");
        Request request2 = new Request("B");
        Request request3 = new Request("C");
        commandA.execute(request1);
        commandA.execute(request2);
        commandA.execute(request3);
      }
    }
```

其运行结果如图 11-22 所示。

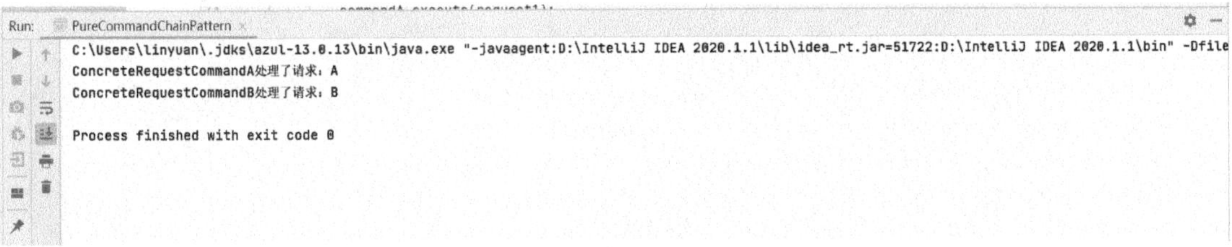

图 11-22　解释器模式实例的运行结果

解释器模式具有以下优点：

（1）可扩展性比较好，而且比较灵活。

（2）增加了新方式来解释表达式。

（3）易于实现简单的文法。

但是，解释器模式也有一定的缺点：

（1）可利用的场景比较少。

（2）对于复杂文法而言，其维护是比较困难的。

（3）解释器模式会引起类膨胀的问题。

（4）解释器模式是采用递归调用来实现的。

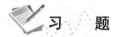 习　题

1．试述模板方法模式中的方法分类。

2．试述观察者模式的应用场合。

3．试述迭代子模式的要素。

4．试述责任链模式的意图。

5．试述命令模式的特点。

6．试述解释器模式的优点。

参 考 文 献

[1] 谢兄. 软件设计与体系结构 [M]. 大连：大连海事大学出版社，2022.

[2] 徐洪珍. 软件体系结构动态演化方法 [M]. 哈尔滨：哈尔滨工程大学出版社，2021.

[3] 张友生. 软件体系结构原理、方法与实践 [M]. 北京：清华大学出版社，2021.

[4] 覃征，熊昆，李旭. 软件体系结构 [M]. 北京：清华大学出版社，2021.

[5] 秦航. 软件体系结构 [M]. 北京：清华大学出版社，2021.

[6] 付燕. 软件体系结构实用教程 [M]. 西安：西安电子科技大学出版社，2020.

[7] 刘娜. 软件体系结构的方法及开发技术研究 [M]. 北京：中国原子能出版社，2019.

[8] 刘其成，毕远伟. 软件体系结构与设计实用教程 [M]. 北京：中国铁道出版社，2018.

[9] 张晓明. 软件系统设计与体系结构 [M]. 北京：北京师范大学出版社，2018.

[10] 杨洋，刘全. 软件系统分析与体系结构设计 [M]. 南京：东南大学出版社，2017.

[11] 董威，文艳军，陈振邦. 软件设计与体系结构 [M]. 北京：高等教育出版社，2017.

[12] 林荣恒，吴步丹，金芝. 软件体系结构 [M]. 北京：人民邮电出版社，2016.

[13] 尚建嘎，张剑波，袁国斌. 软件体系结构与设计实用教程 [M]. 北京：科学出版社，2016.

[14] 刘兴明，王翠娥. 软件体系结构的方法及实现技术探究 [M]. 北京：中国水利水电出版社，2015.

[15] 武装，程鸿. 软件体系结构的研究与应用 [M]. 北京：科学技术文献出版社，2014.

[16] 王小刚，黎扬，周宁. 软件体系结构 [M]. 北京：北京交通大学出版社，2014.